时空数据索引研究与应用

陈　瑛◎著

中国铁道出版社有限公司
CHINA RAILWAY PUBLISHING HOUSE CO., LTD.

内容简介

数据索引技术是数据库发展的关键。本书论述各类新型数据库索引技术基础理论以及相应的索引技术。全书共分5章,包括新型数据库发展背景、现状以及驱动要素,空间数据索引、时态数据索引、移动对象数据索引、XML数据索引等新型数据管理索引技术。

本书既重视理论基础、原理分析,又重视实验验证与评估,突出技术主线,强调算法实现效果,注重算法评估与关联比较,总结方法优缺点,可以有效深刻地帮助读者掌握相应算法理论,体会算法设计之美,激发学习成就感与对数据索引技术研究的兴趣。

本书适合计算机科学与技术专业数据库研究领域的研究学者、教师以及广大算法爱好者参考,也可供新型数据管理技术方向的研究生和相关研究方向研究人员参考。

图书在版编目(CIP)数据

时空数据索引研究与应用/陈瑛著.—北京:中国铁道出版社有限公司,2022.11

ISBN 978-7-113-29816-6

Ⅰ.①时… Ⅱ.①陈… Ⅲ.①空间信息系统-索引-研究 Ⅳ.①P208.2

中国版本图书馆CIP数据核字(2022)第211446号

书　　名: 时空数据索引研究与应用
作　　者: 陈　瑛

策　　划: 唐　旭　　　　**编辑部电话:** (010)51873202
责任编辑: 刘丽丽　彭立辉
封面设计: 高博越
责任校对: 苗　丹
责任印制: 樊启鹏

出版发行: 中国铁道出版社有限公司(100054,北京市西城区右安门西街8号)
网　　址: http://www.tdpress.com/51eds/
印　　刷: 北京市泰锐印刷有限责任公司
版　　次: 2022年11月第1版　2022年11月第1次印刷
开　　本: 787 mm×1 092 mm 1/16　**印张:** 10.25　**字数:** 350千
书　　号: ISBN 978-7-113-29816-6
定　　价: 48.00元

前 言

数据库技术是迄今为止最大的计算机应用领域，因为任何规模化的计算机信息管理系统都需要以数据库为底层技术支撑，其基本特征是涉及数据体量巨大、数据计算结果需要长久驻留机器、数据需要保持大范围共享等。在当今大数据时代背景下，随着计算机应用领域的扩大，以及数据自身体量、结构、类型等变化，借助计算机硬件相关技术的成熟，各类新型数据库发展具备了所需的条件与环境，空间数据库、时态数据库、移动对象数据库、XML数据库等应运而生。这些数据库或者基于数据模型的创新，或者出于应用维度的扩展，或者与计算机各类新鲜的主流技术密切结合，它们共同构成了当今兴旺发达的整个新型数据库家族。

新型数据库面对大数据越来越实时的要求，不仅要数据流动快，而且对大数据分析、处理速度提出了更高的要求。而提高检索数据速度的唯一途径就是研制出一种可实现的高效的适合其应用领域数据特性的索引技术。为此，深入研究各种新型数据索引技术的结构及实现算法具有重要的研究意义和实用价值。

索引技术依据海量数据的内在关系，将数据按照某种特定顺序组织排列，通过索引查询检索目标数据时，可以排除大量不合要求的数据，较为迅速地定位目标数据，减少工作量，节省时间，提高查询检索效率。本书研究各类新型数据库索引技术基础理论，并提出相应的索引技术，通过提高检索数据的速度来满足人们对信息处理日益迫切的需求，同时也可以给新型数据库的设计者在采用索引技术时提供有益的参考和帮助。

本书共分5章，第1章阐述了数据、数据库相关概念，新型数据库发展时代背景及驱动要素，新型数据管理技术及其索引技术、发展意义。第2章和第3章基于数据库应用领域扩大和应用层面深化而驱动数据库在空间和时间应用维度方面的扩展，提出相应索引技术（空间数据索引方面，提出了基于相点分析的数据索引SPindex和基于并发的GKd-tree；时态数据索引方面，分析了时态数据“代数”特征，提出了基于时态拟序结构的TDindex和TQD-tree）。第4章结合大数据的时间特性和空间特性，论述了移动对象数据索引技术，重点解决受限路网移动对象数据索引技术，提出PM-tree、LM-tree和DR-tree。第5章论述的

XML 数据索引是一种处理半结构化数据的管理技术，建立反映“数据与结构融合”自身特点的更为复杂的数据管理模型。每种索引技术均从数据模型以及建立其上的数据操作原理视角进行内容组织并展开叙述。

本书既重视理论基础、原理分析，又重视实验验证与评估，突出技术主线，强调算法实现效果，注重算法评估与关联比较，总结方法优缺点，可以有效深刻地帮助读者掌握相应算法理论，体会算法设计之美，激发学习成就感与对数据索引技术研究的兴趣。

本书的编写得到叶小平教授的热情鼓励和大力支持，其中不少观点的提出和材料的选择都得到了叶教授的启示和帮助，在此谨致以衷心感谢！同时，书中参考和借鉴了较多的数据库方面相关专著、经典算法和科研论文，在此谨对相关书目和文献的作者表达诚挚的谢意！

本书适合计算机科学与技术专业数据库研究领域的研究学者、教师以及广大算法爱好者参考，也可供新型数据管理技术方向的研究生和相关研究方向研究人员参考。本书要求读者具有基本的数据库技术和算法知识。

由于时间仓促，著者水平有限，不足之处望读者不吝赐教。

著　者

2022 年 10 月

目 录

第1章 绪论

随着大数据时代的来临以及大数据概念的普及,人们已经普遍认识到大规模数据信息资源的巨大价值,大数据时代会像互联网时代一样,给人类社会带来巨大的改变和发展机遇。在大数据分析应用所涉及的存储管理和计算分析等技术环节上,都面临着诸多的技术挑战。在大数据存储管理和查询技术上,传统的关系数据库无法适应大数据环境下无处不在的数据应用新需求。

关系数据库难以进行横向扩展,也难以有效应对非结构化和半结构化数据的高效存储和查询需求。计算机硬件的发展和体系结构的演变,使得数据索引和查询优化方法必须考虑新的硬件性能和体系结构特点。随着计算机硬件相关技术的成熟,各类新型数据库发展具备所需的条件与环境,空间数据库、时态数据库、对象数据库、XML 数据库等应运而生。这些数据库或者基于数据模型的创新,或者出于应用维度的扩展,或者与计算机各类新鲜的主流技术密切结合,它们共同构成当今兴旺发达的整个数据库家族。

1.1 数据及其特性

在计算机信息时代,“数据”是广泛使用的一个术语,但是使用得越广泛越难以明确其定义,因为它可能是所有相关概念的“源头”,或者是元概念,难以或者根本就无法进行严格定义和准确描述。“数据”和“信息”一样,就是这样的元概念,没有明确定义而又应用极其广泛。这一现象事实上是普遍存在的,如“生命”、“人”、“智慧”、“能量”和“质量”等都是如此。这类“伞型”概念实际上需要从其最常见、最有用的特征和与其他相关概念最基本的联系等方面进行适当描述和把握,从而以其为基础建立起庞大适用的体系。

1.1.1 数据概念

数据(data)一词来自拉丁文“to give”,表示“给”或“供给”的意义。由此引申,数据可以看作确定的事实,并且能从中推断出新的事实。

为什么会有数据?人之所以能够从一般动物中脱颖而出,就是因为逐步进化出能够描述、认识和利用客观事物和现象的基本能力。随着人类文明的不断进步,人们意识到仅仅使用一般的语言文字和图形图像描述他们所处的这个世界是不够精确的,这种描述对于发展科学技术推动人类社会不断前行更是远远不够的。为了准确描述客观世界(例如科学技术所必需的各种测量等)，也为了有效地展开社会经济活动(例如货币使用和贸易交换等)，以及充分改造和利用自然(例如，按照科学规律设计建造机器和建筑等)，人们还需要“数据”这种特定的信息表述形式并进行交互。从本质上来看，人类的一切生产、交换等社会活动都可以说是以“数据”为基础从而有效展开，数据的出现和使用，是人类文明的重大进步之一。

鉴于“数据”概念的重要性和基础性，通常可从不同的角度理解掌握。

1. 从数据表现形式上考虑

从本源上考虑，数据是客观事物某种特征在人们意识中的反映，因此具有特定表示形式。

从广义上讲，数据是描述客观实体特征的各种实体或符号记录。例如，远古人类的小棍计数、结绳刻痕记事等以具体实物形式表示的数据；文明社会中以语言文字、声音图形和各类数字等具有不同抽象层级的符号形式对事物特征或数量上进行的描述等。

从狭义上讲，数据是能够通过数字化编码进入计算机并由计算机进行处理的抽象符号集合。在当今的信息时代，人们通常是从这种狭义角度理解和界定“数据”概念。

2. 从数据来源上考虑

按照数据的来源区分，数据可以有下述几种形式：

(1)测量型数据

数据首先源于人们认识和改造客观世界所必需的“直接”测量。作为“有根据的数字”，数据指的就是对客观世界测量结果的表述。测量是人类进行各种活动中不可缺少的基本手段，更是科学技术的必备基础。没有测量，就不会有数据；离开了数据，任何科学技术都会成为无本之木和无源之水。

(2)计算型数据

数据可以作为测量结果直接使用，还可以将已有数据通过数据处理而得到新的数据，这是数据本身含义的体现，也是人们使用数据进程中的一个重大进步。因为有些数据根本不能通过直接测量获得，而只能通过对已有数据进行计算处理而得到，例如，地球到太阳的距离(约1.5亿千米)和太阳内部的温度(2 000万摄氏度)等。这样就有了“原始数据”和“非原始数据”之分。

(3)记录型数据

测量只涉及客观世界中的事物，是数据最早的来源。随着人类科学文化技术的发展，极大地扩展了人类社会活动的深度和广度。为了丰富社会文化生活和保障文明传承，需要通过文字、图形图像、音频、视频和多媒体等记录人们自身的各类活动。在信息时代，这些记录大多都需要借助于计算机系统进行存储、处理和管理，都需要转化为计算机意义下的数据。这样，数据就有了“测量”“计算处理”之外的第三个来源：由文本文字、图形图像、音频视频和多媒体等组成的“记录”数据。

3. 从数据、信息和知识关系上考虑

数据和信息一样，都是元概念，难以进行严格逻辑意义上的定义。但从计算机应用角度来说，可对“数据”、“信息”和“知识”三者的关系进行描述，这种描述有益于对数据概念的理解和把握，在实际应用中也是行之有效的。

①数据通常可以描述为事实或观察的结果，作为对客观事物或其特征的某种形式归纳，主要用作未经加工的原始素材。数据的一个基本特征是在使用时需要置于具体场景之中表明其语义。例如“37”这个数据，并没有表示任何意义即语义，孤立来看人们不知道说的是什么意

思。但置于人体温度语境中,就表明了一个人的体温是37摄氏度;而置于在人的年岁语境中,就说明一个人的年龄是37岁,等等。也就是说,数据需要解释语义,不能解释或者没有语义的数据就没有使用价值。

②信息通常可以看作具有明确语义的数据或数据整合体,信息会"明确"告知人们一定的含义,但不能保证该含义是否合适与正确。

③知识通常可看作经过人类的归纳、整理和加工,最终呈现某种规律的正确性信息。

数据、信息和知识在递进的链条上可以看作在内涵上一个比一个明确有力,在表现上一个比一个丰富多彩,但归根结底,数据却是这一切的基础。

4. 计算机程序和数据

经过多年探讨和实践,人们认识到计算机科学与技术的主体是其中的软件原理研究、方法设计与技术开发。对于计算机软件而言,程序和数据是两个最重要的组成部分。因此,从某种考量出发可以认为计算机软件正是由于其中的程序和数据才得以构成真正意义下的计算机运行实体。

实际上,对于计算机软件来说,程序和数据通常是相互关联与密切整合的,但在实际应用中却有孰重孰轻和谁主谁次的考虑。为了讨论此项问题,需要先从不同角度对计算机数据进行适当的分类。

(1)数值型数据和非数值型数据

ASCII码标准出现是数字处理技术中的划时代事件,它使得起源于数字"运算"的计算机技术能够应用到字符文本的处理。从此,就有了"数值型"数据和"非数值型"数据的技术之分。基于测量和计算的数据就是数值型数据,如整数、实数等,其特点是可以通过转化为二进制数而"直接"进入计算机并为计算机程序所处理。而人类思维需要借助于语言实现,字符就是语言的载体,计算机应用进入由文字字符为代表的非数值型数据领域,除了用于记录的字符,还包括图形图像、声频、视频及多媒体等数据,其特点是需要经过适当的编码方可进入计算机并为应用程序所处理。如今,非数值型数据已经成了所有计算机数据的主体组成,这为计算机能够具有真正意义上的"人脑智能"提供了可能,打开了计算机实现真正意义上的人脑"延伸"的通道。

(2)挥发性数据和持久性数据

从是否长期驻留计算机可以将数据分为挥发性(transient)数据和持久性(persistent)数据。显然,存在于内存中且当相应程序结束就被"析构"的数据是挥发性的,而相应程序结束后会被"自动"建构存储在外存中的就是持久性的。

(3)私有性数据和共享性数据

从数据是否为多个程序共享出发可以将数据划分为私有性(private)数据和共享性(share)数据。只能在个别特定程序中使用和处理的数据是私有性数据,能够被多个不同程序共同使用的就是共享性数据。显然,使用同一数据的应用程序越多,相应数据的共享程度就越高。

1.1.2 数据处理

计算机的英文表示为"computer",其原始含义是"计算工匠"。最初,计算机应用的对象是"数",此时"数据"就是"以数字形式表现出来的客观事物的特征证据"。这很自然,因为任何数字都可以“直接”转换为二进制数字，而数字计算机就是基于二进制数字的存储处理装置。此时，如同工具是手的延伸一样，计算机是人类大脑“计数”智力的延伸。

人类大脑的功能实际可以分为两个方面：一个是智慧即处理问题的能力；另一个是记忆即传承知识的能力。从数据角度考虑，计算机的智力突出表现在数据处理（即数据计算能力）和数据管理［即数据存储（记忆数据）检索（记忆数据的使用）］能力。

1. 数据处理

数据处理操作通常可以看作通过对已有数据进行“计算”或“运算”以获取新的有用数据。这些运算可以是加、减、乘、除等算术运算和“或”“与”等逻辑运算，也可以是更加复杂的计算机意义下的算法运算，如排序、查找和索引等。这方面内容集中体现在“数据结构与算法”课程当中，同时也普遍分布在计算机的各个领域与技术实现当中。数据处理计算具有以下特点：

①算法复杂性：算法内容复杂深入，算法设计灵活多变，但计算涉及的应用范围都有相对窄小的边界。

②基于程序设计语言：通常需要借助某一种高级程序设计语言实现相应的数据处理。

③数据量相对较小：计算数据多是基于键盘输入，因此计算过程中涉及的数据量相对较小。

④数据的挥发性和私有性：数据没有长时间存留和大范围多程序共享的一般需求。

2. 数据管理

数据处理计算是计算机最重要的应用之一，可以看作是一种“CPU 密集型”（CPU intensive）应用，但还有一类更加广阔的称为“数据密集型”（data intensive）的应用领域，这就是数据管理。数据管理着眼点在于数据的持久存储、数据的高效查询和数据的大范围共享互用等，因此具有以下突出特征：

①数据量巨大：巨大的数据量需要存储在外存储器中，在计算机运行过程中内存只能装载其中很小的一部分数据。

②数据持久性：与数据计算处理不同，管理过程中涉及的数据需要长期驻留计算机系统。

③数据共享性：系统管理的数据为众多应用程序或应用单位等大范围共享。

数据管理具体涉及数据收集整理、组织存储、维护传送和查询检索等数据操作，包括管理信息系统、办公室自动化系统、人事管理系统、酒店预订管理系统和金融信息系统等方方面面，已经形成了迄今为止最大的计算机应用系统。自从计算机由主要从事数值型数据的科学计算转变到从事更加广泛的非数值型数据应用以来，数据管理就已在计算机科学技术领域占据着核心地位。

1.1.3 数据管理和数据库

现在，整个计算机科学技术实际上几乎都以非数值型数据为基本应用对象，而其中非数值型数据管理已经成为最大的一类计算机应用领域。当一个计算机软件系统具有了数据共享、数据独立乃至最重要的数据模型时，就可以看作是具有数据管理系统的基本特征。自计算机科学技术诞生发展以来，数据管理技术经历了人工管理（应用程序管理）、文件系统管理（操作系统管理）和数据库管理（专用 DBMS 管理）三段历史进程。

1. 人工管理

人工管理实际上就是人们通过编写应用程序进行数据管理，其基本特点是一组数据对应一个特定应用程序,当多个不同程序使用同一数据集时,需要分别设计数据结构,无法自动关联和相互参照,需要人工进行干预处置,因此也称为基于程序的数据管理。

基于程序的数据管理主要出现在 20 世纪 50 年代中期之前,当时没有磁盘等可直接存取的必要设备和操作系统支持等技术条件,因此应用程序(即人工管理方式)也只能是当时对数据进行管理的唯一可行办法。

人工管理方式如图 1-1 所示。

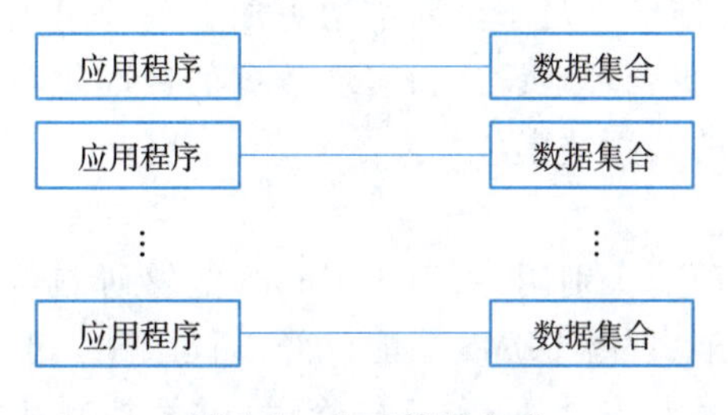

图 1-1 人工管理方式

2. 文件系统管理

基于文件数据管理主要出现在 20 世纪 50 年代末期至 20 世纪 60 年代中期,实际上就是使用操作系统中专门的文件系统完成相关工作。文件系统管理相比人工管理,具有数据长期驻留、一定程度数据独立性、一定程度的数据共享性等优点。

文件系统数据管理如图 1-2 所示。

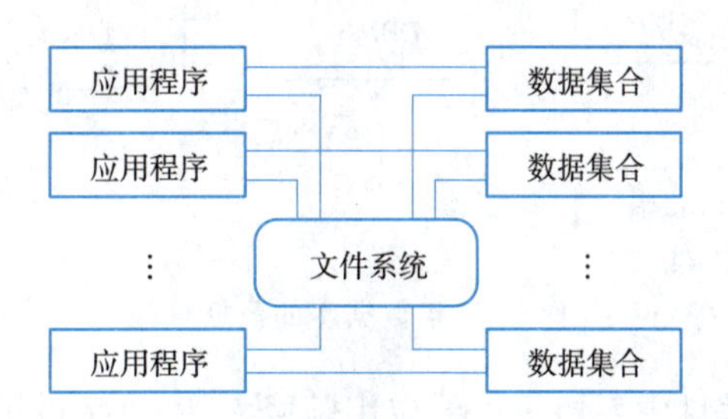

图 1-2 文件系统数据管理

操作系统以专门的文件系统软件对数据进行操作,提供较人工阶段更加有效的数据管理模式。由于只具有部分的数据独立性,文件系统中数据冗余仍然较大,数据共享性也不够理想。随着对数据管理性能要求的提高,如更高的共享性、更好的独立性和更有效的数据查询与数据更新等实际需求,推动着数据管理的方法和技术朝新的方向提升和突破,数据库技术应运而生。

3. 数据库管理

通过应用程序和文件系统进行数据管理的实践进程,人们逐步认识到数据的有效管理实际上就是数据的结构化管理,需要有建立在操作系统之上的专门软件系统,这就是以统一管理和共享数据为设计目标的数据库管理系统(database management system,DBMS)。

数据库系统出现于 20 世纪 60 年代末,具有以下基本特征:

(1)数据共享性

数据作为整体应用单位的共享资源由 DBMS 统一管理。这种管理不依赖任何个别应用程序和个别用户,能够在系统级别上保证和实现数据的通用共享。

(2)数据独立性

数据由 DBMS 统一调配使用,用户与数据管理在逻辑和技术层面上实现了数据独立。由于独立性导致了数据存储和组织等细节透明,从而使得用户可以在更高的抽象层面上审视和访问数据库中存储的数据,为共享性提供了必需的技术支撑。

(3)数据规范性

统一管理数据之后,系统能够立足于全局结构更加合理地组织和更加有效地调配数据,能够最大限度地减少数据冗余,更合理地设计和实现数据的标准化与规范性,从而更加有利于数据的转移传输和更大范围内的共用共享。

(4)管理完备性

由于面对整个应用单位而非个别用户,因此 DBMS 能够研制得更加复杂庞大,从而具有更加多样和有效的功能。事实上,现有 DBMS 功能已经不仅限于一般的数据存储和查询,还具有查询优化、数据库保护(完整性与安全性)和事务管理(并发控制和故障恢复)等一整套完备机制,DBMS 已经成为在层级和规模上都不逊于操作系统(operating system,OS)和办公自动化系统(office automation,OA)的大型系统软件。

基于数据库的数据管理如图 1-3 所示。

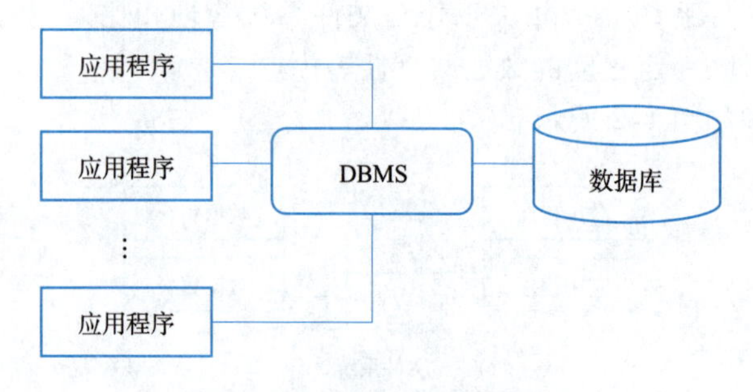

图 1-3　基于数据库的数据管理

数据库技术是计算机学科中发展最快的应用领域之一,也是应用广泛的计算机关键技术之一,如今已经成为以数据建模为核心概念、以数据库管理系统为关键技术、以数据库系统为计算机信息管理系统后台技术支撑的内容精深和领域宽广的计算机理论与技术学科,带动了 DBMS 这样一个巨大的计算机软件产业及其相关产品。

1.2　数据库技术发展概述

数据共享性是数据管理的基本要求和应用驱动,数据独立性和数据集成统一管理也都有基于共享性的考量。如果缺乏独立性,所存储数据的逻辑与物理结构都依赖于用户的应用程序,会由于用户需求的多样性和易变性使得系统变得极其复杂和不够稳定,从而难以保障共享性的有效实现。此外,共享性自然需要存储保管尽可能多的相关数据,而大量的数据不能简单地堆积在相关存储器中,否则相关的使用(如查找)就非常困难或者根本不可能完成,由此就难以实现众多不同用户对存储数据的共享性需求,因此必须对所涉及数据进行集成化的统一管理。进行集成化统一管理的基本技术途径就是将数据按照相互间的内在逻辑关联组织起来,并通过适当机制将这种逻辑结构转化为在机器上实现的物理结构，即是说，数据的集中管理本质上就是需要建立起数据集合上的数据结构。有了顶层框架层级上的数据结构就能够在其内部统一定义系统技术级别上的所有用户共用的数据操作以及保障共享顺利实现的各类约束条件，这就是人们所熟知的由数据结构、数据操作和数据约束构成的数据管理模型或称数据模型。在一定意义上可以认为，以数据模型为支撑而实现的数据管理系统就是数据库系统。因此，人们通常都是从所依据的数据模型出发，对数据库技术的发展历程进行分段。按照此种观点，数据库技术的发展经历了第一代数据库（层次和网状数据库，又称格式化数据库）、第二代数据库（关系数据库）和新一代数据库（以对象数据库为代表）三个发展阶段。

1.2.1 格式化数据库

第一代数据库系统包括层次和网状数据库系统，它们分别基于层次数据模型和网状数据模型。由于层次数据模型对应于树状结构，网状数据模型对应于有向无环图结构，具有明确的格式化的“数学”描述，所以也统称为格式化数据模型，相应数据库称为格式化数据库。

1. *层次数据库*

层次数据库的主要代表是 IBM 公司于 1969 年研制成功的世界上第一个商品化 DBMS 产品信息管理系统（information management system，IMS）。

层次数据库采用树状结构表示所涉及的实体型以及相互关系（数据结构）。其中结点表示一个实体型（记录），通常每个结点都由多个数据项（字段）组成，如图 1-4 所示。

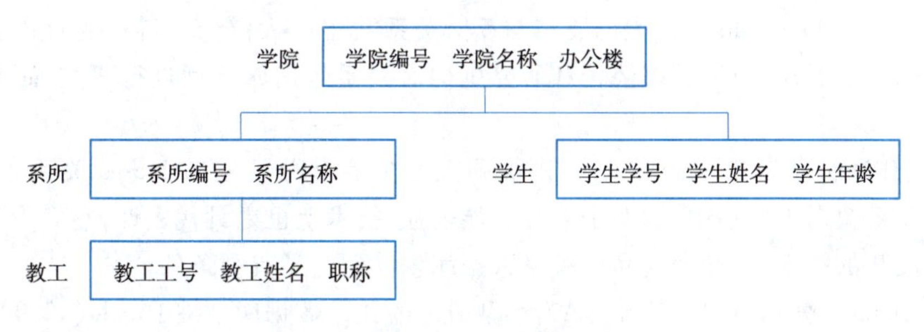

图 1-4 层次数据库的树状结构

作为一种树结构，层次数据库能够进行由根结点到叶结点的单向查询，因此适合于表示和访问“一对多”的数据关联；在处理“多对多”联系时则需要进行适当转换，并带来较多的数据冗余，同时在实现数据操作过程中会受到较多的限制。

2. *网状数据库*

数据系统语言协会（conference on data system language，CODASYL）下属数据库任务组（database task group，DBTG）于 1969—1970 年对数据库技术进行了系统研讨，提出了 DBTG 报告。该报告首次确定了数据库系统中许多基本概念、方法和技术。由于其出发点是基于网状数据模型，通常将其看作网状数据库设计的代表之作，因此，网状数据模型也称为 CODASYL 模型或 DBTG 模型。网状数据库的原型主要有以下两类：

①通用电气公司 Bachman 等人于 1964 年开发集中数据库（integrated data store，IDS）系统，它奠定了网状数据库系统基础，也是世界上第一个成功实现的 DBMS。

②20 世纪 70 年代中后期，典型网状数据库系统有 Honeywell 公司的 IDSII、HP 公司的 IMAGE 等。

网状数据库数据模型基于图形结构,图中每个结点表示一个实体型记录,如图 1-5 所示。

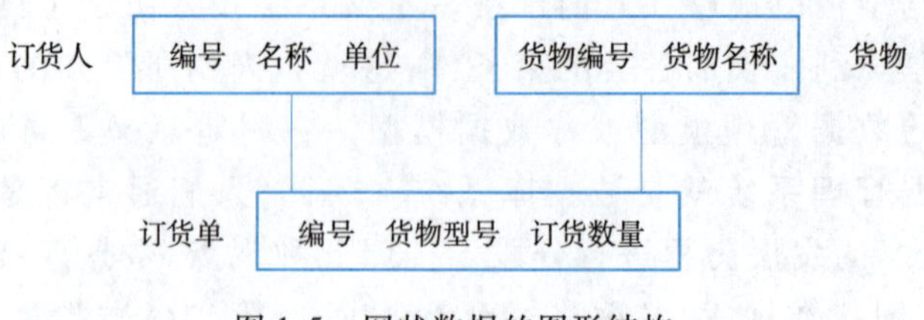

图 1-5 网状数据的图形结构

网状数据库能够更加直接地描述客观世界的真实情形,存取效能较高。作为图形结构,数据关联表示比较复杂,使用不够方便,同时数据独立性也不尽如人意。迄今为止,某些网状数据库管理系统还在继续使用当中。

1.2.2 关系数据库

关系数据库系统是数据库发展历史上的第二代数据库系统。

1. 第二代数据库

关系数据模型是由 IBM 公司 San Jose 研究室研究员 E. F. Godd 于 1970 年在其经典论文《大型共享数据库数据关系模型》中首次提出,由此开辟了数据库关系技术和关系数据理论研究的基本方向,为关系数据库奠定了坚实的数学基础。1974 年,数据库界开展了一场分别以 E. F. Codd 和 C. W. Bachman 为代表的支持与反对关系数据库大辩论。辩论的直接后果促进了关系数据库迅猛发展,吸引了更多公司和研究机构对关系数据库原型进行研究,研究成果成批出现。

1976 年:IBM 公司发布 System R,美国加州大学伯克利分校发布 Ingres 关系数据库系统。在当时各类关系数据库原型中,这两个系统功能较强、技术上也更具代表性,它们为关系数据库提供了比较成熟的技术,为开发商品化关系数据库软件创造了有利条件。

1979 年:Oracle 公司推出了用于 VAX 小型机上的关系数据库软件 Oracle(v2.0),这被认为是第一次实现了使用 SQL 语言的商品化关系数据库软件。

1981 年:INGRES 公司推出了商品化的 Ingres 关系数据库。

1982 年:IBM 公司在 System R 的基础上推出了 SQL/DS,并在 1985 年又推出了 DB2。这也是两个商品化关系数据库系统。

由于关系数据库原型和商业化系统大多在 20 世纪 70 年代后期前后相继推出,因此,通常将 20 世纪 70—80 年代称为数据库时代。实际上,到了 21 世纪的今天,人们所使用的数据库大部分仍是关系型数据库,关系型数据库迄今在数据库发展进程中依旧辉煌。

关系数据模式如图 1-6 所示,是第一范式(first normal form,1NF),即表中每一列都是不可分割的基本数据项。

学　号	姓　名	年　龄	住　址	邮　箱	电　话

图 1-6 关系数据模式——1NF

2. 关系数据库的意义

关系数据库在数据库发展进程中具有重大里程碑意义。

①奠定了关系数据模型理论基础,使得数据库技术从此建立在严格的数学支撑之上,数据库学科从应用技术走向了科学技术。

②开发了数据库专用语言,基于关系运算(关系代数和关系演算)的关系数据库语言 SQL 改变了格式化数据语言的导航查询方式,以联想和非过程的简洁易学风格得到广大用户欢迎,为数据库语言标准化打下了基础。

③解决了数据库实现过程中关键技术,通过研制大量关系数据库管理系统原型,提出和解决了查询优化、事务管理(并发控制与故障恢复)和安全性等系统实现过程中的一系列关键机制,极大丰富了数据库理论和技术,促进了数据库技术和产品的蓬勃发展和广泛使用。

1.2.3　新一代数据库

语法和语义是计算机理论和技术广泛涉及并需要着力处理的两个基本方面。一般来说,语法面向机器,语义面向应用。关系数据模型可用于描述现实世界数据某些逻辑结构和相互关联,但随着计算机应用领域的扩大,其重于语法而疏于捕捉和表达数据实体具有的丰富而重要语义的局限也日益显现出来。20 世纪 80 年代末以来,出现了对象数据库为特色的新一代(第三代)数据库系统。

1. 对象数据库

面向对象设计理念可以看作是基于语义模型,它在计算机的各个应用领域都产生了重要而深远的影响,也为当时不断遭遇挑战的数据库技术带来了新的机会和希望。

自从 20 世纪 80 年代开始,人们就开始了基于对象的数据库系统研究,有关数据模型和数据库系统研发基本上沿着三条路径展开。

①面向对象数据库:以面向对象程序设计语言为基础,研究持久性的程序设计语言以实现对象支持,这就是面向对象数据库系统。

②对象关系数据库:以关系数据库和 SQL 为基础扩展关系模型以实现对象支持,这就是对象关系数据库系统。

③纯对象数据库:建立完全不依赖于现有技术方法的面向对象数据库系统,由于各种原因,迄今还未有系统原型实现。

图 1-7 和图 1-8 分别表示对象关系数据模式和面向对象数据模式。

学　号	姓　名	年　龄	住　址	联系方式		
				邮　箱	电　话	微　信

图 1-7　对象关系数据模式——非 1NF

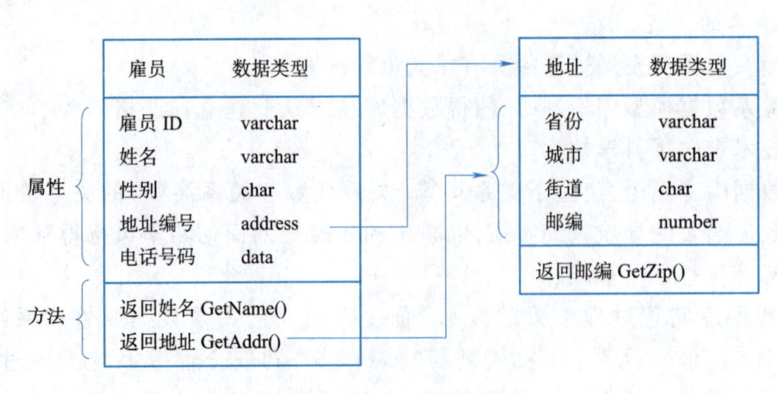

图 1-8　面向对象数据模式

2. 对象数据库特征

人们原来期望,对象系统能够像关系系统取代格式化系统那样取代关系系统,从而使得对象数据库系统成为第三代数据库的主流,然而历史却没有能够重演。在这种情形下,对什么是第三代数据库系统人们实际上并未达到普遍共识,即还不存在一个公认的第三代数据模型。1990 年,高级 DBMS 功能委员会发表了《第三代数据库系统宣言》,提出第三代 DBMS 应具有的如下基本特征:

①支持数据、对象和知识统一管理:需要支持更加丰富的对象结构和规则管理,应当将数据管理、对象管理和知识管理整合一体。

②保持或继承第二代数据库原有技术:需要保持关系数据库现有技术(非过程化、数据独立性和事务管理等),不但具有良好的对象管理和规则管理,且能更好地支持原有管理与多数用户需要的即时查询等。

③对其他系统保持开放:支持数据库语言标准,支持网络协议,具有良好的移植性、可连接性、可扩展性和互操作性等。

尽管人们在第三代数据库上还没有达到基本共识,但对象系统的出现和发展却导致了众多不同于前两代的重要系统诞生,这也是对象系统应有的历史功绩。也正是由于在第三代数据库定位上没有取得一致认识,业内通常将有别于格式化和关系数据库的各类新型数据库系统统称为新一代数据库系统。由于当今实在难以使用一种数据模型去统领广泛而深入的数据库应用领域,新一代数据库不像前两代数据库系统那样具有统一的标准数据模型。当前,根据不同应用需求,人们关注的数据模型主要有面向对象数据模型、对象关系数据模型、半结构化数据模型和 XML 数据模型以及移动对象数据模型等。通过这些数据模型,结合各种计算机应用新技术,根据新的数据处理需求,出现了真正意义上的蓬勃旺盛、欣欣向荣的数据库大家族。图 1-9 所示为基于树模型的 XML 数据模式。

1.3　大数据时代与新一代数据

随着计算机技术全面融入社会经济文化生活,信息增长已经达到了一个能够引发变革的崭新阶段,创造出了“大数据”的新概念及其相关技术。

大数据技术的出现使得已有的各类巨量数据成为有可能挖掘出更大潜在价值的软黄金资产,这种数据资产也许比起其他固有资产来更具有含金量。同时,大数据的影响并不局限于数

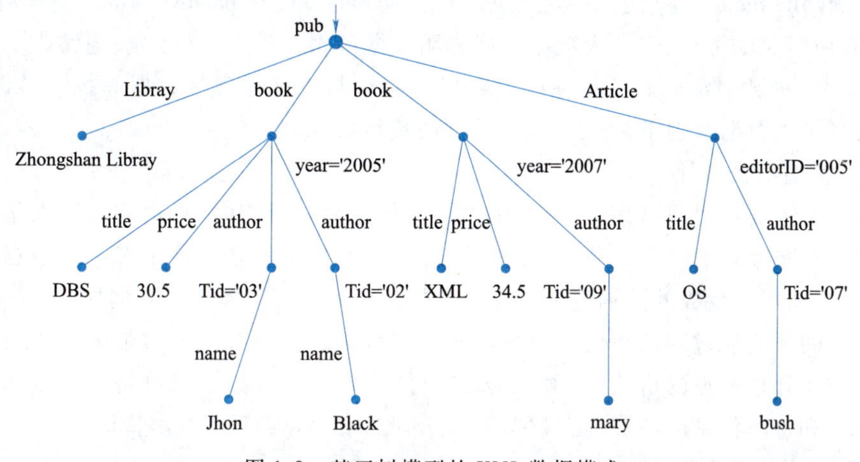

图 1-9　基于树模型的 XML 数据模式

据管理技术领域，因为一种新型技术可以对人们社会生活、经济活动以及思维方式等方方面面产生广泛而深远的影响，从而有可能开辟一个崭新的时代。

1.3.1　大数据时代背景

大数据是 21 世纪第一个十年过后发展起来的一种新型数据管理技术，其概念的内涵和外延仍在不断完善成熟的过程当中。

随着计算机网络技术的发展和移动通信设备的普及，社交网络、电子商务、物联网和云计算带给了人们在社会和经济生活形式方面的巨大变化。这种由互联网连接起来的是一个由大量活动构件与多元参与者构成的生态系统，由终端设备、基础设施、网络服务提供者与接入服务提供商、数据服务提供商与零售商以及数据服务使用者等一系列活动者共同构建。物联网、云计算和移动互联网框架平台，个人计算机、智能手机和平板计算机以及各类传感器等承载方式等，共同构成了大数据各类来源的技术通道。大数据的主体主要来自“数据界”，实际上来自实体之间的交互，物和物的交互就会得到各类相互作用和关联的数据，人和物的交互就会得到各类测量和感知数据，人和人的交互就会得到各种社会交往数据等。网络时代使得物、人等实体之间的交互和彼此关联达到前所未有的广度和深度，由此产生的数据就构成大数据的基本源泉。

1. 大数据的基本特征

大数据的基本来源决定了大数据的各类基本特征。

(1)数据类型多样性

由于网络空间已经涵盖了人和人的交互(互联网)、人和物以及物和物的交互(物联网)，所以大数据自身特性首先就是来源多样性以及带来的类型互异性。例如，基于环境生态的大数据包括地理地质、海洋气候、流行病与传染病、社会种族结构与社会经济生活等诸多来源的各类数据，自然这些数据的类型与描述格式也有很大差异，这些类型各异的情形对数据处理能力提出了更高的要求。

(2)数据量级超大性

从理论上讲，网络空间能够触及地球村中所有的人和物，因此所产生的数据量必然巨大。2008 年，世界科技界权威刊物 *Nature* 曾经出版了一期大数据专刊。在这期刊物的封面，除了如今广为人知的“Big data”字样，还特别在其后标上“science in the petabyte era”（科学处在PB时代）。正如其所预见的那样，现今大数据发展表明数据量已经进入PB级别，通常人们也就认为这就是“大数据”的数量级标志。这种规模数据的存储与管理是常规数据库技术难以承担的，由此也就构成了大数据有别于常规“海量”数据的量级特征。

（3）数据价值低密度性

大数据通常需要长时间积累，因此组建大数据集合是一项费时、费力和花费大量资源的工程。虽然大数据是宝贵的财富资源，但在实际应用中，数据量的增加并不意味着数据价值显式的同步增长，因此超大量级的数据当中相应的数据价值密度却可能很低。例如，在视频监控中，长时间连续不间断监控过程往往仅有一两秒的有用数据信息。如何通过强大的机器算法更迅速地完成全样本处理数据的价值“提纯”，已成为目前大数据背景下亟待解决的技术难题。这种数据高容量和价值低密度构成的大数据集合又有别于常规数据的基本特征。

（4）价值实现的时效性

实时有效的数据查询是所有计算机数据管理技术的基本要求。大数据由于数据量巨大，相对于常规数据处理的实时性在大数据技术当中往往需要放宽到处理结果的时效性，即在预期时间内获得大数据处理结果。由于社会生活和经济活动中人和人、人和物以及物和物的交互都有时间的界定，超出了界定时间，交互就有可能毫无意义，因此如果不能在希望的时间之内完成大数据处理工作，即使大数据中存在很大价值，这种超预期时间的价值也就没有了任何意义。

2. 大数据管理技术特征

1997年，Michael Cox 和 David Ellsworth 首次提出“大数据”概念时就指出，对于数据量大到内存、本地磁盘甚至远程磁盘都不能处理的一类数据可视化的问题称为大数据。这是首次将数据量级特性与数据技术结合而给出的相关定义。此后，经过人们的不断探讨和完善，如今通常接受和采用的是5V定义，即数据规模巨大（volume）、数据类型众多（variety）、数据处理时效性强（velocity）、数据价值密度低（value）和数据的真实性（veracity）。基于5V的大数据定义实际上就是大数据处理过程所应该具有的技术特征。

（1）volume：大数据量技术处理特征

进入21世纪后的第二个十年，各个应用单位计算机系统实际数据量已从TB级分别跃升到PB（1PB＝1 024 TB）、EB（1EB＝1 024 PB）乃至ZB（1ZB＝1 024 EB）级。国际数据资讯公司（IDC）研究结果表明，全球近90%的数据将在这几年内产生，2018年全球大数据储量达到33 ZB，2022年全球大数据储量达到51 ZB。全球数据量大约每两年翻一番，预计到2025年，全球数据量将增长到163 ZB。

（2）variety：多种类型技术处理特征

大数据并不简单地只是“量”的巨大和爆炸性的增长，而是由于数据来源渠道不同带来数据类型的多种形式，也就产生了计算机存储管理方面的巨大挑战。巨量多来源数据的存储管理、跨界域数据的访问与计算等是此时有别于常规技术的大数据技术挑战。

（3）velocity：时效性技术处理特征

网络空间实际上使得人与人、人与物和物与物交互范围倍增，而交互响应需要有时间范围的界定，也就是说数据的产生频率增大实际上也必然会有数据使用频率的增大，这样，网络空间中，从数据生成到数据使用或数据消耗，相应的时间窗口会变小或者更加严格，即可以用于接收到数据信息的反应（例如生成决策）时段将有严格的限定。获取数据到做出决策需要使用数据分析与数据挖掘相关技术,由于前述大数据的时效性强特点,相应的技术与非大数据环境中的也会有明显区别和本质不同,由此需要新的、更有效的与“时效性”相适应的大数据技术。

(4) value:低价值密度技术处理特征

大数据蕴含大价值,但相对于大数据的体量,其价值就具有“低密度性”。大数据量大而其中价值密度很低且又相当“隐秘”,难以通过常规方法进行提取,这就需要创建与之相应的大数据技术。此时主要涉及各类数据分析与数据挖掘技术。

(5) veracity:真实数据技术处理特征

数据不是越大越好,其真实性、可信赖度、准确度也很重要。如果数据多但与研究领域无关,则数据是没用的。因此数据的质量也很重要。

对大数据 5V 技术特征进行简要描述如图 1-10 所示。

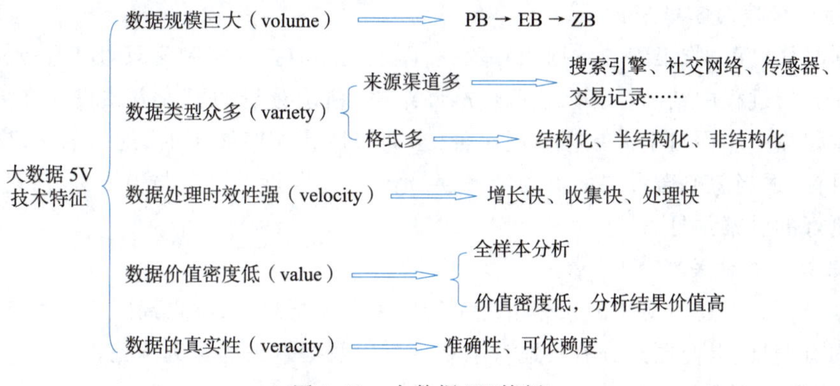

图 1-10 大数据 5V 特征

1.3.2 大数据应用特征

由大数据来源而产生的自身特征确定了大数据管理的技术特征,而无论人们面临何种大数据技术挑战,其最终都指向一个目的,即相关活动的有效决策。

决策可以发生在任何情况下和任何场合中,例如,从国家的总体宏观决策、战略格局部署和重大工程项目确定到企业部门的运营模式销售方略,再到个人周末的合适餐馆选择和度假的精准行车路线确定,等等。尽管决策的层面不同,但所倚仗的数据通常都比较巨量,具有多样的来源、多种的类型以及时效性的限定等,这就增加了决策的复杂性和困难性,通常具有跨界来源和跨界应用的特点。

信息时代的决策支持,主要使用信息化手段采集和存储所需要的数据,设计出相应计算机应用系统对所具有的数据进行样本分析,再与已有的成功样例进行比对校正,最终形成相应的决策。例如,先期的计算机决策支持系统(decision support system, DSS)、而后的商业智能(business intelligence, BI)等。

进入互联网时代,由于计算机科学技术的不断进步和互联网设备的普及应用,不论是政府、组织、企业还是普通个人都越来越有能力获得决策所需要的各种数据。网络空间数据界中的这些数据来源不同并且类型多样,其数量和类型都可以超过原先政府部门和大型企业自身早期积累起来的数据。同时,由于数据存储和数据分析技术也取得了长足进步,涉及各类大数据的用户都有可能通过存储和分析所拥有的这些数据以期获得所需求的决策依据。由此,数据管理领域就出现了一种新型的决策方式,这种不同于常规数据决策支持的大数据应用具有维克托·迈尔-舍恩伯格及肯尼斯·库克耶在《大数据时代》一书指出的三个特征,即由样本分析转向全员分析、由精确分析转向容错分析和由因果分析转向关联分析。

1. 样本分析转向全员分析

大数据时代之前,由于数据分析技术和硬件水平的限制,采样成为提取分析的常规方法。这容易造成忽视细节微观信息和采样过程缺乏延展性的缺点,但这也是在不可能完整收集全体数据和缺乏分析全部数据相应技术情况下的"无奈"选择。在大数据技术框架下,具备对数据进行"全员样本"处理的应用需求和技术可能,通过更加先进高效的数据分析技术使得具备对全部数据进行分析,以发现由于随机采用而被"人为忽略"而消失掉的数据,实现更高层面上的决策应用。

2. 精确分析转向容错分析

大数据时代之前,收集到的数据相对较少,而且受相应技术限制又只对其进行样本分析,所以需确保在分析过程中精确计算以获取更准确结论,精确分析的思维方式贯穿在采集、存储和分析的全过程当中。而对于大数据应用而言,当拥有巨量实时数据时,绝对的精准就不再是追求的主要目标,适当忽略微观层面上的精确度,允许一定程度的混杂与错误,反而可能在宏观层面上拥有更好的洞察预见力。

3. 因果分析转向关联分析

大数据应用方式还需要从因果分析思维转向关联分析思维,不再局限于千百年来形成的思维模式和固有偏见,以便更充分有效地获取和分享大数据带来的深刻洞见。

(1)信息匮乏引致因果思维

通常人们多凭借直观意义明确的因果关系以寻求对自身所处世界的理解,执着于所面对现象背后的"前因后果",并试图通过有限样本数据来剖析其中的内在机理。这是由于所掌握的信息匮乏,没有更多的数据来解释说明某种现象,难以通过有限样本数据揭示事物之间普遍的关联关系,只能转向在有限的数据中寻求因果关系,因此形成了借助因果关系解释说明问题的常态化分析思维模式。

在大数据环境中,由于拥有如此之多的数据和更加有效的数据分析手段工具,可以通过大数据技术更快更容易地挖掘出事物之间隐蔽的关联关系,获得更多的认知与洞见,并由此去捕捉当前和预测未来。

(2)注重"其然"而非"所以然"

关联思维的关键点在于量化两个数据值之间的数理关系,通过识别有用的关联物来分析一个特定现象,而不是试图去揭示其内部的运作机理。

对于关联关系而言,只有可能性而无绝对性。例如,电子商务网站通过不同商品销量提取关联性,为顾客推荐与其购买过的商品关联关系"强"的商品,但并不表示网站推荐的每个商品都是顾客想买的商品,只能说该商品被一起购买的可能性高。实际上,管理者并不需要知道购买 A 商品的顾客"为什么"会同时购买 B 商品,只需知道"他购买了 B 商品"就足够。在很多情况下,这种"知其然"而不必非要"知其所以然"就足以产生相当可观的价值。那么按照奥卡姆剃刀原则,自然就没有了因果分析的逐利驱动。在大数据应用过程中,人们并不需要非得让自己绞尽脑汁去探究现象背后的原因,完全可以让数据自己"发声",以便使用关联关系做到比过往更容易、更快捷和更清楚地分析事物。这种运用关联思维的洞察力足以重塑很多行业，开辟出全新的天地。

(3)关联思维预测未来

以关联关系分析为基础进行预测是大数据应用的核心要素之一。如果事件 A 和事件 B 经常一起发生，就可在关注到事件 B 发生情况下对时间 A 发生甚至和 A 一起发生的其他事件进行预测。这种关联预测分析方法已经被广泛地应用于相关领域。

(4)更多类型的关联分析

充分大的数据量和更加有效的数据分析技术使得人们能够发现隐含于大数据当中更加复杂的“非线性关联关系”。例如，通过大数据分析，社会上的收入水平和幸福感实际上会呈现出一种非线性关系，而这在小数据时代一直被认为是线性正比关系。由线性进入非线性是人们分析思维进入新的更高层级的标志。

1.3.3 大数据与物联网和云计算

大数据、物联网和云计算都是在 21 世纪的第二个十年后得以迅猛发展并且形成了各自的技术领域。但三者无论是从产生的实际背景、技术的交叠借用和应用的相辅相成都有着密切的关联。

1. 大数据与物联网

物联网是一种网络环境，通过射频识别、红外感应器、全球定位系统、激光扫描器和气体感应器等信息传感设备，按约定的协议将各类物品与互联网连接起来，彼此之间进行通信联络与信息交换，以实现智能化识别、定位、跟踪、监控和管理。物联网的核心和基础是互联网，是网络技术由“人—人”的互联到“人—物”和“物—物”互联的革命性拓展。物联网的终端延伸和扩展到了人与各类物品和物品与物品之间，也称为继计算机、互联网之后信息产业发展的第三次浪潮。

物联网的突出特征是处于环境当中的每个物体(包括人)都可进行通信、寻址和控制，并且在未来将人们所涉及的任何物体实现上网联网。物联网增强了人们监控和测量真实世界中发生的事情的能力，如发动机上的传感器传递了温度、速度和燃料损耗等数据，给予了人们精确了解设备实时工作状态的本领。

人们所涉及接触到的物品远远超过人本身的数量，因此物联网运行过程中每时每刻都会产生着体量巨大的数据和相应的数据管理业务。正是由于对相关数据和数据业务的不可思议的巨大需求，使得大数据与物联网的结合成为一种自然而然的结果。

物联网中产生的物联网大数据主要有下述两种情形：

(1)物联网状态数据

这是最主要的物联网大数据。实际上所有终端设备都会产生类似的数据。状态数据可作为实时数据直接提供价值，也可作为原始数据以进行更复杂分析而创造新的价值。例如，停车场的车位监控设备，提供实时车位状态信息，能及时让车主了解空余车位的情况；发动机上采集的状态数据，与以往报废发动机状态数据进行相关性分析，可预判更新发动机的时机，减少损失。

(2)物联网定位数据

这实际上是 GPS 应用的必然结果。定位数据可广泛应用于公交车定位、物流信息反馈和服务跟踪等方面，亦可服务科学研究。例如，给滇金丝猴戴上 GPS 项圈，记录活动轨迹，研究其生活习性。

将物联网感知的数据与其他移动互联网、常规互联网采集的数据结合，是形成大数据的重要的数据来源基础。

2. 大数据与云计算

作为一种新的大规模分布式计算模式，云计算从云端按需获取所需要的服务。云计算本身也是一种数据处理技术，从某种意义上可以看作大数据的一种业务模式。随着数据体量的急速增加，如何高效地获取数据，有效地深加工并最终形成有价值的信息，以及用更经济的方式存储结构复杂的大量数据等都是人们面临的挑战性课题，这些都需要“云”来提供存储、访问和计算的各类强有力的保障性服务。

云计算和大数据的关系是静与动的关系。云计算强调的是计算，即处理数据的行动，这就是“动”的概念；大数据则是实施计算的对象，一旦形成就相对稳定，这就是“静”的含义。结合实际应用，前者更强调计算处理能力，后者却看重存储管理能力。如果将大数据看作是一笔巨大财富，其中蕴含着极具价值的宝藏，云计算就是挖掘和利用宝藏的利器。

3. 大数据、物联网与云计算

有人提出过“互联网的未来功能和结构将与人类大脑高度相似，也将具备互联网虚拟感觉、虚拟运动、虚拟中枢和虚拟记忆神经系统”的说法。物联网对应互联网的感觉认知和运动神经系统，是“互联网大脑”收集信息的来源，就像人类的眼、耳、口、鼻和四肢等感知器官，源源不断地向互联网大数据汇聚数据和接收数据。云计算则对应于中枢系统，也就是相当于人的“大脑”。作为互联网的关键硬件层和核心软件层的集合，云计算应当是互联网智慧和意识产生的基础。大数据代表了互联网的数据信息层，而物联网、传统互联网以及移动互联网都在源源不断地向互联网的数据信息层汇聚数据和接收数据。物联网、云计算与大数据三者的关系如图 1-11 所示。

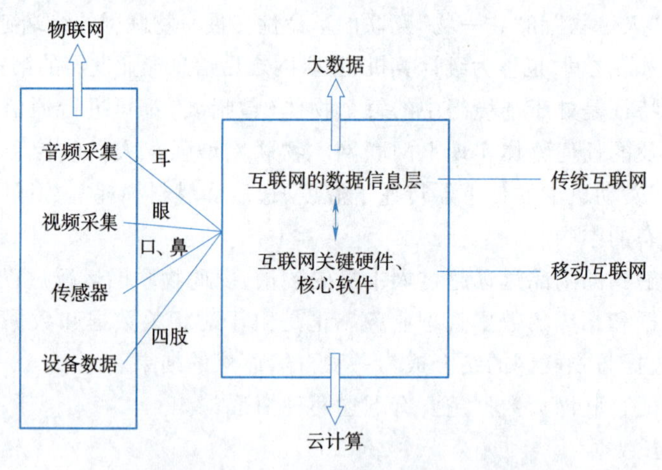

图 1-11　物联网、云计算与大数据三者的关系

感应识别、网络传输、管理服务和综合应用是物联网的四个基本组成部分，其中网络传输和管理服务都需要使用云计算技术，因为使用云计算可能是物联网流通过程中的一种更加经济的方式。

首先，建设物联网除了需要传感器和传输通道外，还需要高效的、动态的和可以大规模扩展的技术资源处理能力，云计算带来的高效率的运算模式正好可以为其提供良好的应用基础。云计算是实现物联网的核心，运用云计算模式使物联网中以兆计算的各类物品的实时动态管理和智能分析变得可能。

其次，云计算促进物联网和互联网的智能融合，从而构建智慧地球。物联网和互联网的融合，需要更高层次的整合，同样也需要依靠高效的、动态的、可以大规模扩展的技术资源处理能力，而这正是云计算模式所擅长的。

再者，物联网的发展又推动了云计算技术的进步，因为只有真正与物联网结合后，云计算才算是真正意义上从概念走向应用，两者缺一不可。

大数据、物联网和云计算互生互存和共欣共荣，共同推动信息技术向前迅猛发展。

1.4 新一代数据管理技术

“大数据”与常用的“海量数据”有联系，也有区别。大数据包含了海量数据，更超越了海量数据的原有内涵。体量巨大的结构化数据可以看作常规意义下的海量数据，而大数据包含更多的是半结构化和非结构化的数据，同时带来复杂类型的数据处理方法。海量数据并不一定都有上述的5V特征。对于海量的结构化数据，管理和应用技术在逻辑上来说比较“单一”，用户通过购买容量更大的存储设备和处理速度更快的机器装置等就可提高相应的系统效率；但对大数据而言，其数据规模和类型复杂程度都超出常用设备技术按照合理的成本和时限捕捉、管理及处理的能力，因此形成了一个新型的更具挑战性的数据管理领域，这里姑且称为新一代数据管理。

1.4.1 新一代数据管理概述

许多特定的计算机应用领域或者需要综合应用多种数据库技术，或者需要对大量本身已有数据集合进行新视角审视与处理，从而使得数据库技术应用范围不断扩大，新型数据库系统不断涌现。数据模型与数据处理新需求结合情况如图1-12所示。

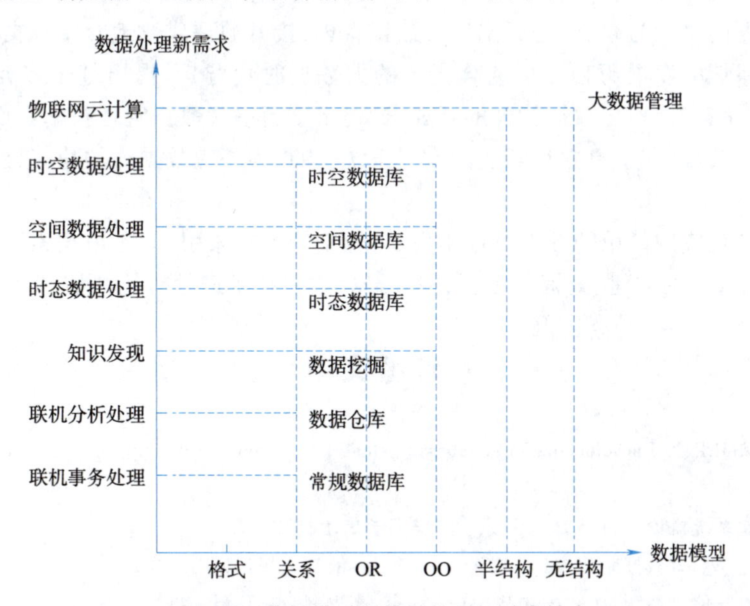

图1-12 数据模型与数据处理新需求结合

常规的数据库引擎要求数据按事先设计好的形式高度准确排列，数据被整齐地划分为包含“域”的记录，每个域都规定了特定种类和特定长度。关系数据库主要基于“数据稀缺”而设计

开发,因而必须做到仔细规划,使得存储数据显现规律,便于统计分析。现在,新一代数据管理无法预先设置数据种类和存储长度,常规数据存储和分析方法与之出现了明显冲突。这是对现有数据库技术的尖锐挑战,但也必将推动新的数据库原理技术的产生发展。

在计算机发展历史上,有不少比较重要的软件技术,由于硬件技术的发展和应用需求的改变,走到生命周期的终点。但数据库的基本思想是数据管理,其中的数据模型、查询更新、事务处理和安全性机制具有学科内涵和逻辑原理上的普适性质,因此,硬件技术的发展,并不会作为结束其生命周期的镰刀,而是催促其生命更加勃发的号角,为数据库展示出更加海阔天空的发展前景,计算机领域各种新的进展与突破都为数据库技术开辟了新的发展空间与用武之地。

1.4.2 新一代数据索引技术发展意义

面对大数据越来越实时的要求,不仅是数据流动快,更是对大数据分析、处理速度的要求。而提高检索数据速度的唯一途径就是研制出一种可实现的高效的适合其应用领域数据特性的索引技术。为此,深入地研究各种新型数据索引技术的结构及实现算法具有重要的研究意义和实用价值,可以通过提高检索数据的速度来满足人们对信息处理日益迫切的需求,同时也可以给新型数据库的设计者在采用索引技术时提供有益的参考和帮助。

索引技术依据海量数据内在关系,将数据按照某种特定顺序组织排列,通过索引查询检索目标数据时,可以排除大量不合要求的数据、较为迅速地定位目标数据、减少工作量、节省时间、提高查询检索效率。

本书主要针对具有空间特征、时间特征的海量数据索引技术展开讨论。

小　结

本章以数据的概念为起点,进而阐述了数据管理,接着顺理成章地介绍数据库管理系统,以及数据库管理系统的发展历程。再结合当今的大数据时代背景,提出基于多元应用需求驱动下,对海量结构化、半结构化数据管理的新要求,提出了新一代数据管理技术。而这些新型数据管理系统成败的关键,在于建立在其上的索引系统,能否为相应数据库的快速检索、迅速定位提供支持。

本书将从各自应用领域的数据特性出发,讨论空间数据索引、时态数据索引、移动对象数据索引、XML 数据索引的创建、查询与更新,并与经典索引技术进行对比评估。

参考文献

[1] LIU L M, TAMER Z. Encyclopedia of database systems[M]. New York: Springer Science Business Media, LLC,2009.

[2] 王珊. 数据库系统概论[M]. 5 版. 北京: 清华大学出版社,2007.

[3] 舍恩伯格库克耶. 大数据时代[M]. 周涛,译. 杭州:浙江人民出版社,2013.

[4] 王珊. 数据库与信息系统:研究与挑战[M]. 北京:高等教育出版社,2005.

[5] 孟晓峰,周龙骧,王珊. 数据库技术发展趋势[J]. 软件学报,2004,15(12):1822-1836.

[6] 刘云生. 现代数据库技术[M]. 北京:国防工业出版社,2001.

[7] 汤庸,叶小平. 高级数据库技术与应用[M]. 北京:高等教育出版社,2015.

[8] 涂子沛．数据之巅[M]．北京:中信出版社,2014.
[9] COX M,ELLSWORTH D. Application-controlleddemand paging for out-of-core visualization [C]//Proceedingsof the 8th Conference on Visualization,Phoenix,AZ,USA,1997: 235-244.
[10] MARK B. Gartner says solving"big data"challenge involves more than just managing volumes of data[EB/OL]. [2011-07-24]. http://www.gartner.com/newsroom/id/1731916.
[11] 朱扬勇,熊赟．大数据是数据技术还是应用[J]．大数据,2015(01):71-81.
[12] 艾瑞斯．大数据思维与决策[M]．宫相真,译．北京:人民邮电出版社,2014.
[13] 娄岩．大数据技术概论[M]．北京:清华大学出版社,2017.

第2章 空间数据索引技术

20世纪70年代左右开始兴起空间数据库相关研究，在遥感图像处理和地图制图等应用领域，为了利用卫星遥感资源高效绘制各种专题地图，需要对空间数据有相应的存储、表示、检索、管理等，空间数据库应运而生。之后，随着数字地球、地理信息系统、定位服务、移动通信等各个应用领域的发展进步，使得获取大量的空间数据信息成为可能，对空间数据库的研究愈来愈多、日益兴盛。空间数据库是时态数据库组成移动对象数据库的重要基础。

空间数据索引是空间数据管理的关键技术，其性能决定空间数据库的使用效率。由于可将时间维度转化为空间维度处理，空间数据索引在时空数据库和移动对象数据库管理方面都有广泛应用，因此研究空间数据索引具有理论意义和应用价值。

2.1 空间数据模型

现实事物的位置、形状、大小、分布特征以及空间关系等方面信息都可以归结为空间数据。由此可见，空间数据既包括对象本身的空间位置及状态信息，又包括对象间的拓扑关系信息。

2.1.1 空间和空间数据

空间数据具有空间、时间、定性、定位的特性。空间特性是指有方位、相离、相交、包含等空间关系，空间关系可分为方向关系、距离关系和拓扑关系等；时间特性是指随着时间变化空间对象发生变化；定性特性指的是与空间对象匹配的特征、属性等空间属性；定位特性是指依据空间数据对象位置信息定位到相应空间坐标系的位置。此外，还包括一些非空间关系（如空间数据对象的面积或周长等抽象特性）和非空间属性（如对象的质量、颜色等）。

1. 空间数据类型

经典的空间数据类型主要分为三类：点类型（points）、线类型（lines）和区域（面）类型（regions）。

在二维平面中，点表示对象在平面上的确定位置，一般坐标用(x,y)来表示；线具有一定方向和长度，表示一系列点之间的关系，可以用点序列$(x_1,y_1),(x_2,y_2),\cdots,(x_n,y_n)$来表示；面具有一定的区域和形态，可以用首尾相连的点序列所组成的闭合线段$(x_1,y_1),(x_2,y_2),\cdots,(x_n,y_n),(x_1,y_1)$表示。

2. 空间数据结构

空间数据元素之间的关系称为空间数据结构，在空间数据库的理论中，空间数据结构主要分为矢量数据结构和栅格数据结构。

(1)矢量数据结构

矢量数据结构是用事物的边界坐标来表达其空间信息。按其数据元素的组织以及存储方式的不同,可分为实体型数据结构和拓扑型数据结构两大类。实体型数据结构是一种简单的数据结构,它仅记录了空间个体的具体信息而不考虑个体间的相互关系。拓扑型数据结构则包含了一系列拓扑关系文件和点、线、面文件,它支持空间个体之间的拓扑关系运算。

(2)栅格数据结构

栅格数据结构是一种简单直接的空间数据结构,它将物体表面划分成均匀的网格阵列,并把每个网格作为一个像元,每个像元用行号和列号标记且包括一个指向其属性记录的指针。栅格数据结构被广泛应用到地理信息系统中。

3. 空间数据的特点

区别于普通数据,空间数据具有如下特点:

(1)数据结构的多样复杂性

存储空间数据的数据类型无法是固定长度的,因为空间数据对象可能是点、线,也可能是面或其他类型的空间对象,所以需要选取不同的数据存储结构来适应不同的空间对象。

(2)数据结构的动态性

因为更新、插入或删除等空间操作会引起数据的变化,所以数据结构要有相应的适应性。

(3)数据量庞大

空间数据规模海量,比如一个地区的地理信息系统中的数据可达到吉字节(GB)甚至太字节(TB)量级。

(4)空间代数操作非标准化

空间操作非封闭,相交时对象形状可能发生变化,且空间对象操作经常需要依据实际应用领域决定,导致没有既定标准、没有标准的空间代数操作。

(5)较大的时间代价

空间数据库操作时间代价往往大于普通关系型数据库,这是因为空间操作的非标准性且无好的查询优化方法,加之空间数据规模庞大,从而造成上述结果。

(6)多态性

相同的空间对象,在不同范围的视野中具有不同的精度、比例、形态,例如,在地图上某市面积在省域范围是面,在国家域范围可能就是一个点,相同对象却因视野范围的不同而形态不同。

(7)不可排序性

不能在保持空间对象之间相邻等关系的前提下线序排序空间对象数据。

(8)空间关系特殊性

空间数据包含便于空间分析和查询检索的对象位置及拓扑信息等,增加了空间数据完整性、一致性方面维护的复杂程度。

2.1.2　空间关系

广义的空间关系泛指空间对象之间的联系,而狭义的空间关系主要描述空间体实对象间由各自几何空间位置所引起的空间关系,它描述了空间对象间的某种约束条件和空间特性本质。在空间数据的检索中,一般是以空间对象间的关系为基础,并且空间关系计算是实现空间查询最基本的操作算子。因此,在空间数据检索中,有关空间关系的描述及计算是其重要的组成部分。空间关系按照各自所依赖的空间概念,通常分为度量、拓扑、顺序(又称方位或方向)三类基本关系。

1. 度量关系

空间度量关系是在度量空间中描述空间对象间的关系,它有定性与定量两种度量关系描述:定性度量关系常用较为模糊概念来表示,如远、近等定量度量关系常用较确定的数学语言进行描述,如长度、周长和距离等。对于长度、周长等定量的度量关系,可采用统一、形式简单的数学描述公式进行描述;对于距离而言,两个点状空间对象间的距离可用欧氏距离、马氏距离、契比雪夫距离等多种定义距离定义形式来描述;而对于线、面等非点状空间对象间的距离,由于它们之间的距离定义方式有很多种,在具体应用时按不同需求用不同距离定义方式进行描述。一般来说,度量空间被看成是均质空间,并采用 n 维空间欧氏距离来表示。

2. 拓扑关系

空间拓扑关系是空间数据检索及空间分析的基础,它经常作为检索和分析条件被广泛应用,因此,空间数据库中经常需要描述和记录空间对象间的拓扑关系。空间拓扑关系是指空间对象间通过拓扑变换如旋转、平移以及缩放等仍保持其关系不变的一种空间关系。为了有效地描述拓扑空间关系,不少学者提出了能在二维空间中进行有效描述各种形状的空间对象间的拓扑关系模型,如四交模型、九交模型等。

(1)四交模型

四交模型是用空间对象的边界和内部与另一空间对象的边界和内部是否有交集来描述两空间对象间的拓扑关系,即用四元组进行表达两空间对象间所有可能的 16 种空间拓扑关系。其中,两空间对象的内部和边界是否有交通常用“空”(值为 0)与“非空”(值为 1)来进行关系判别和表达,由于用四交模型描述和表达空间拓扑关系比较简单,因此应用比较广泛。但是,该模型由于只用两空间对象的边界和内部判断其拓扑关系,一些拓扑关系不能完整地表达。若有两空间对象 A、B,$B(A)$、$B(B)$表示 A、B 的边界,$I(A)$、$I(B)$表示 A、B 的内部,则 A、B 之间拓扑关系的四交模型可用式(2-1)表示。

$$\begin{bmatrix} B(A)\cap B(B) & B(A)\cap I(B) \\ I(A)\cap B(B) & I(A)\cap I(B) \end{bmatrix} \tag{2-1}$$

(2)九交模型

九交模型与四交模型表达拓扑关系的方法类似,是四交模型的扩展。九交模型与四交模型不同的是九交模型不仅利用了两空间对象间的边界和内部描述空间对象间的拓扑关系,而且还利用了空间对象的“外部”或“余”描述空间对象间的拓扑关系。因此,它是用九元组表达两空间对象间所有可能的 512 种空间拓扑关系。由于九交模型是在四交模型基础上进行改进,多利用了空间对象的“余”,从而克服了四交模型中部分不足。设有空间对象 A、B,$B(A)$、$B(B)$表示 A、B 的边界,$I(A)$、$I(B)$表示 A、B 的内部,$E(A)$、$E(B)$表示 A、B 的外部或余,二者之间的拓扑关系可用式(2-2)表示。

$$\begin{bmatrix} I(A)\cap I(B) & I(A)\cap B(B) & I(A)\cap E(B) \\ B(A)\cap I(B) & B(A)\cap B(B) & B(A)\cap E(B) \\ E(A)\cap I(B) & E(A)\cap B(B) & E(A)\cap E(B) \end{bmatrix} \tag{2-2}$$

在实际应用中,由于四交模型或九交模型在描述空间拓扑关系方面都是初步的理论性研究成果,在 GIS 进行空间关系分析时,很难利用它们进行相关分析处理。目前,GIS 中常用相邻、相离、严格包含以及相交四种关系类型描述两空间对象间的拓扑关系,如图 2-1 所示。

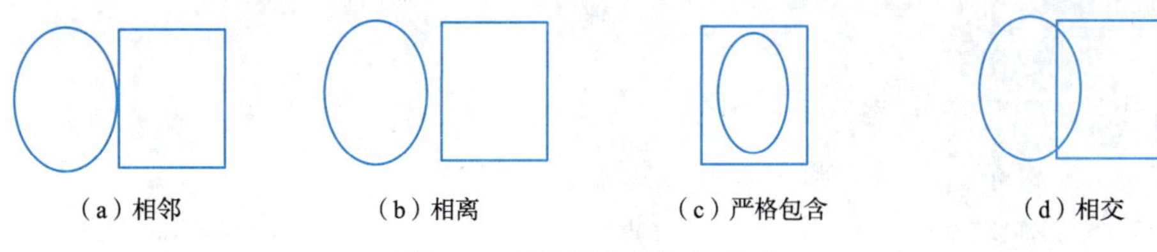

图 2-1　常用的空间拓扑关系

3. 顺序关系(又称方向关系或方向关系)

(1)方向关系基本概念

在 GIS 中通常需要表达两空间对象间相对位置或方位信息,这就需要用顺序关系进行描述。顺序关系是用来描述不同空间对象在空间中的某种排序关系,如点与点之间顺序关系、线段与线段之间的顺序关系、面与面之间的顺序关系等。一般来说,顺序关系通常是指方位关系或方向关系。

方向关系用定量与定性两种方式描述。定量方向关系常用角度来表示,如空间 A 对象在空间 B 对象的北偏东 30°方向;定性方向关系常用方位术语来描述,如“东”“南”“西”“北”“东南”“东北”“西南”“西北”等;定性方向关系的描述可根据不同的应用需求采用不同精度的方向划分方法,如图 2-2(a)和图 2-2(b)分别将方向关系用 8 个和 16 个不同精度的方向进行描述。

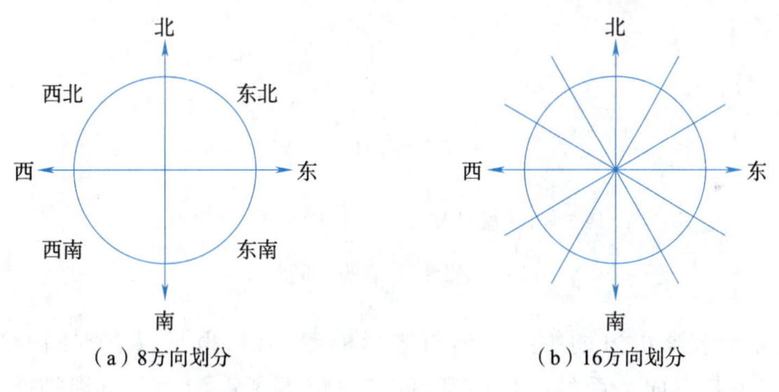

图 2-2　常用的空间定性方向关系的两种方向关系划分

(2)方向关系参考框架

空间方向关系主要是用来记录目标对象相对参考对象之间顺序的二元关系。一般地,依赖不同的方向关系参考框架,两空对象间的方向关系也是不同的。目前,空间方向关系的参考框架主要有以下三类:

①外部参考框架:以地球表面的外部作为参照系统。其中,外部参考框架的北方向可以有不同的选择,如磁北方向等,选择不同的北方向其外部参考框架也不同,如图 2-3(a)所示。

②内部参考框架:也称基于对象方位的参考框架,是以空间对象内部建立的方向参照系统,用参考空间对象前、后、左、右等方位术语描述,如图 2-3(b)所示。例如,某建筑正门为前、厨房为后等。

③基于观察者的参考框架:以观察者自己作为参考对象建立的空间关系参照系统,如图 2-3(c)所示。

空间对象在小尺度的地理空间中可采用基于内部参考框架描述空间方向关系,在移动中或人们常用的方向关系判断中一般采用基于外部参考框架进行描述。在本书及一般应用中,所讨

论的空间对象之间的方向关系主要是基于外部参考框架。

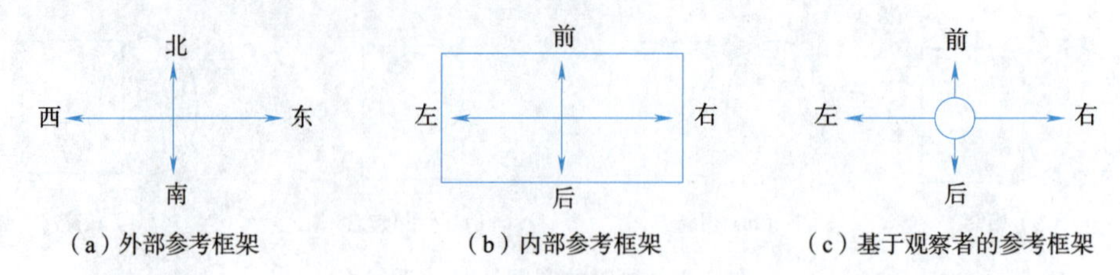

图 2-3 不同的方向关系参考框架

(3)方向关系模型

在相关应用中,主要讨论的是确定性对象间的方向关系,并且,对于确定性的点对象间方向关系通常采用锥形模型、投影模型进行描述,对于确定性的区域对象间的方向关系通常采用最小外接矩形(MBR)模型、方向关系矩阵模型进行描述。

①锥形模型:一般是以点空间对象或空间对象抽象成点为基元表示其空间方向关系的一种模型,它在小比例尺空间中比较适用。锥形模型是以参考对象为中心作两条或四条相交于该中心的直线,这样将参考对象周围的空间就划分为四个或八个不同方向子区域,每个子区域形状相同形且无交集。四方向锥形模型用定性方向关系用符号 E、W、S、N 分别表示地理空间中的东、西、南、北四个方向,如图 2-4(a)所示;八方向锥形模型用定性方向关系符号 E、W、S、N、NE、SE、SW、NW 表示地理空间中的东、西、南、北、东北、东南、西南、西北八个方向,如图 2-4(b)所示。

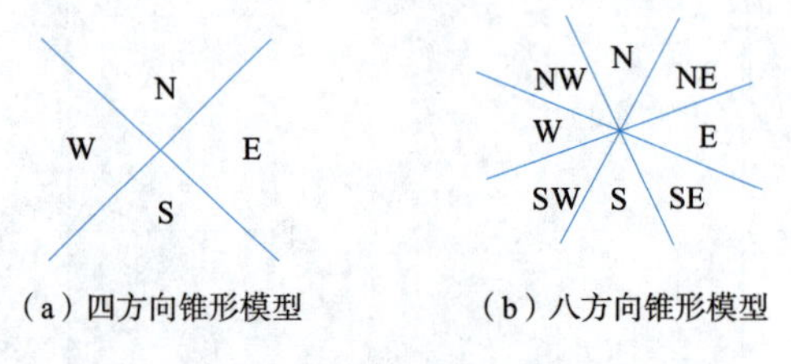

图 2-4 锥形模型的空间划分

②投影模型:基于投影的方向关系模型与锥形模型类似,也是以点空间对象或空间抽象的点对象为基元来表示其方向关系的一种模型,同样是以参考点为中心对周围空间进行划分。不同的表现在于:一是对平面进行划分的直线只有水平和垂直的两种形式;二是区域范围划分及方向关系表达上,投影模型的北、南、西、东分别对应于四条射线上的四个方向,并用方向关系符号 N、S、W、E 分别表示投影模型的东北、东南、西南、西北分别对应于被两条直线划分出的子区域方向,并用方向关系符号 NE、SE、SW、NW 分别表示,如图 2-5 所示。

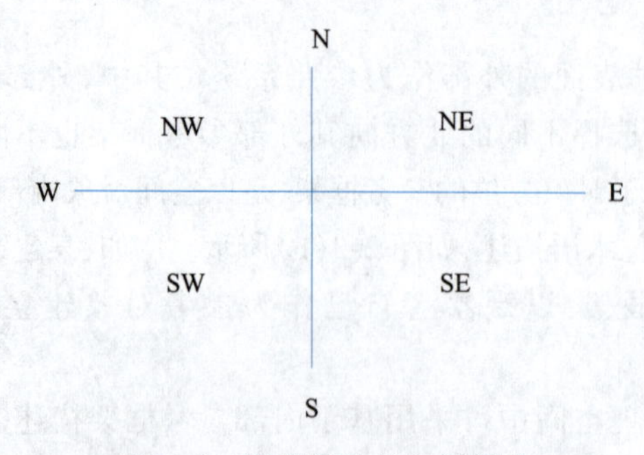

图 2-5 投影模型的空间划分

③最小外接矩形(MBR)模型:这是一种用于区域间空间方向关系表达的模型,并且是借用区域间拓扑关系表示的一种方向关系模型。参考对象的用来近似表示参考对象的区域,然后按照参考对象向外延伸的射线把空间范围划分为各子区域,这个子区域分别是地理空间的北、南、东、西、东北、东南、西南、西北、相同方向,并用方向符号{N,S,E,W,NE,SE,SW,NW,O}分别进行表示,最后通过计算目标对象的 MBR 与这九个子区域间拓扑相交关系来判断空间对象间的方向关系。设目标空间对象为 A,参考空间对象为 B,则用 MBR 方法划分 A 与 B 之间的空间区域如图 2-6 所示。

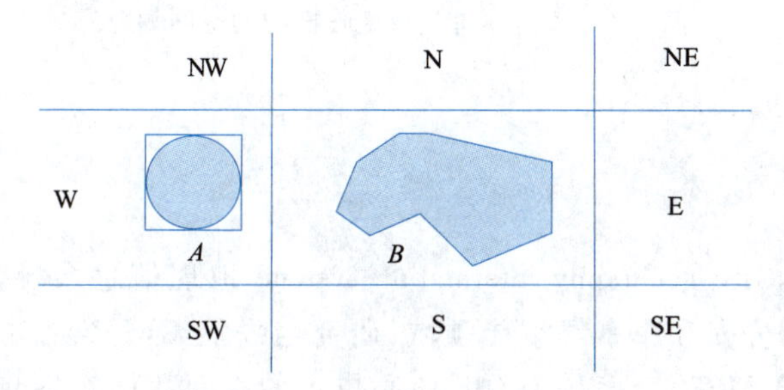

图 2-6　MBR 模型的空间划分

基于 MBR 模型的方向关系通常用四元组$(\mathrm{N,S,E,W})_{o_1,o_2}$来表示,即空间对象的 MBR 在 x 和 y 轴上分别进行投影后,在 x 轴上判断两空间对象的一维线段 E 与 W 的关系,在 y 轴上判断两空间对象的一维线段 N 与 S 的关系。

④方向关系矩阵模型:与 MBR 方法在划分空间区域时类似,也是按照参考对象向外延伸的射线把空间范围划分为在地理空间上的北、南、东、西、东北、东南、西南、西北、相同方向的九个子区域,然后通过判断目标对象与这九个子区域之间的拓扑关系来表达两空间对象间的不同方向关系。与 MBR 模型不同主要表现在两个方面:一是方向关系矩阵模型用一个 3×3 矩阵表示目标对象相对于参考对象的方向关系,矩阵中的每个元素表示目标对象与相应的空间划分子区域是否相交;二是目标对象用确定的空间对象边界表示,而不是用空间对象的 MBR 来表示。因此,方向关系矩阵模型考虑到目标对象的形状对方向的影响。

$$\mathrm{dir}(A,B)=\begin{bmatrix} A\cap \mathrm{NW}_B & A\cap \mathrm{N}_B & A\cap \mathrm{NE}_B \\ A\cap \mathrm{W}_B & A\cap \mathrm{O}_B & A\cap \mathrm{E}_B \\ A\cap \mathrm{SW}_B & A\cap \mathrm{S}_B & A\cap \mathrm{SE}_B \end{bmatrix},\mathrm{dir}(A,B)=\begin{bmatrix} 0 & 0 & 0 \\ 1 & 0 & 0 \\ 0 & 0 & 0 \end{bmatrix} \tag{2-3}$$

图 2-7 所示为基于方向关系矩阵模型的空间划分,式(2-3)中 $\mathrm{dir}(A,B)$ 为目标空间对象与参考空间对象的方向关系矩阵表达式,$\mathrm{dir}(A,B)$ 为图 2-7 中目标空间对象 A 与 B 参考空间基于方向关系矩阵模型的矩阵值,其中 0 表示不相交,1 表示相交。若方向关系矩阵值中的非零元只有一个,则该方向关系矩阵所描述的两空间对象间的方向关系是唯一的,如图 2-7 所示;若方向关系矩阵中有多个非零元,则该方向关系矩阵所描述的两空间对象间的方向关系是多值的。

不同的空间方向关系模型在具体应用中,其计算复杂性、实现难易程度、描述准确性以及适用范围等均不尽相同,如投影模型、最小外接矩形模型以及方向关系矩阵模型。由于它们对空间区域划分时是具有矩形特性的一种方向关系划分,在空间数据库中相对其他方向模型较容易实现。

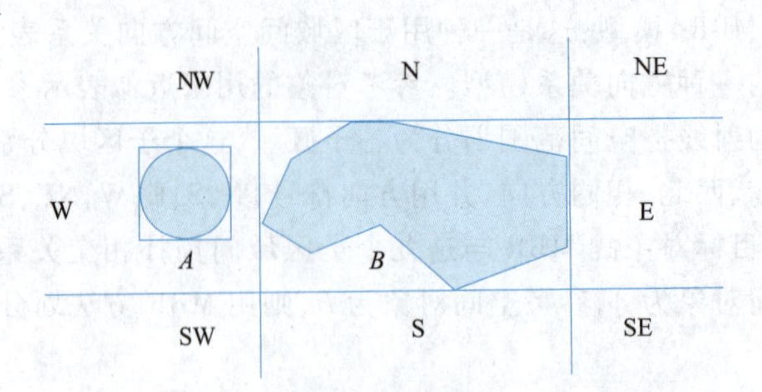

图 2-7　基于方向关系矩阵模型的空间划分

2.2　SDB 系统

在过去几十年间，GIS（geography information system，地理信息系统）被广泛应用于交通、电力、水利、城市规划、公安和军事等重要领域，研究与发展 GIS 产业对于国民经济的发展和维护国家安全都具有重要意义，而作为 GIS 核心技术的空间数据库（spatial databases，SDB）也随之成为数据库领域中的一个研究热点。与传统数据管理不同，SDB 是集存储、管理各种空间或非空间信息为一体的计算机信息应用系统，具有传统关系型数据库所不具备的技术要求。

2.2.1　SDB 技术

由于空间数据具有高维、非结构化及复杂的关系性等特征，且经常需要进行复杂的空间检索等处理，若直接采用目前常用的基于关系模型数据库系统来组织和管理空间数据，现有的关系型数据库系统无法有效地管理。因此，就产生了以处理和管理空间数据为目标的空间数据库系统。空间数据库是传统数据库的拓展，它主要是对空间数据、非空间数据及空间关系数据进行存储、检索等，并确保数据的一致性、完整性及安全性的数据库系统。

空间数据库系统突破了传统数据库系统基于一维的文字和纯数字数据的应用，主要针对非结构化的复杂空间数据。因此，空间数据库若要对这些复杂的空间数据进行有效的存储及检索等管理，还涉及空间数据模型、空间数据查询语言及空间数据查询优化等关键技术。

1. 空间数据模型

数据模型是对现实世界的抽象，是人们模拟世界、交流思想的工具。空间数据模型就是对地理世界的抽象，是对地理世界中的空间对象进行抽象、归类及简化的描述。空间数据模型能反映现实世界中空间对象及其相互间的联系，是进行空间数据库设计的理论基础，也是以数字化形式表达现实世界的基础。

空间数据模型可分为两类：一类是基于场的模型，它通常是用函数或网格来表示非离散的、连续分布的空间对象，如空间高程分布、降雨量分布和气温分布等，这类基于场模型在实现时常采用基于栅格数据模型进行数据组织；另一类是基于对象的模型，它将空间信息抽象成明确的、离散的、可标识的对象，如城市中道路、河流、湖泊以及居民地等，这类基于对象的模型大多采用基于矢量的要素模型进行数据组织和表达，如用点、线、面或多边形等来表达地理要素。另外，在实现方法上，主要采用面向对象的数据组织方式。

良好的空间数据模型是空间数据库进行高效的管理和利用复杂空间数据的基础。同时，空间数据模型对空间数据进行互操作也至关重要。这里所讨论的空间数据索引主要针对基于离散的二维矢量要素模型数据。

2. 空间数据查询语言

在空间数据库中,空间对象的一维属性数据可采用关系型数据库进行管理,并且,利用标准的语言可以很方便地操纵属性数据。但是,若通过关系型数据库进行复杂空间数据的管理,由于关系型数据库中没有表达复杂空间关系的数据类型而不能直接操纵空间数据。因此,空间数据查询语言是空间数据库研究中一项重要技术。

空间对象查询语言的实现方法如下:

①基于关系查询语言扩充的空间查询方法,即在标准上扩充能包含空间关系的谓词。如针对对象、关系数据库系统提出的标准 SQL-3 等。

②可视化空间查询方法,即用直观的图形或符号表示空间数据的查询。

③基于自然语言的查询方法,即通过简单的、直接的及有意义的自然语言来表达空间数据的查询要求。

3. 空间数据查询优化

在海量的空间数据中查询特定的空间对象,最重要的是要有非常好的性能,即如何利用空间数据查询优化技术提高空间查询效率。查询效率的提高主要来自两个方面:外部环境和应用程序。在大型关系数据库系统中,提高外部环境的性能,即提高硬件配置性能和软件平台系统性能(如操作系统、数据库系统)等只占性能提升的40%左右,其余60%性能的提高主要依赖于应用程序自身算法及其执行策略等各个方面的优化。而在应用程序自身的优化中,主要是优化查询路径和建立一个高效的空间数据索引。

查询路径的优化主要是利用数据库系统中的一个模块——查询优化器进行处理,它用于产生不同的计算计划并确定适当的执行策略。查询优化器从系统目录中获得信息,使用相关代价函数进行计算,并结合一些启发式规则和动态规划技术以制定合适的执行策略,如图2-8所示。

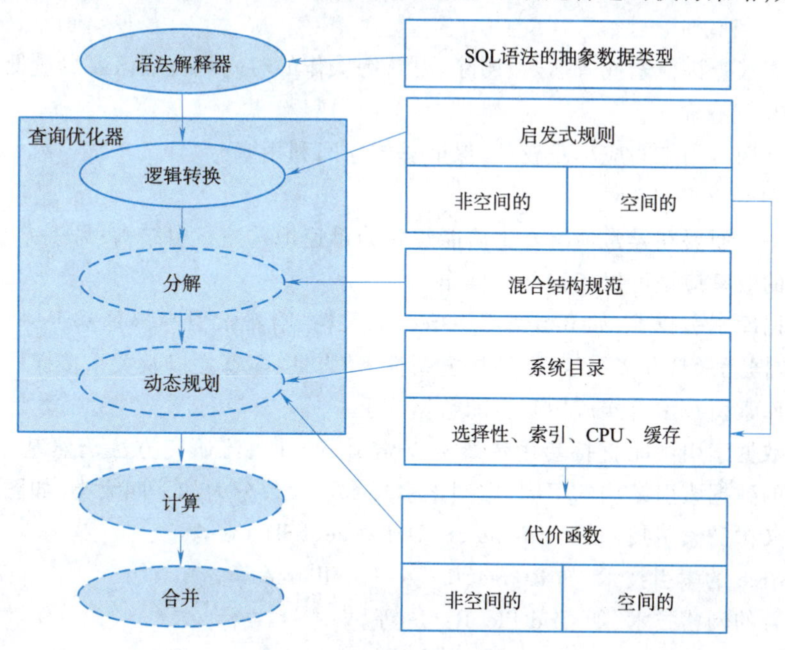

图2-8　查询优化器的模式

一般情况下，由于优化计算十分复杂，查询优化器很少执行最好的计划，一般的处理思想是避免最差的计划而选择一个较好的计划。由于在空间数据库中包含复杂的数据类型和 CPU 密集型拓扑关系运算，在空间数据库中选择一个优化策略比在传统数据库中更加复杂。

2.2.2 SDB 索引

空间数据库的基本功能是对空间数据进行查询与处理。由于空间数据十分复杂，空间数据库必须借助有效的索引机制才能实现对空间数据的高效管理。空间索引必须具有空间数据库相应特性。

1. 动态性

由于空间数据的动态插入、删除等操作，使得空间索引结构也需要具有适应这种数据动态变化的性质才可保持一致。

2. 存储管理的多级性

虽然主存容量随着硬件技术的发展有很大进步，但是仍然无法容纳全部的数据，因而要提高中间缓存利用率需要考虑索引结构的多级存储管理(一般为二级或三级)。

3. 对多种操作的支持性

空间索引结构应该在不影响其他操作处理性能的前提下，可以提高某些数据处理性能，以适应不同数据类型的需要。

4. 不受数据集和数据插入顺序影响

空间索引应该保持稳定性，其效率不应该受数据集不同和数据插入顺序不同的影响，应该独立于数据集合与数据插入顺序。

5. 适应性

空间索引结构应该具有可增长性，可以依据数据库内数据量的增多而自适应调整为相宜的结构。

6. 较低的时间代价

依据实际需求查询检索或者插入、删除、更新等操作的时间代价应该要尽量低。

7. 较低的空间代价

空间索引结构占用空间应尽量较低，保证总体空间利用率。

8. 可恢复性和并行性

空间索引一方面要在异常情况发生后能够较为迅速地重建索引结构；另一方面空间索引要保证查询检索的效率应该可以支持并行操作。

传统的数据库索引技术，如 B-tree、B^+-tree、二叉树、哈希索引等都是基于一维简单数据而设计，而空间数据元素具有多维度性、结构复杂性、动态性、多态性以及关系多样性等特点，不能把传统的数据库索引技术直接应用到空间数据库上。

虽然空间数据索引不能直接套用传统数据索引，但其主流研究方法仍然基于传统数据索引。按照借鉴的数据索引结构的不同，空间索引技术可大致分为如下四大类，如图 2-9 所示。

①基于二叉树的索引技术，如 kd-tree、K-D-B-tree、LSD-tree 等。

②基于 B-tree 的索引技术，如 R-tree、R^+-tree、Cell-tree 等。

③基于哈希的网格技术，如 Grid file、R-file 等。

④空间目标排序技术，如位置键法、Z 排序等。

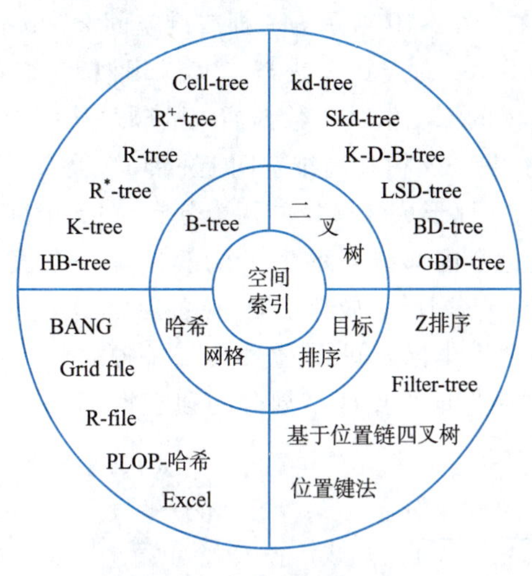

图 2-9　空间索引分类

有效的空间数据管理方法是提高空间索引性能一个重要途径。空间数据管理方法的基本思想是结合有效的数据存储方案，将大空间上的数据重复分割到较小的子空间集合中。目前主流的空间数据管理方法有以下三种：

①对象映射：对象映射方法的主要立足点是先将 k 维空间的对象集合映射为 $2k$ 维空间的点集合，然后再借助现有的点集合索引技术对映射后得到的点集合建立索引，这样现有的空间索引技术就可以直接应用到 k 维空间对象上。

②对象复制/剪切：对象复制方法是每个对象都分配一个唯一的标识符，在进行空间分割时该标识符被添加到每一个与该对象具有重叠区域的子空间中。对象剪切方法是运用递归方法把大的对象分解成小的子对象，直到所有的子对象都可以被一个子空间完全包含。

③对象包含：对象包含方法的主要思想是按照每一个数据对象都被完全地包含在一个子空间中的准则把大的空间重复分解成更小的子空间。

2.3　经典空间索引结构

由于空间信息量的海量性以及空间对象、空间查询的高度复杂性，如果直接对其进行基于遍历的查询，则将无法满足实际应用需要，为此，空间数据索引就成为 SDB 的一项关键技术。

空间数据索引是依据空间数据内在关系，并且包含空间数据形状、大小、位置等内在属性，将空间数据按照某种特定顺序组织排列的数据结构。其中包含指向具体空间实体的指针、空间对象的标识、对象的近似外界图形等对象的大部分信息。kd-tree、Quad-tree 和 R-tree 是空间数据索引中的经典，目前许多空间数据索引都是在其基础上进行研究发展的。

2.3.1　kd-tree

Bentley 于 1975 年提出 kd-tree，它是二叉树检索树在 $k(k\geqslant 2)$ 维空间的自然扩展，主要用于索引多维点或多属性数据。不同于二叉树检索树，kd-tree 中每一个结点均表示 k 维空间的一个点，树的每层会根据各自的比较器（$i \bmod k$，其中 i 为结点所在层数）划分为两部分。kd-tree 的划分需要遵循原则：左（右）子树上的结点的第 z 维值均小于（大于或等于）其父结点的第 z 维值,其中 z 为父结点比较器值。图 2-10 所示为一棵二维空间 kd-tree 的实例。

由于采用二叉树结构,kd-tree 的查找算法与二叉树相似,它继承了二叉树的查找优点,但由于 kd-tree 是非平衡树,其树的深度依赖于数据插入的顺序从而导致其深度不可控。

kd-tree 是 k 维的二叉树,是二叉树在高维空间上的推广,用 $k-1$ 维超平面将每一个内部结点的 k 维空间划分为两部分,从而形成二叉树的两个分支,在 k 个维度上交替进行分割,其中每个超平面至少包含一个点且每个内部结点都有一个属性 m、一个值 x,表示数据点被分为 m 值大于 x 和 m 值小于 x 两部分。不同层上属性不同,在各层之间进行所有维属性的循环,例如在二维空间,交叉切换于横、纵两个坐标之间,建立相应二叉树索引结构,进行递归分裂,最后成为 kd-tree 索引。在划分过程中应保证结点两半划分的独立性,只有结点中点数量小于规定最大容量时才结束划分。

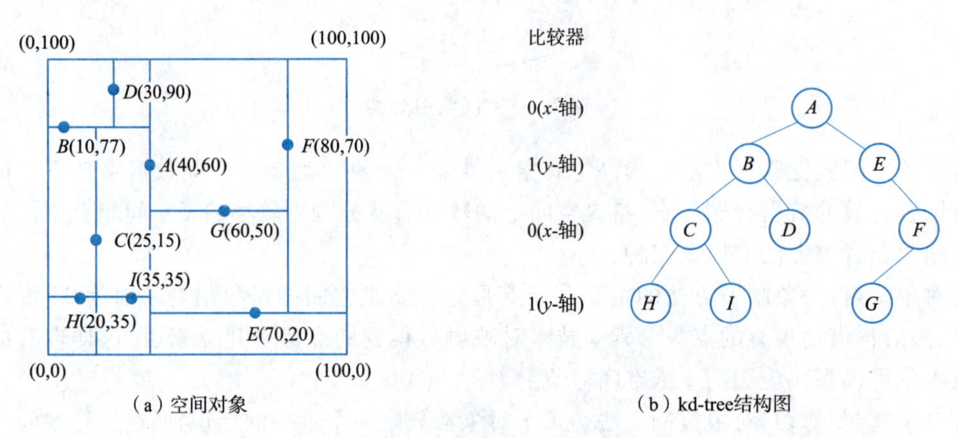

图 2-10　二维空间 kd-tree 实例

kd-tree 是一种不平衡的树,而且是动态的索引结构,这时分割过程可能出现中止、并非完全对称,数据分散于各位置,插入顺序不同会影响索引结构。由于 kd-tree 的不平衡性,导致在维护产生于动态操作的变化时较难、海量数据存储不便、kd-tree 高度会增加。

kd-tree 查找操作的过程和二叉树相同,沿着在每个结点内部找到下一层要访问的结点的方式从根结点到叶子结点一路搜索下去。此外,还有插入、范围查询、部分匹配查询、最邻近查询等操作。

2.3.2　Quad-tree

Finkel 等在 1974 年提出 Quad-tree,它是一种基于空间区域划分的索引结构,主要应用于栅格数据管理。根据所处理的数据对象类型的不同,Quad-tree 演化出处理点对象的 PR 四叉树、处理区域对象的 MX-CIF 四叉树和处理线段对象的 PM 四叉树。Quad-tree 的主要思想是把一个空间区域近似成一个矩形区域作为根结点存储,然后重复把矩形区域平均划分成四个子区域分别存储到四个孩子结点中。图 2-11 所示为 Quad-tree 的构建方式。

基于空间划分的四叉树分为区域四叉树和点四叉树,其每一个结点皆具有四个分支,且仅有一个根结点。它可处理点、线、面、体等多种空间数据,其分解过程是将整个空间区域分割为四个相同大小的对应根结点不同分支的区域,每一区域依次递归分解并与索引结构中相应结点对应。若某一区域中含有一个索引块存放不下较多的点,则将此区域视为内结点并分解为四个象限，每一象限对应一个子结点再进行分割；若某一区域中点数量较少即由存放其点的块表示，则将其视为叶子结点。分解策略可决定于数据特性或其他性质，最终分解为的多边形是形同的。

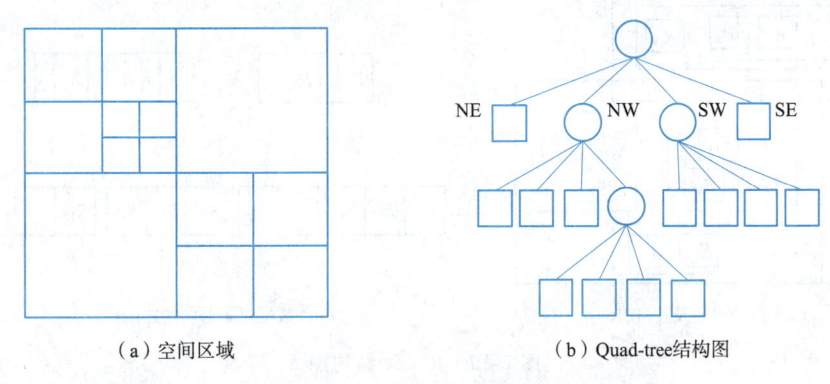

（a）空间区域　　（b）Quad-tree结构图

图 2-11　Quad-tree 的构建方式

由于四叉树结构简单、性能良好，使得它具有很强的可扩展型，现有很多时空索引都是基于四叉树发展而来的。

2.3.3　R-tree

Guttman 于 1984 年提出 R-tree，它是在 B^+ 树索引结构上进行改进以满足访问 $k(k\geqslant2)$ 维空间数据的需求，具有高度平衡的结构特点。R-tree 利用对象的最小边界矩形（minimum bounding rectangle，MBR）来存储对象，其叶结点由若干个（id，MBR_i）结构的数据项组成，其中 id 为指向空间对象的指针，通过该指针可以得到对应空间对象的详细信息，MBR_i 为 id 指向空间对象的最小边界矩形。其非叶结点由若干个（point，MBR_i）结构的数据项组成，其中 point 为指向其孩子结点的指针，MBR_i 为包含其对应孩子 MBR_i 的最小边界矩形。

由于 R-tree 是 B^+ 树的 k 维扩展，因此它在结构上必须满足类似 B^+ 树的一些特点。

①根结点若非叶结点，则至少有两个子结点。

②每个中间结点所包含的子结点个数必须在 $m \sim M$ 之间，其中 M 为 R-tree 的度，且 $2\leqslant m \leqslant M/2$。

③所有叶结点必须在同一层上。

图 2-12 所示为一棵 R-tree 的结构图，为 $M=3$ 的一棵 R-tree 树状结构，其根结点包括两个子结点 R_l，R_2。R_1 的子结点包括 R_3，R_4，R_5；R_3 的子结点包括 R_8、R_9、R_{10}。R_8、R_9、R_{10} 即是叶结点，指向数据元组。其余结点关系依此类推，直至指向数据元组的叶结点为止。

假设对象包含的矩形及相应包含关系如图 2-12（a），且 R_8 中不规则图形对象为查询对象，则据图 2-12（a）可知，首先可知所查询对象位于 R_1 查询窗口之中，其次进一步缩小查询范围，查询对象处于 R_3 查询窗口之中，再进一步缩小查询范围，可知 R_8 查询窗口为包含查询对象的最小外接矩形，至此查询过程结束。对应图 2-12（b）所示 R-tree 树状结构，即由根结点中 R_1，至其子结点 R_3，同理，至 R_3 子结点 R_8，R_8 直接指向包含查询对象的数据元组，查询过程完毕。从图 2-12（a）可明显看出，查询窗口存在重叠，因此查询效率会因为数据冗余的原因而降低，这也是促使 R^+-tree 出现的缘故。

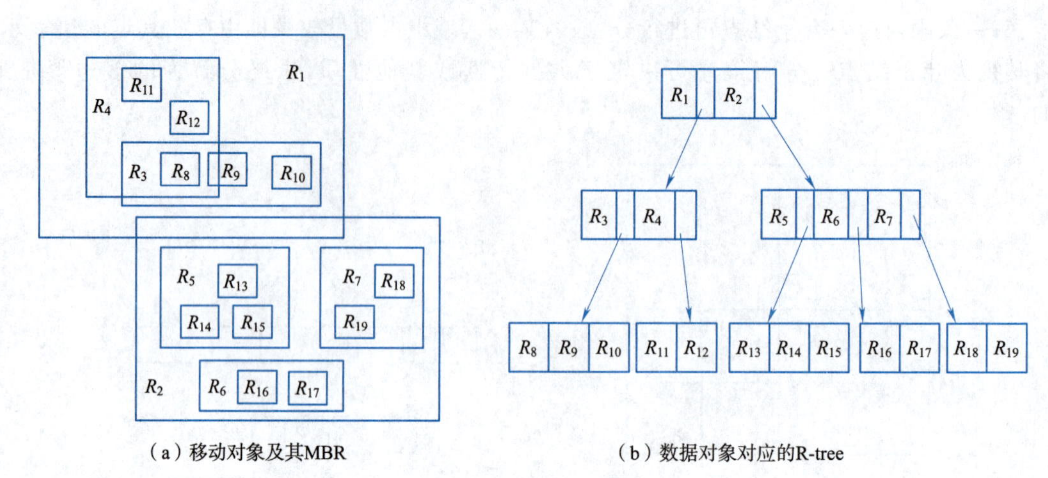

（a）移动对象及其MBR　　（b）数据对象对应的R-tree

图 2-12　R-tree 结构图

R-tree 的查询操作与 B^+-tree 相似，都是从根结点开始向下检索直到叶结点，通过查询矩形 Q 与树结点的 MBR 是否相交得到符合条件的索引记录。为提高查询和存储效率，在构建 R-tree 时应同时兼顾结点的 MBR 内包含的对象数量和结点间 MBR 的重叠区域。

2.3.4　R^*-tree

R^*-tree 由 Beckmann 在 1990 年提出，主要改进 R-tree 的插入算法。

GREENE 在 1989 年也提出了改进方案，主要表现在分裂算法上，在被分裂结点中查找两个距离最远的记录项作为两个分组的种子，计算这两个种子在每一维上的标准化间隔，最后选择间隔最大的那一维作为分裂轴。这个分裂算法只考虑了一个标准，即选择一个合适的坐标轴作为分裂的基础，然而种子的好坏却决定了整个分裂算法的性能。

R^*-tree 采用了新的度量标准，分别有覆盖域、边缘周长和重叠域。

在插入算法中，R^*-tree 在选择非叶结点时与 R-tree 的策略相同，都是选择最小扩张面积的结点，而叶结点则选择重叠面积增长最小的结点。

在分裂算法中，由于被分裂的结点有 $m+1$ 个记录项，分成两组后每组的记录项个数都至少为 m，因此这样的分组方案个数是有限的，沿轴计算所有分组方案的 mv 值(margin-value，第一组对应 MBR 的周长与第二组对应 MBR 的周长之和)之和 s，然后选择 s 最小对应的那一轴作为分裂轴。沿着这个分裂轴选择最小 ov 值(overlap-value，第一组对应 MBR 与第二组对应 MBR 相交的面积)对应的分组方案作为分裂的最终结果。

当 R^*-tree 的结点溢出时首先考虑强制重插算法，并且只有在重插失效后才调用分裂算法。在选择强制重插时，首先计算上溢结点对应 MBR 的中心 RI，将 $m+1$ 个记录项按离中心由远及近存放在 RI_1 中，删除 RI_1 的前 p 个记录项并放入 RI_2，从 RI_2 最后一个记录项(由近及远)开始进行重插。

2.4　M-相点数据索引 SPindex

现有空间索引大多基于 R-tree 技术，可快速有效访问海量空间数据。本节提出一种基于空间相点分析的空间数据索引方法 SPindex。首先，将空间区域所对应的最小外接矩形(MBR)集合与相平面中相点集合建立对应关系；其次，通过相点关系对相应 MBR 进行相互位置分析，进而提出一种基于相点的空间数据结构 MROB；以此为基础，提出一种新的基于 M-相点分析的空间数据索引 SPindex；最后，通过与常规索引进行实验评估表明了工作的可行性与有效性。

2.4.1　M-数与 M-相点

空间索引中通常用 MBR 来近似空间区域。通过对 MBR 的存储和查询就可近似地查询所需要的空间信息。

在二维欧氏空间中，坐标轴上区间$[x_1,x_2]$（$[y_1,y_2]$）称为一阶区间；两条相邻边分别平行于 x 和 y 坐标轴的矩形称为二阶区间，表示为$[x_1,y_1;x_2,y_2]$。设(x_1,x_1)和(y_2,y_2)分别为二阶区间 w 的左下和右上顶点坐标，则可用一个二阶区间 w 来表示一个 MBR。

定义 1　MBR-数和 MBR 相点　设 $w=[x_1,y_1;x_2,y_2]$，则 w 对应两个 MBR 数：

$$\begin{aligned}M_1(w)&=M_1([x_1,y_1;x_2,y_2])\\&=m_{11}([x_1,y_1;x_2,y_2])\times 10^a+m_{12}([x_1,y_1;x_2,y_2])\\M_2(w)&=M_2([x_1,y_1;x_2,y_2])\\&=m_{21}([x_1,y_1;x_2,y_2])\times 10^a+m_{22}([x_1,y_1;x_2,y_2])\end{aligned}$$

这里，m_{11}、m_{12}和 m_{21}、m_{22}分别是 w 中对角线顶点坐标 x_1、y_1、x_2、y_2 的函数，a 是所考虑 w 中 x_1、y_1、x_2、y_2 最大者的数位。

$w=[x_1,y_1;x_2,y_2]$对应相点 $M(w)=\langle M_1(w),M_2(w)\rangle$

下文中 MBR 数和 MBR 相点简称为 M-数和 M-相点。

设 $w=[x_1,y_1;x_2,y_2]$，在定义 1 取 $m_{11}=x_2$，$m_{12}=x=x_2-x_1$；$m_{21}=y_2$，$m_{22}=y=y_2-y_1$，此时，

$$\begin{aligned}M(w)&=\langle M_1(w),M_2(w)\rangle\\&=\langle x_2\times 10^a+x,y_2\times 10^a+y\rangle\\&=\langle x_2\times 10^a+(x_2-x_1),y_2\times 10^a+(y_2-y_1)\rangle\end{aligned}$$

由所考虑 M-相点组成集合 T 所在的平面称为 M-相平面。

设 Γ 是所考虑 MBR 集合。由定义 1，建立映射 σ：$\forall w\in\Gamma$，$w=[x_1,y_1;x_2,y_2]$，$M(w)=(M_1(w),M_2(w))$，则 σ 是由 Γ 到 $M(\Gamma)$一一对应，w 对应 M-相平面上 M-相点 $M(w)$，Γ 对应 M-相平面上 M-相点集 $M(\Gamma)$。

理论研究和实际应用中的数据对象通常会涉及 MBR 间的相交、相离、包含等各种关系，其中“包含”是基本关系，在一定意义下，其他关系可转化为包含关系。这里主要研究区间之间的包含关系。

2.4.2　M-相点分析

集合 T 上满足自反性和传递性的关系 R 称为 T 上的一个拟序关系。

定义 2　相点拟序　设 T 为 MBR 相点集合，定义 T 上关系“$\leqslant$”和“$>$”如下：

①$\forall M(u),M(v)\in T,M(u)\leqslant M(v)$

$\Leftrightarrow(x_2(u)x(u)\leqslant x_2(v)x(v))\wedge(y_2(u)y(u)\leqslant y_2(v)y(v))$

②$\forall M(u),M(v)\in T,M(u)>M(v)$

$\Leftrightarrow(x_2(u)x(u)>x_2(v)x(v))\vee(x_2(v)x(v)=x_2(u)x(u))\wedge(y_2(u)y(u)\geqslant y_2(v)y(v))$

可验证“$\leqslant$”和“$>$”都是 T 上拟序关系。

定义 3 MBR 区间子矩阵设 T 为 MBR 相点集合，u_0 将 T 分为如下四个子区域：

①$UL(u_0) = \{u \mid u \in T \wedge x(u) \leqslant x(u_0) \wedge y(u_0) \leqslant y(u)\}$；

②$UR(u_0) = \{u \mid u \in T \wedge x(u_0) \leqslant x(u) \wedge y(u_0) \leqslant y(u)\}$；

③$DL(u_0) = \{u \mid u \in T \wedge x(u) \leqslant x(u_0) \wedge y(u) \leqslant y(u_0)\}$；

④$DR(u_0) = \{u \mid u \in T \wedge x(u_0) \leqslant x(u) \wedge y(u) \leqslant y(u_0)\}$。

将其分别称作 u_0 的上左子矩阵、上右子矩阵、下左子矩阵、下右子矩阵。

上述各式子中如果仅 $<$ 成立，则称相应区域为开上左子矩阵、开上右子矩阵、开下左子矩阵、开下右子矩阵，分别记为 $OUL(u_0)$、$OUR(u_0)$、$ODL(u_0)$、$ODR(u_0)$。

定理 2-1　相 UR(u_0) DR(u_0) 点与拟序关系　$\forall u, v \in M(\Gamma)$，①$u \leqslant v \Leftrightarrow v \in UR(u)$；②$v \leqslant u \Leftrightarrow v \in DL(u)$；③$u$、$v$ 不相容$\Leftrightarrow v \in OUL(u) \vee v \in ODR(u)$。

证明：①设 $u = [i, j]$，$v = [k, l]$，$u \leqslant v \Leftrightarrow i \leqslant k, j \leqslant l \Leftrightarrow v \in UR(u)$。

同理可证②和③。

定理 2-2　MBR 包含关系必要条件

设 $w(i) = [x_1(i), y_1(i); x_2(i), y_2(i)]$，$w(j) = [x_1(j), y_1(j); x_2(j), y_2(j)]$，其中，$x(i) = x_2(i) - x_1(i)$，$y(i) = y_2(i) - y_1(i)$，$x(j) = x_2(j) - x_1(j)$，$y(j) = y_2(j) - y_1(j)$，

若 $w(i) \subseteq w(j)$，则 $(x_2(i)x(i) \leqslant x_2(j)x(j)) \wedge (y_2(i)y(i) \leqslant y_2(j)y(j))$

证明：只须证明，当 $w(i) \subseteq w(j)$ 时，成立①$M(i) \leqslant M(j)$；②$M(i) \in DL(M(j))$；③$M(j) \in UR(M(i))$。设 a 为坐标值中最大位数，由 *MBR* 包含关系可知 $x(i) \leqslant x(j) \wedge y(i) \leqslant y(j)$. 从而有

$$w(i) \subseteq w(j) \Rightarrow x_1(i) \leqslant x_2(j) \wedge y_1(i) \leqslant y_2(i)$$

$$\Leftrightarrow (x_2(i) \times 10^a + x(i) \leqslant x_2(j) \times 10^a + x(j)) \wedge (y_2(i) \times 10^a + y(i) \leqslant y_2(j) \times 10^a + y(j))$$

$$\Leftrightarrow (x_2(i)x(i) \leqslant x_2(j)x(j)) \wedge (y_2(i)y(i) \leqslant y_2(j)y(j))$$

证毕。

推论：若 $(x_2(i)x(i) > x_2(j)x(j)) \vee (y_2(i)y(i) > y_2(j)y(j))$，则 $\neg(w(i) \subseteq w(j))$，也就是说 $\neg(M(j) \in UR(M(i)))$，则 $\neg(w(i) \subseteq w(j))$。

2.4.3　索引 SPindex

1. MROP

定义 4　（相点线序划分 MROP）设 $L \subseteq \Gamma$，L 为 Γ 中相点分支 MROB $\Leftrightarrow \forall u, v \in L, u \leqslant v \vee v \leqslant u \vee u = v$。$L$ 中最大、最小元分别记为 $\max L$ 和 $\min L$。设 MROP 是 MROB 组成的集合，且若 $\forall MROB_i, MROB_j \in MROP, i \neq j, MROB_i \cap MROB_j = \varnothing$，且 $\{\cup MROB_i \mid MROB_i \in MROP\} = \Gamma$，则称 MROP 是 Γ 上一个 M-相点线序划分 MROP(Γ)。

算法 2-1　MROP 算法　输入：空间相点集合 $\Gamma = \{m_1, m_2, \cdots, m_n\}$；输出：空间划分 MROP。

Step 1　将 Γ 所有元素按照"$>$"排序，不妨设排序后就为 $\Gamma = \{m_1, m_2, \cdots, m_n\}$，令 $i = 1, j = 1$。

Step 2　若 $MROB_i = \varnothing$，添加 m_j 到 $MROB_i$ 队列末尾，$j = j + 1$。

Step 3　若 $j > |\Gamma|$，转 Step 4；否则，$k = 1$，Tail($MROB_i$)表示 $MROB_i$ 队尾元素。

Step 3.1　若 $k < i$ 且 $m_j \leqslant$ Tail($MROB_i$)，添加 m_j 到 $MROB_i$ 队列的末尾，$j = j + 1$，转 Step 3.3。

Step 3.2　若 $k > i$，则 $i = i + 1$，转 Step 2。

Step 3.3 若 $m_i \not\subset \mathrm{Tail}(\mathrm{MROB}_i)$，$k=k+1$，转 Step 3.1。

Step 4 分别输出个 $\mathrm{MROB}_m(1<m<i)$ 中的所有元素，这些元素组成一个线序分支，且所有 $\mathrm{MROB}_m(1<m<i)$ 组成 Γ 上的一个 MROP。

算法 2-1 的时间复杂度分析：Step 1 时间复杂度为 $O(n\log n)$，Step 2 为常数复杂度，Step 3 时间复杂读为 $O(n^2)$，Step 4 的时间复杂度为 $O(n)$，故时间复杂度为 $O(n^2)$。

【例 2-1】 设 $\Gamma=\{(52,51),(41,62),(72,62),(42,51),(51,63),(53,51),(62,72),(52,41),(41,72),(62,73)\}$，基于算法 2-1 构建 MROP 过程如图 2-13 和图 2-14 所示，由此得到三条 MROB：

$\mathrm{MROB}_1=\langle(41,72),(41,62)\rangle$；

$\mathrm{MROB}_2=\langle(62,73),(62,72),(51,63),(42,51)\rangle$；

$\mathrm{MROB}_3=\langle(72,62),(53,51),(52,51),(52,41)\rangle$。

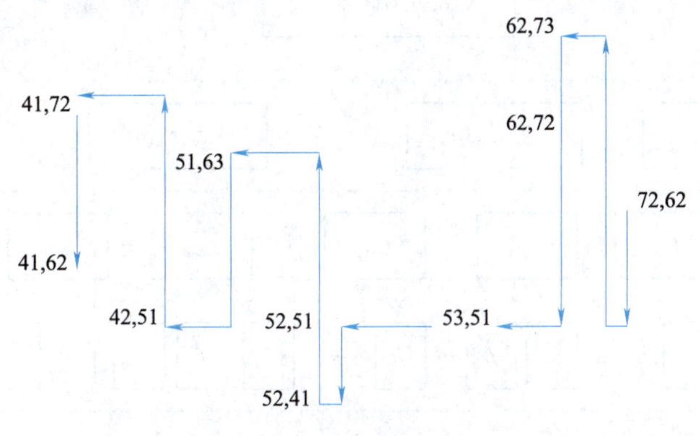

图 2-13 Γ 元素按照“>”排序

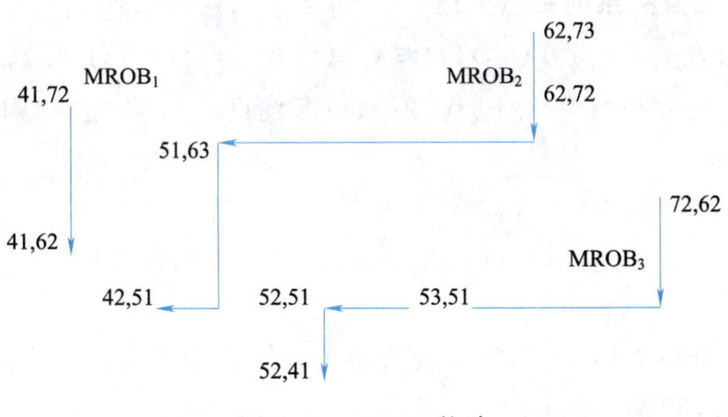

图 2-14 MROB 构建

2. 空间索引 SPindex

以下为书写简洁，MROP 记为 LOP，MROB 记为 LOB 或 L。设 $L\in\mathrm{LOP}(\Gamma)$，L“首元素”记为 $\max(L)$，“尾元素”记为 $\min(L)$。设 $\Gamma_{\max}(\mathrm{LOP}(\Gamma))$ 是 $\mathrm{LOP}(\Gamma)$ 中“$\max(L)$”列表，简记为 $\Gamma_{\max}$，由算法 2-1 在 $\Gamma_{\max}$ 上得到的线序划分记为 $\mathrm{LOP}(\Gamma_{\max})$，其中的线序分支为 $L_i(\Gamma_{\max})(1\leqslant i\leqslant|\mathrm{LOP}(\Gamma)|)$。类似定义 $\Gamma_{\min}(\mathrm{LOP}(\Gamma))$，线序划分记为 $\mathrm{LOP}(\Gamma_{\min})$，其中线序分支记为 $L_r(\Gamma_{\min})(1\leqslant r\leqslant|\mathrm{LOP}(\Gamma)|)$。$L_i(\Gamma_{\max})$ 和 $L_r(\Gamma_{\min})$ 也称为“最值 LOB”，而定义 4 中线序分支称为“数据 LOB”。

定义 5　相点分析空间数据索引　空间相点集合 Γ 上索引 SPindex(Γ)定义如下：

①根结点 $L_{root}=\langle G_1,G_2,\cdots,G_m\rangle$，$G_i=\max(L_i(\Gamma_{max}))$。

②$L(\Gamma_{max})$结点层：在数据 LOP 中构建 $|LOP(\Gamma_{max})|$，其中 LOB 记为 $L_i(\Gamma_{max})$。本层次中结点为 $LOP(\Gamma_{max})$ 中 $L_i(\Gamma_{max})(1\leqslant i\leqslant |LOP(\Gamma_{max})|)$。

③$L(\Gamma_{min})$结点层：在 $L_i(\Gamma_{max})$ 中对应数据 LOB 集合中构建 $LOP(\Gamma_{min}(L_i(\Gamma_{max})))$，本层结点为 $LOP(\Gamma_{min}(L_i(\Gamma_{max})))$ 中 $L_r(\Gamma_{min}(L_i(\Gamma_{max})))(1\leqslant r\leqslant |LOP(\Gamma_{min}(L_i(\Gamma_{max})))|)$。

④LOB 叶结点层：$L_r(\Gamma_{min}(L_i(\Gamma_{max})))$对应数据 LOB 构成本层结点。

其中，①到③以及④分别称为 SPindex 的“导航层(Ori(SPindex))”和“数据层(Da(SPindex))”。

一个 SPindex 模式构成如图 2-15 所示。

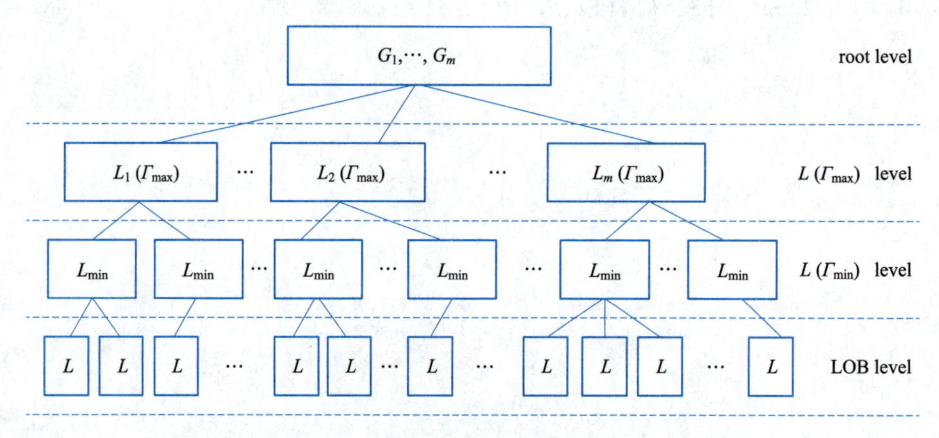

图 2-15　SPindex 模式

定理 2-3　MBR 相互关系的相点描述　设 $w_i=[x_{i1},y_{i1};x_{i2},y_{i2}]$，$w_j=[x_{j1},y_{j1};x_{j2},y_{j2}]$，则

$w_i\subseteq w_j\Leftrightarrow(x_{i1}\geqslant x_{j1}\wedge y_{i1}\geqslant y_{j1})\wedge(x_{i2}x(i)\leqslant x_{j2}x(j)\wedge y_{i2}y(i)\leqslant y_{j2}y(j))$

证明：充分性：若$(x_{i2}x(i)\leqslant x_{j2}x(j))\wedge(y_{i2}y(i)\leqslant y_{j2}y(j))$，则 $x_{i2}\leqslant x_{j2}$ 且 $y_{i2}\leqslant y_{j2}$，又$(x_{i1}\geqslant x_{j1}\wedge y_{i1}\geqslant y_{j1})$，可得 $w_i\subseteq w_j$。

必要性：由 $w_i\subseteq w_j$ 得$(x_{i1}\geqslant x_{j1}\wedge y_{i1}\geqslant y_{j1})$，由定理 2-2 得

$$(x_{i2}x(i)\leqslant x_{j2}x(j))\wedge(y_{i2}y(i)\leqslant y_{j2}y(j))$$

证毕。

由定理 2-3 可得，分析 MBR 之间的包含关系可以转化为考察相点之间的代数关系。

算法 2-2　SPindex 查询算法

输入：查询目标 $Q=[x_1,y_1;x_2,y_2]$；

输出：所有被 Q 包含的空间相点。

Step 1　对查询目标 Q 转换为空间相点 $M(Q)$，并令 $i=1$，$m=|L(\Gamma_{max})|$。

Step 2　进入 $L(\Gamma_{max})$层：若 $L_i(\Gamma_{max})\subseteq M(Q)$，则 $L_i(\Gamma_{max})$包含 L 中元素为查询候选结果，转 Step 5；否则转 Step 3。

Step 3　进入相应 L_{min} 层，依次考察 $L_i(\Gamma_{max})$中子结点 L_{min_k}。若 $k=|L_{min}|$，则转 Step 5。若 $L_{min}\cap M(Q)=\varnothing$，$L_{min}$ 包含 L 中元素都非查询候选结果，$k=k+1$，返回 Step 3，否则转 Step 4。

Step 4　进入相应 LOB 层：在 LOB 中实行二分查找。

Step 4.1 确定初始查找区间,令 low = 0;high = LOB. length - 1。

Step 4.2 取中间点 mid = (low + high)/2;比较 $M(Q)$ 与 LOB_{mid},有以下情况:

Step 4.2.1 若 $LOB_{mid} \not\subset M(Q)$,low = mid + 1;查找在右半区进行,返回 Step 4.2。

Step 4.2.2 若 $LOB_{mid} - 1 \not\subset M(Q)$,则 index = mid-1,转 Step 4.3。否则令 high = mid-1 查找在左半区进行,返回 Step 4.2。

Step 4.3 把位置标号大于 index 的元素放到候选查询结果集中,令 $k = k + 1$,转 Step 3。

Step 5 通过定理 2-3 将所有候选结果 M_j 与 $w(Q)$ 中的 (x_1, y_1) 比较,若 $w(Q) \cdot x \leqslant M_j \cdot x \wedge w(Q) \cdot y \leqslant M_j \cdot y$,则 M_j 为查询结果。若 $i = m$,转 Step 6,否则,令 $i = i + 1$,返回 Step 2。

Step 6 输出结果。

Step 2 到 Step 4 的时间复杂度为 $O(\log n)$,Step 5 的时间复杂度最大为 $O(n)$,算法 2-2 时间复杂度为 $O(n)$。

2.4.4 SPindex 索引评估

这里设计了相应仿真以测试 SPindex,比较对象为四叉树。仿真主要测试建立索引和基于索引查询的情形。实验硬件环境为处理器 AMD E-350 Processor 1.60 GHz,内存 2 GB;软件环境为:Windows 7 及以上版本操作系统,编程语言 Java,集成开发环境采用 Eclipse 3.4。对实验数据涉及参数做如下设置:随机生成包含在 [0, maxPoint; 0, maxPoint) 区域内的 MBR 和相应的 MBR 集合 Γ,其中 maxPoint 为 MBR 最大的坐标取值。

1. SPindex 构建

构建索引时间开销如图 2-16 所示,随着数据量的增大,建立 SPindex 所需时间会上升且耗时多于四叉树。这是由于在建立 SPindex 时需要对全部数据进行排序,并且建立每条 MROB 时都要遍历相应数据,时间复杂度为 $O(m \times n)$(其中 m 为所建立的 MROB 条数),而建立四叉树只在每一层对全部数据遍历一次,时间复杂度为 $O(h \times n)$(其中 h 为四叉树索引的深度)。

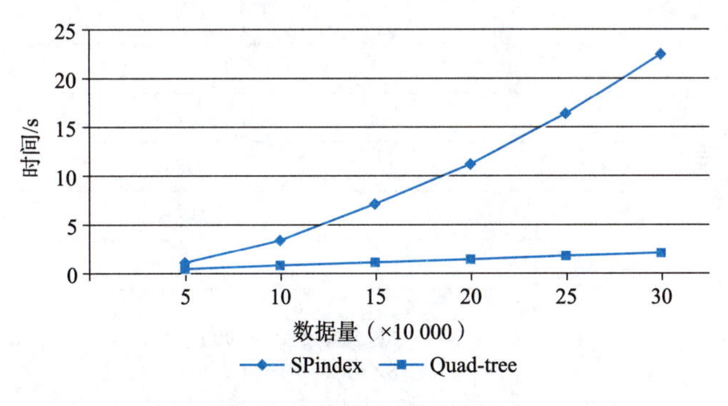

图 2-16 构建索引时间开销

构建索引的内存开销如图 2-17 所示,SPindex 和四叉树索引所用内存空间均成线性分布,但 SPindex 比四叉树占用更少内存。这是因为 SPindex 存储的主要是待查询数据,而四叉树索引把所有待查询数据存放在叶结点,因此需要存储各类更加复杂的空间位置和结构信息。

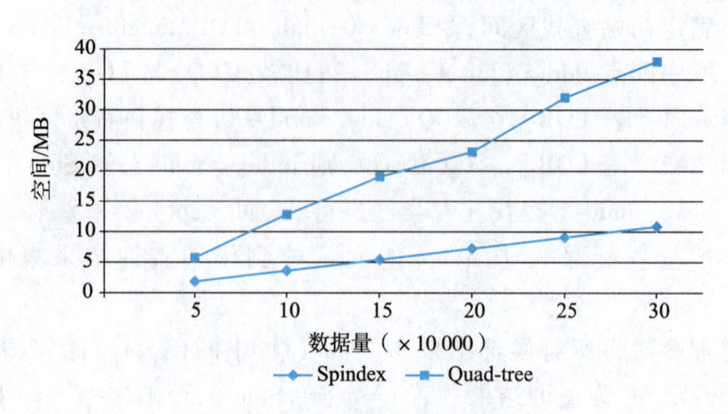

图 2-17　构建索引的内存开销

2. SPindex 查询

随着构建索引数据量的增加,平均一次随机查询的时间消耗也随之增长,如图 2-18 所示。其中,SPindex 对比四叉树具有更好的查询效率。

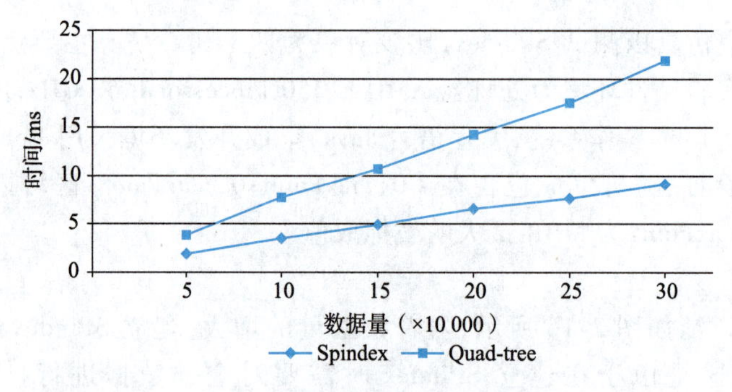

图 2-18　数据量增加时的查询

当索引量取 30 万数据时,随着查询量增加,SPindex 查询效率也优于四叉树,如图 2-19 所示。

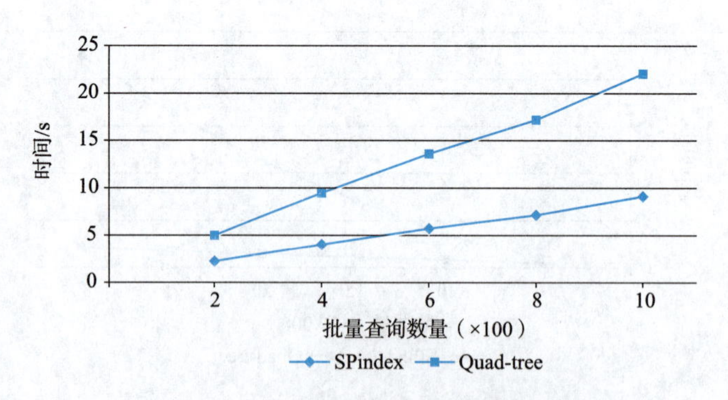

图 2-19　30 万数据索引量批量查询效率

对 30 万数据量,查询域所在位置不同时如图 2-20 所示。当查询域靠近开始点时,SPindex 和四叉树索引所需查询消耗均较小。而四叉树略优于 SPindex 的,这是由于查询区域越靠近开始点,四叉树遍历子树越少,而 SPindex 无论是查询区域位于何处都要对所有 MROB 进行查询。随着查询位置后移,四叉树所查询子树增多,SPindex 优势显现。

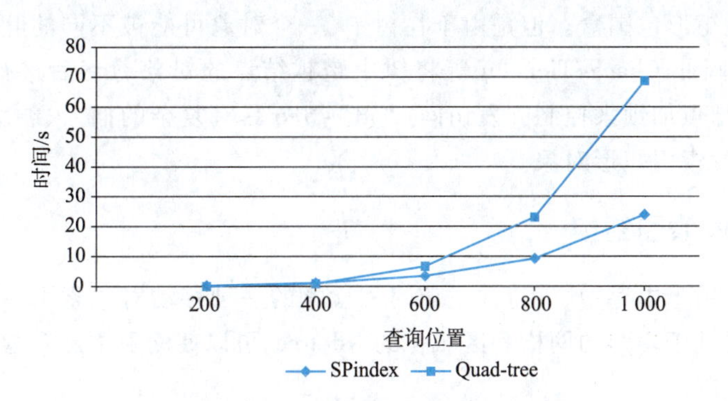

图 2-20　查询期间位置变化时的查询

对 30 万数据量，查询区间变化情形如如图 2-21 所示，SPindex 较四叉树显示出优势。

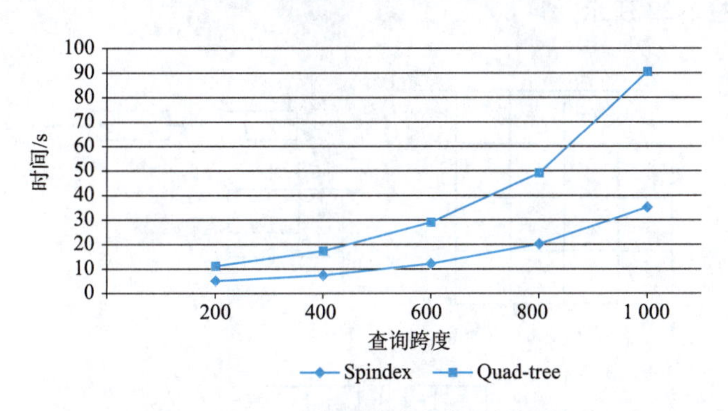

图 2-21　查询期间跨度变化时的查询

2.5　基于并发的空间数据索引 GKd-tree

现有空间数据索引结构的研究存在不适合在内存中、不适合并发访问的不足，为寻求设计新的适用于内存中、支持高效并发访问的空间数据索引结构，本节提出一种基于网格和树的一种新的、支持并发访问的空间数据索引树。在这种索引的基础上，设计了支持并发访问的更新和检索算法，讨论证明了并发算法的正确性，并通过实验分析算法提升性能。

2.5.1　基于并发的空间数据索引现状

当前已经有一些研究工作是利用空间曲线填充的方式对移动对象进行索引。

Dai Jing 等人提出利用 Hilbert 曲线和 B^{link}-tree 结合的方法对平面上的移动对象进行索引，并设计支持并发的检索方法。具体做法就是使用 Hilbert 曲线将二维空间映射到一维的顺序上，从而使每个网格都有一个数字编号，然后再使用 B^{link}-tree 的方法将非空格子按照一维的方式组织起来。为了使这种结构支持并发的更新和检索操作，设计了对应每个格子的锁，并且在分树的结构需要修改时，使用锁耦合机制。这种结构的优势在于使用比较成熟的树结构和锁耦合的方法，但其中的不足之处在于传统的锁耦合方法是粗粒度的锁，在更新的同时需要锁住整个索引的结点，并且不能同时进行查询操作，造成索引并行度的限制。

Chang-Tien Lu 等提出的另外一种并发移动对象索引的方式是基于 R-tree 的变体树，用来

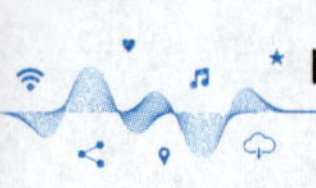

索引的对象抽象成矩形包围盒。但是由于在树中,一个对象可能被不同的叶子结点索引,不适合进行并发控制,因此 Chang-Tien Lu 等将树中跨越结点的对象剪切后进行索引,称为 ZR^+-tree。通过对每个结点加锁来控制并发访问。ZR^+-tree 具有复杂的插入、删除方法和并发控制方法,用来满足并发索引矩形对象。

2.5.2 GKd-tree 索引结构

GKd-tree 是适用于内存中、支持并发访问和检索的一种移动对象索引,可更高效地进行移动对象检索。索引基于均匀的网格和区域化的 Kd-tree,可以使索引更新和检索的复杂度更低,并且利于并发的控制。

首先,将待索引的平面区域划分成均匀的网格,当某些网格内的对象数目超过一定的阈值时,网格单元按照 Kd-tree 的方式分裂,从而分裂成深度不大的一个 Kd-tree,将这种杂合的索引称为 GKd-tree,如图 2-22 所示。

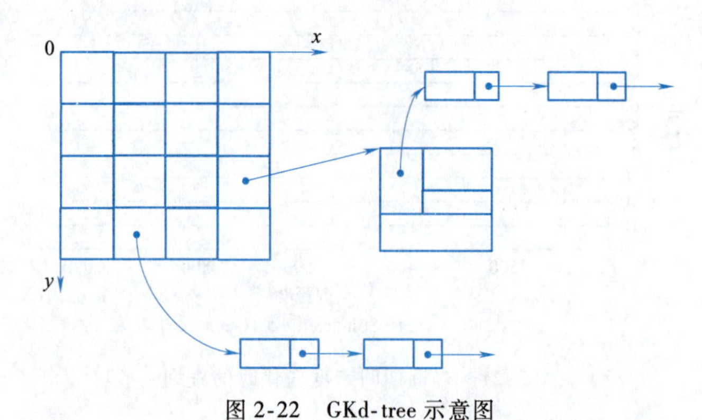

图 2-22 GKd-tree 示意图

选取合适的网格大小和 Kd-tree 分裂合并的阈值,可以同时控制叶结点对象的数目和索引的最大深度。从而混合索引的位置查询复杂度是 $O(h^*)$,其中 h^* 为混合索引的最大深度。对象位置更新的复杂度是 $O(h^* + C^*)$,C^* 不超过 Kd-tree 叶结点分裂阈值。区域查询的复杂度是 $O(B_q C^*)$,其中 B_q 为查询相差的叶结点数。

GKd-tree 混合索引中的区域分裂与合并和 Kd-tree 中一致。区域查询则是综合了网格和 Kd-tree 中的递归遍历,其区域查询的算法见算法 2-3。

算法 2-3 GKd-tree 区域查询算法

```
RegionQuery(Q,S)
1 //Q:the query region
2 //S:theresult set
3 S=0
4 for every grid cell C inside this query region Q
5    AddRecursively(C,S)
6 for every grid cell C overlap with Q(but not inside)
7    CheckAddRecursively(C,Q,S)

AddRecursively(T,S)
1 if T is leaf node or grid cell
```

```
2     add the bucket objects of T to result set S
3 else   //Tis KD-tree intra-node
4     AddRecursively(T.left,S)
5     AddRecursively(T.right,S)
```

混合索引 GKd-tree 在操作复杂度上结合了均匀网格和 Kd-tree 的优势,弥补了各自的不足。同时,利用这种混合的区域划分的方式管理空间数据对象,有助于对数据更新和查询进行并发控制。

2.5.3 GKd-tree 索引并发控制

为了维护并发索引的数据一致性,必须在有并发冲突风险时引入并发控制。并发控制最基本的方式是使用基于锁的多线程同步。使用互斥、临界区和信号量都可以看成基于锁的同步。锁的实现技术主要有两种:自旋锁和异步锁。这里仅介绍自旋锁。

本节中使用的自旋锁可以用下面的伪代码表示:

```
1 while(status≠condition){
2     _asm PAUSE
3     sleep(0)
4 }
```

其中,PAUSE 的指令是指示 CPU 停止指令的预取,从而减少 CPU 排空流水线的开销。sleep(0)函数指示本线程将 CPU 的使用权让给其他就绪的线程,等到自己被重新调度回来。但是如果没有其他就绪线程,该线程将继续执行。因此,这种线程不会阻碍其他线程,即使该自旋锁使的 CPU 占有率达到 100%,也不会成为其他程序运行的障碍,系统仍然流畅运行。

在本节中,粗粒度锁使用的是 pthread_rwlock,细粒度锁使用的是自旋锁。

1. 粗粒度锁

在 GKd-tree 中使用粗粒度锁的对象位置更新算法见算法 2-4。通过遵循 2PL 的加锁原则,使锁的获取有线性的顺序,从而可以确保没有死锁的发生。然而,此处的粗粒度锁,由于没有任何机制确保线程获得锁,不能保证线程是无饥饿的。

算法 2-4 GKd-tree 的位置更新算法

```
输入:对象的 ID,新位置 x、y;输出:在索引上完成对象位置的更新。
1 T 为 GKd-tree 的根;
2 通过辅助索引找到对象原来的结点 O;
3 if 如果新位置(xy)仍在 O 的区域中 then
4 更新位置,返回;
5 end
6 else
7 T 中对(xy)进行位置查找,找到新结点 N;
8 在结点 O 和 N 上获取写锁;
9 执行对象从 O 到 N 的移动;
10 if 结点 N 对象数目超过分裂阈值 then
11   对结点 N 执行分裂操作;
12     end
```

```
13 if 结点 O 对象数目小于合并阈值超 then
14   对结点 O 执行合并操作;
15 end
16 释放结点 N 和 O 的写锁;
17 end
```

2. 细粒度锁

在本节索引的实现中，针对数据桶使用的单链表，可以针对链表之间对象的移动设计细粒度锁；通过这种细粒度锁，可以尽量降低互斥的区间，提高并发度。对象在不同的桶中移动实际上是表示对象的链表结点在两个链表之间的移动，这时可以使用细粒度的锁来控制这个移动过程。

首先，通过读取链表结点找到需要移动的结点及其前驱，随后在目标桶中找到插入位置（插入位置一般选择链表头），在表头加锁第一个、最后一个未加锁的链表结点（注意加锁的顺序，避免产生死锁）。然后，修改需要相应链表的结点的后继域，相当于把链表从一个链转移到另外一个链。最后，释放所有的锁。这个过程的简单示例如图 2-23 所示。

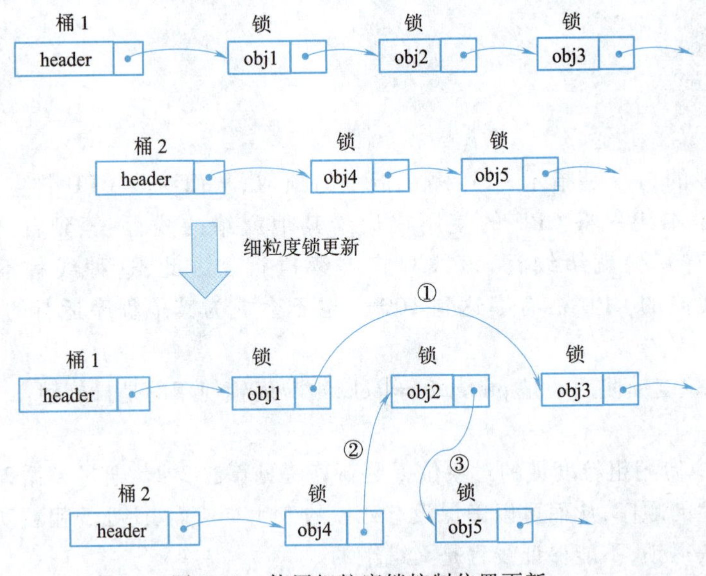

图 2-23　使用细粒度锁控制位置更新

一般情况下，细粒度的锁因为可以提高线程并发的程度，减小不必要的竞争，在并发竞争激烈时可以提高程序性能。但是，由于细粒度锁会增加锁的数量，增加一定的空间开销。因此，细粒度锁的实际性能必须经过实验的验证。

同粗粒度锁一样，使用 2PL 加锁规则可以保证细粒度锁没有死锁。细粒度锁可以提供和粗粒度锁一样的灵活性。

2.5.4　GKd-tree 索引评估

为了评价不同索引和并发控制的性能，本节进行了一系列的比较实验。

实验平台为 16 核服务器，CPU 主频为 3.0 GHz，共享 4 GB 内存。编程方式是 Java 语言和 pthread 多线程。实验比较的项目包括不同的索引结构、索引结构中各种不同的参数之间的性能变化、不同数据偏斜的情况，以及不同的线程数。

为了选择对于数据更新和查询都比较优化的参数,实验比较了不同网格大小和叶结点溢出阈值设置下索引的性能,结果如图2-24和图2-25所示。当网格大小增大时,索引的平均更新吞吐量增加,但是平均查询性能减小。更新性能的增加主要是当网格大小增加时,会有更多的数据不需要在数据桶之间移动。然而,当网格的大小增加时,对于生产的随机较小的查询会带来一些不利,因此,平均查询时间会随网格大小的增加呈现先降低后增加的趋势。从这个实验中,也可以得到一般情况下索引性能最优化的参数。

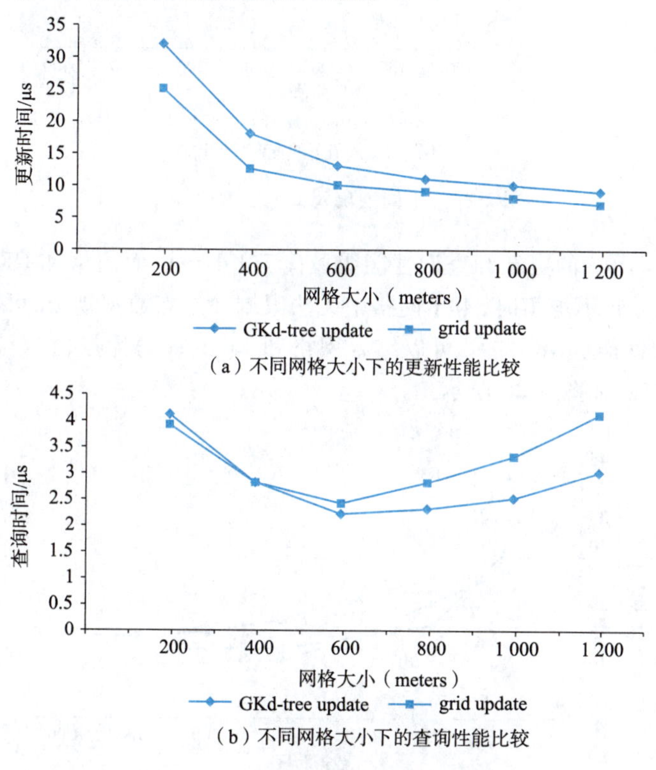

(a)不同网格大小下的更新性能比较

(b)不同网格大小下的查询性能比较

图2-24 不同网格大小下的索引性能

对象位置更新操作在均匀网格中性能最好,因为给定一个位置,网格可以通过$O(1)$的计算得到位置所在的结点;而且因为网格的区域大小是固定的,有大量的位置更新不引起数据移动,也降低了位置更新的开销。Kd-tree上位置更新性能不如网格和GKd-tree,因为在Kd-tree中位置查找的复杂度为Kd-tree的深度。

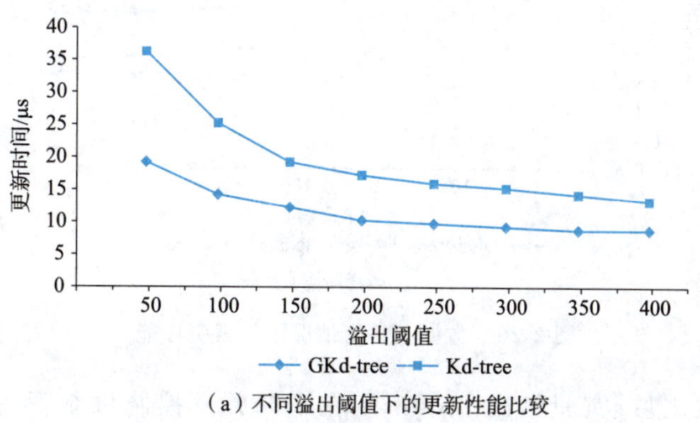

(a)不同溢出阈值下的更新性能比较

图2-25 不同溢出阈值下的索引性能(续)

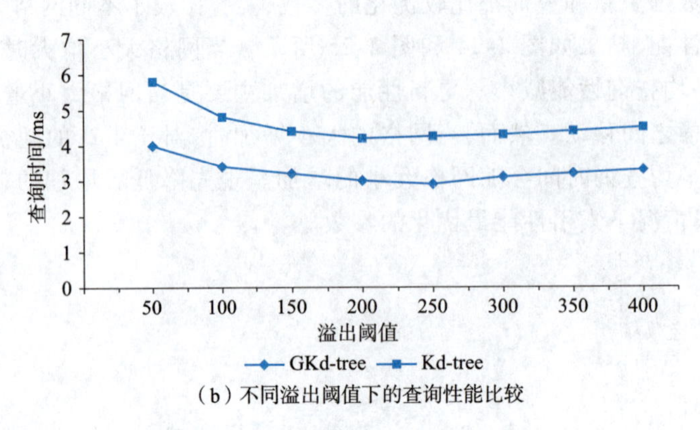

（b）不同溢出阈值下的查询性能比较

图 2-25　不同溢出阈值下的索引性能

均匀网格和 GKd-tree 的更新和查询性能明显优于 Kd-tree，而网格和 GKd-tree 的性能非常接近。但是，当数据分布不均衡时，由于网格中无法限制叶结点数据规模，可能造成单一结点内数据规模过大，影响性能。GKd-tree 可以结合网格和 Kd-tree 的优点，在数据分布不均衡情况下，依然有较好的表现，如图 2-26 所示。

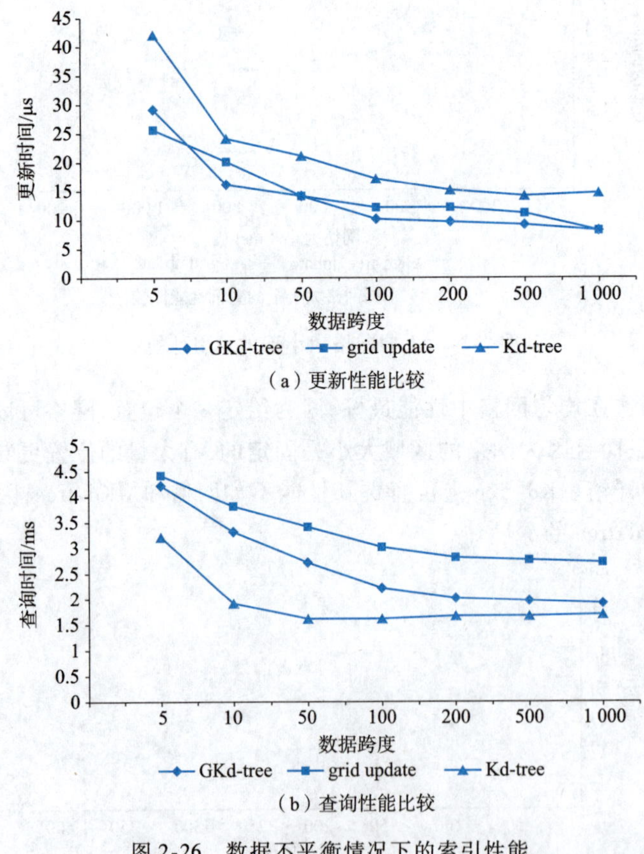

（b）查询性能比较

图 2-26　数据不平衡情况下的索引性能

在确定优化参数之后，实验给出 GKd-tree 在不同并发控制机制下的并行程序性能，如

图 2-27 所示。可以看出,在线程的并发程度较小时,不同线程之间产生临界区冲突较少,粗粒度的锁因为加锁粒度大、数量少,具有较好的性能。而当线程并发程度大,特别是查询量变大,临界区冲突较多时,细粒度锁并发控制展现出优势。

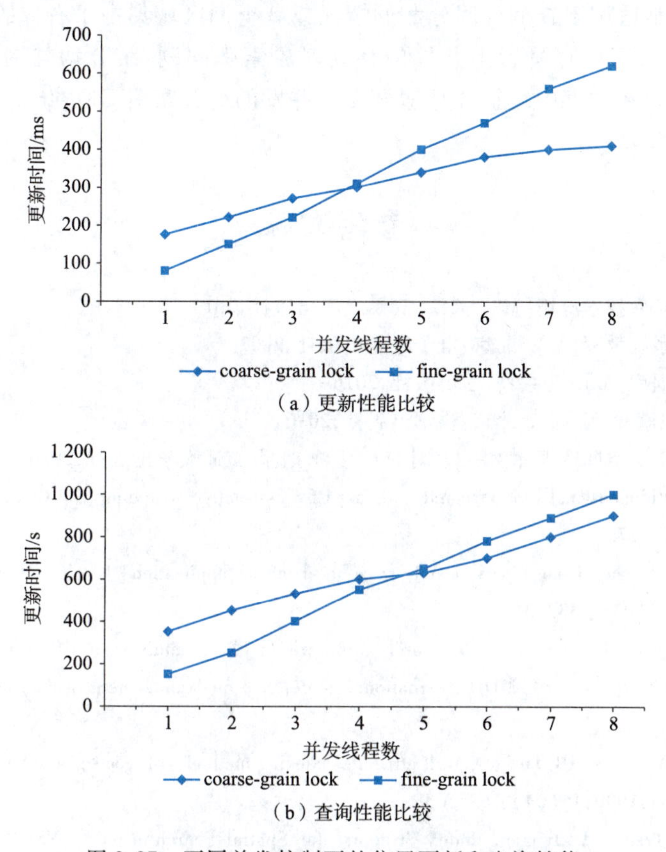

（a）更新性能比较

（b）查询性能比较

图 2-27　不同并发控制下的位置更新和查询性能

综上所述,对实验的结果可以进行如下总结:

①对于一般实际情况的数据,在最优化的参数下,均匀网格和混合索引的性能优于区域化的 Kd-tree。

②对于数据分布不平衡的情况,混合索引的性能优于均匀网格。

③相对于粗粒度的锁,细粒度锁能够取得更好的性能,特别是当参与并发竞争的线程数增加时。

小　结

空间数据索引是空间数据管理的关键技术,其性能决定空间数据库的使用效率。由于可将时间维度转化为空间维度处理,空间数据索引还在时空数据库和移动对象数据库管理方面有广泛应用。因此,研究空间数据索引具有理论意义和应用价值。

本章首先论述了空间数据模型、空间关系,以及经典空间索引技术,然后提出了 M-相点数据索引 SPindex。SPindex 通过将二维 MBR 映射为一维 M-相点,由 M-相点分析建立起空间数据的拟序关系,以此为基础建立了不同经典索引技术的新的空间数据索引 SPindex 并与四叉树进行了比较评估。由仿真过程可知,SPindex 的创建时间耗费尽管比四叉树索引要大,但换取了更高的查询效率并节省了空间耗费,并且当数据量增大时,SPindex 整体性能也越好,查询效率就越高。但当查询数据的相点大部分集中在相平面的左下方时,其查询效率略逊于四叉树索引。因此,SPindex 主要是适用于查询区间分散的情况或者查询区域集中于右方的情况。

本章还研究了共享内存平台上并发的移动对象索引问题,结合均匀网格和区域化的 Kd-tree,提出了一种适合在内存中维护并且适合支持并发的混合索引 GKd-tree,并讨论了支持并发索引的更新、查询。

参考文献

[1] 陈国平. 空间数据库技术应用[M]. 武汉:武汉大学出版社,2013.

[2] 王能斌. 数据库系统教程[M]. 北京:电子工业出版社,2002.

[3] 吴信才. 空间数据库[M]. 北京:科学出版社,2016.

[4] 毕硕本. 空间数据库教程[M]. 北京:科学出版社,2016.

[5] 郭薇,郭菁,胡志勇. 空间数据库索引技术[M]. 上海:上海交通大学出版社,2006.

[6] BENTLEY J L. Multidimensional binary search trees used for associative searching [J]. Communication of the ACM, 1975,18(09):509-517.

[7] BENTLEY J L. Multidimensional binary search trees in database application[J]. IEEET ransactions on Software Engineering,1979,5(04): 333-340.

[8] ROBINSON J T. The K- D- B- tree: a search structure for large multidimensional dynamicindexes [C] // Proceedings of the 1981 ACM SIGMOD international conference on Management of data. New York: ACM,1981: 10-18.

[9] DAV D B L,BETIY S. The HB-Tree: A Multiattribute indexing method with good guaranteed performance[J]. ACM Trans Database Syst,1990,15(04): 625-658.

[10] ANTON I G. R-Trees: A Dynamic Index Structure for Spatial Searching[C] //SIGMOD Conference,1984, 47-57.

[11]叶小平,郭欢,汤庸,等. 基于相点分析的移动数据索引技术[J]. 计算机学报,2011,34(02): 256-274.

[12]叶小平,陈瑞鑫,周旋珍,等. 移动对象索引 ST-tree[J]. 华南师范大学学报:自然科学版,2014,46(03): 44-48.

[13]叶小平,汤庸,林衍崇,等. 时态拟序数据结构研究及应用[J]. 软件学报,2014,25(11):2587-2601.

第3章 时态数据索引技术

随着信息产业的飞速发展,数据正在以前所未有的速度不断产生,海量数据被夜以继日的积累。人们在数据的获取、采集、存储、分析、应用等多个过程中,越来越注重数据在时间维度的属性,即数据的时间标记。带有时间标记的时态数据能够帮助用户对历史积累数据进行有效建模,挖掘提炼有价值的信息和知识,时态数据的价值日益凸显。

有效的数据查询是数据处理的基本要求,而时间本身特有的性质,例如单向性(单调递增)、多维性(有效、事务和用户时间维等)和相互关系的复杂性(ALLEN 时间关系)等,使得时态数据难以纳入传统数据处理(关系数据)框架,因此,时态数据索引就成为实现时态数据查询的基本途径。

根据所掌握的资料,现有时态数据索引研究主要有三种情形:

①将数据时态和非时态部分依次处理,这主要体现在时态关系数据查询方面。其基本思想是建立一套基于时间(区间)的索引机制,先对数据进行时间处理,再对时间筛选后的数据进行常规处理。这种方式适用于传统的时态关系数据处理,但难以应用到各类新型时态数据当中。

②将时态处理纳入非时态处理框架,这主要体现在时空数据库查询方面,其基本思想是将时间看作新的一个空间维,例如将一维时间和二维空间属性的数据看作是三维空间数据。这种方式的优势是能够有效使用现有的 R-tree 等成熟技术,但没有充分考虑到“时间”不同于“空间”的不同特征,本质上是空间索引的拓展。

③将时态处理整合到非时态处理过程当中,这主要体现在时态 XML 数据和移动对象数据查询方面。其基本思想针对数据本身特征,例如 XML 的结构特征和移动对象的轨迹线特征,研究相应基于时间特性的时态索引机制,然后将其整合到相应的非时态查询当中。实际上,随着数据库所涉及数据范围日益扩展(时态对象数据库的时态关联模型、时态 XML 库的半结构化模型、移动对象数据库的轨迹线模型等),基于情形③的时态数据索引模式已成为人们关注的研究课题。这里将在基于情形③展开研究与应用。

3.1 时间与时态数据

时间是客观事物发展变化的基本描述,作为客观事物的反映,各类数据经常需要表述和处理时间问题。常规数据库中数据不显示时间,但实际上表示相应数据“当前”状态,可看作一种

"快照"数据。随着数据库应用领域扩展,需要管理事物"过去"状态和预测"未来"发展,这就必须将数据时间属性"显式"表示。

时间的表示是相当复杂的,那么在数据管理系统中,应当以怎么样的方式存储时态信息成为研究时态数据模型的基础。基于实际应用的需要,时间的表示形式多种多样,其中应用最广泛的是把时间信息以时间点或时间区间的形式呈现。

1. 时间点(instant)

时间点,顾名思义时间作为一个离散点的形式被记录下来。连续模型中的时间点就是时间轴上的一个点;离散模型中的时间点就是时间轴上的一个区间。此时,时间点的表示其粒度相关。例如,时间点 2022 年 5 月 1 日的粒度为"天";而当要求使用时间粒度为"时"来记录时,该时间点应该表示为 2022 年 5 月 1 日 0 时。

2. 时间区间(period)

时间区间,顾名思义时间作为一个区间的形式被记录下来。对于时间轴上的两个时间点 t_1 和 t_2($t_1 \leqslant t_2$),则把它们所构成的区间[t_1, t_2]定义为时间区间。例如,2022 年 5 月 1 日到 2022 年 5 月 7 日表示为[20220501,20220507]。其中,时间点可视为始点和终点相等的时间区间。

基于时间的点和区间的表示方式,时间信息之间的关系可分为时间区间之间、时间区间和时间点之间、时间点之间的三种时间信息关系。在时间区间之间的关系方面,1983 年 Allen 提出的 13 种关系,见表 3-1,其中 t_1、t_2 分别表示两个时间区间。

表 3-1 时间区间关系

关系	含义
Before(t_1, t_2)	t_1 比 t_2 早开始,且 t_1 与 t_2 之间没有重叠区域
After(t_1, t_2)	t_1 比 t_2 晚开始,且 t_1 与 t_2 之间没有重叠区域
During(t_1, t_2)	t_1 比 t_2 晚开始,且早结束,即 t_1 对应的时间区间包含在 t_2 对应的时间区间里面
Contains(t_1, t_2)	t_1 比 t_2 早开始,且晚结束,即 t_1 对应的时间区间包含 t_2 对应的时间区间
Overlaps(t_1, t_2)	t_1 比 t_2 早开始,且早结束,且两个时间区间出现重叠区域
Overlapped-by(t_1, t_2)	t_1 比 t_2 晚开始,且晚结束,且两个时间区间出现重叠区域
Meets(t_1, t_2)	t_1 比 t_2 早开始,且 t_2 开始时间等于 t_1 的结束时间
Met-by(t_1, t_2)	t_1 比 t_2 晚开始,且 t_1 开始时间等于 t_2 的结束时间
Starts(t_1, t_2)	t_1 和 t_2 的开始时间相等,但 t_1 的结束时间小于 t_2 的结束时间
Started-by(t_1, t_2)	t_1 和 t_2 的开始时间相等,但 t_1 的结束时间大于 t_2 的结束时间
Finishes(t_1, t_2)	t_1 和 t_2 的结束时间相等,但 t_1 的开始时间大于 t_2 的开始时间
Finished-by(t_1, t_2)	t_1 和 t_2 的结束时间相等,但 t_1 的开始时间小于 t_2 的开始时间
Equals(t_1, t_2)	t_1 和 t_2 的开始时间以及结束时间都相等

由于时间点可以看作起点与终点相等的时间区间,因此我们可以根据时间区间关系演化出时间区间与时间点的关系以及时间点之间的关系,见表 3-2 和表 3-3,其中 t 表示时间区间,P、Q 均表示时间点。

表 3-2　时间区间与时间点关系

关　系	含　义
Before(P,t)	P 比 t 早发生,即 P 小于 t 的起始时间
After(P,t)	P 比 t 晚发生,即 P 大于 t 的结束时间
During(P,t)	P 在 t 之内,即 P 大于 t 的开始时间且小于 t 的结束时间
Starts(P,t),Meets(P,t)	P 和 t 同时发生,即 P 等于 t 的开始时间
Finishes(P,t),Met-by(P,t)	P 和 t 同时结束,即 P 等于 t 的结束时间

表 3-3　时间点之间关系

关　系	含　义
Before(P,Q)	P 小于 Q
After(P,Q)	P 大于 Q
Equal(P,Q)	P 等于 Q

带有时间标签的数据就是时态数据,时态数据由"数据本体"和"时间信息"共同构成,"时间信息"指数据的时间标签,而"数据本体"指数据的自身特征。数据库必须具备高效管理各种时间相关数据信息的能力,因此时态数据库应运而生。

3.2　时态数据模型

时间现象记录着事物变化演进的结果,它具有无处不在、连续不断且一去不复返的特点。目前,计算机不具备记录连续时间的能力,且现实中人们并没必要获取现实事物在所有时间上的状态。因此,可以借助构建时间模型的方法来实现量化时间以满足实际应用需求。根据实际应用场景的不同,时间量化模型可以划分为如下四类:

①连续模型:把时间看作数轴上的实数,轴上的实数点表示一个时间点。

②步进模型:把数据的状态看作时间的函数,只有在数据状态更新的时间点上才进行记录。

③离散模型:把时间与整数对应起来,每个整数表示一个时间点,且任意一个时间点都存在其唯一的前驱和后继时间点。

④恒定模型:把时间作为默认属性,用于记录不随时间变化的数据。

3.2.1　时态数据库分类

在实际应用中,所关心的是时间元素集合之间的关系而不是单个时间元素的表示,而时间元素集合间的关系建立在其语义表达的基础上。在时态数据库的理论中,时间元素集合的语义一般分成三类:用户自定义时间、有效时间和事务时间。

1. 用户自定义时间

用户自定义时间是指按照用户的自身需求或理解而定义的时间,此时系统无须对该数据的含义进行解析,只需要把它看作普通的字符串即可。该类型数据不要求时态数据库对其进行管理。

2. 有效时间

有效时间是指事物在现实中实际生效的时间,其值依赖于具体应用,它可以是时间轴上的任意一个区间。也就是说,有效时间可以是过去、现在或未来的任意一个时间区间。

3. 事务时间

事务时间是指数据库对其数据进行处理的时间,它记录着数据库执行各种操作的历史,如数据录入数据库的时间、执行修改数据的时间等。

基于上述三种时间元素集合的语义,时态数据库可以分为快照数据库、历史数据库、回滚数据库和双时态数据库,其中时态数据库主要指后三种数据库类型。

①快照数据库:实际上是一种非时态数据库,它仅记录事物在某一特定时刻的状态。当数据状态发生改变时,新产生的状态会冲掉旧的状态,原数据状态也随之丢失,因此快照数据库不具备管理历史数据的能力。

②历史数据库:基于有效时间而提出的时态数据库,它记录着事物在现实世界中实际生效的时间。快照数据库是历史数据库的某一时刻的反映。

③回滚数据库:基于事务时间而提出的时态数据库,它记录着每个事务提交前的数据状态。实际上,回滚数据库可以看作由事务时间所对应的快照数据库所组成的集合,它支持数据库还原到任意时刻的状态。

④双时态数据库:结合历史数据库和回滚数据库二者特点而提出数据库模型。它综合了上述三种数据库模型的基本功能特性,能同时支持事务时间和有效时间,记录着现实世界和数据库信息的演变过程。

3.2.2 时态数据索引

时间作为客观事物的基本属性,反映事物的发展变化。在计算机应用中,数据的时态问题经常需要处理,故时态数据的管理可视为常规数据管理的拓展。常规数据库仅能管理某一时刻的数据,当数据发生变化时,新数据将覆盖相应历史数据,从而丢失历史数据记录。缺乏对历史数据的存储与建模,管理事物的历史状态和预测事物的变化发展就难以实现。其次,实现数据管理首先需要实现对数据的查询,由于时间具单向性(单调增)、多维性(有效、事务和用户时间等维度)和相互关系的复杂性(ALLEN 时间系),传统关系数据框架难以高效查询时态数据。因此,时态数据的管理问题便成为数据库领域的研究热点。

由于时间语义的多样性以及相互关系的复杂性,数据库难以把时态数据作为常规属性进行管理,因此需要建立专门的时态数据索引来支持时态数据管理。时态索引以时态数据模型为理论基础,其核心为“数据本体”与“时态信息”的整合。现有的时态数据索引一般采用以下方式对时态信息进行处理。

1. 时态信息与非时态信息分步处理

其基本思想是基于时间自身特点为其建立专门的索引机制对时间信息进行优先处理,然后再对处理后的数据进行常规处理。该方案要求成熟的常规数据处理技术作为支撑。

2. 把时态信息归结为非时态信息处理

其基本思想是借助非时态数据已有的索引技术,把时态信息看作非时态信息进行处理,例如,将一维时间和二维空间属性的数据看作是三维空间数据。

3. 把时态信息整合到非时态信息的处理过程中

其基本思想是基于时态与非时态数据的“内在”关联与制约,把时态信息的处理整合到相应的非时态信息处理过程中。

如今大多主流数据库,如 Oracle、DB2、SQL Server 等都是借助 B^+-tree 来建立索引。时态数据库受主流数据库的启发影响,其大部分的数据索引都是在 B^+-tree 的基础上进行研究发展的,主要应用于时态 XML 和移动对象领域的数据管理。下面简单介绍一个基于 B^+-tree 的时态数据索引技术 Map21-tree。

Map21-tree 的主要思想是把任意的时间区间 $T=[V_s,V_e]$ 通过映射函数 $F(T)=V_s\times 10^a+V_e$ 投影成一个整数 N,其中 a 代表 V_e 的最大位数。然后,按照 B^+-tree 的构建方式,把 N 作为索引值构建 Map21-tree,并在其每个叶结点中保存一个指向与 N 相对应的时间区间的指针,如图 3-1 所示。

数据集

ID	V_s	V_e
O_{11}	0	3
O_{12}	4	now
O_{21}	0	5
O_{31}	0	7
O_{32}	8	9
O_{41}	2	3
O_{42}	8	now
…	…	…

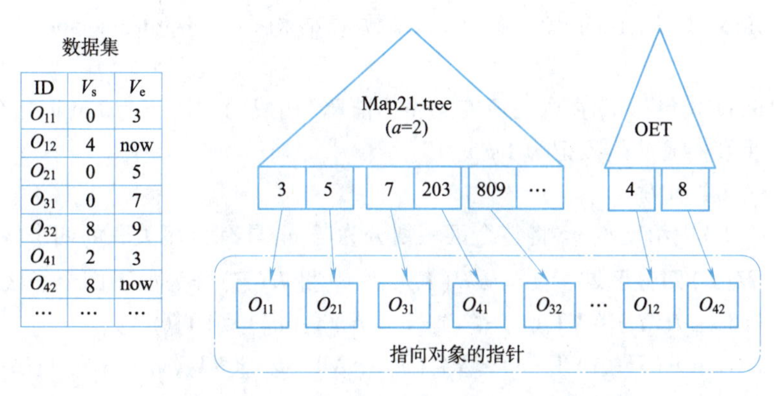

图 3-1　Map21-tree 例子

3.3　时态拟序数据结构

时态数据索引基于时态拟序数据结构,通过数据间更本质的数学关系来建立相应的索引,在查询过程中通过索引直接找到满足时态要求或者间接地过滤掉不符合情况的索引数据,达到快速查找数据的目的。

3.3.1　时态拟序关系

时态数据 TD 是由常规数据域 D 与(有效)时间期间域 $\mathrm{VT}=[\mathrm{VT}_s,\mathrm{VT}_e)$ 组成的二元组 $\mathrm{TD}=\langle D,\mathrm{VT}\rangle$,其中 VT_s、VT_e 分别表示 VT 始点和终点($\mathrm{VT}_s\leqslant \mathrm{VT}_e$),TD 时间期间记为 VT(TD)。设 Γ 是时间期间集合,$\forall_u\in\Gamma,u=[\mathrm{VT}_s,\mathrm{VT}_e)$,在 VT_s-VT_e 平面上,称 $P(u)=(\mathrm{VT}_s,\mathrm{VT}_e)$ 为 u 对应时间点。设 $P_0=(\min\{\mathrm{VT}_s(P)\},\max\{\mathrm{VT}_e(P)\}),P\in\Gamma$。由 P_0 始 $P(\Gamma)$ 的深度优先序列记为 $S(\Gamma)$。

定义 3-1　时态拟序　设 E 是时态数据集合,E 上关系 $\lesssim$:$\mathrm{TD}_1,\mathrm{TD}_2\in E,\mathrm{TD}_1\lesssim \mathrm{TD}_2\Leftrightarrow \mathrm{VT}(\mathrm{TD}_1)\subseteq \mathrm{VT}(\mathrm{TD}_2)$,称“$\lesssim$”是 E 上满足自反性和传递性的时态拟序(temporal quasi-order)。

定义 3-2　线序分支　设 E 是具“$\lesssim$”的时态拟序集合,E 中一个全序分支称为 E 的一个线序分支(linear order branch,LOB)。

3.3.2　线序划分与最小线序划分

前述对时间期间集合 E 进行拟序遍历结果就是将 E 中的数据进行分类,每个 LOB 表示一种类型，类型中的元素具有“一个包含一个”的全序结构。由于构建 DRFT 的特定要求，得到的 LOB 都是彼此不相交的。在离散数学中，如果一个集合 E 被分割为多个子集的并集，并且这些子集彼此不相交，所有这些子集的集合就构成了 E 上的一个划分。因此，由 DRFT 得到的全体线序分支集合就构成了 E 上的一个划分。

1. 线序划分与数据结构

定义 3-3　线序划分　由 DRFT 算法得到的 $\Sigma(\Gamma)=\langle L_1,L_2,\cdots,L_m\rangle$。$\forall L_i,L_j\in\Sigma,i\neq j,L_i\cap L_j=\varnothing$，且 $\{\cup L_i \mid L_i\in\Sigma\}=\Gamma(1\leqslant i,j\leqslant m)$，定义为 Γ 上的一个线序划分（linear order partition，LOP）并记为 $\mathrm{LOP}(\Gamma)=\langle L_1,L_2,\cdots,L_m\rangle$。

由 $\Sigma(\Gamma)$ 定义了 Γ 上的拟序关系时态数据结构（quasi-order temporal data structure，QOTDS）。

设 $u_0\in$ LOB，LOB 包括 u_0 在内的所有 u_0 的“前驱”构成的片段记为 $\mathrm{Lp}(u_0)$，包含 u_0 在内的所有 u_0“后继”元素构成的片段记为 $\mathrm{Ls}(u_0)$。

2. 四分区域及其性质

可以通过 $H(\Gamma)$ 中给定点 u_0 将整个区域划分为与 u_0 具有拟序关联的四个区域。

定义 3-4　$H(\Gamma)$ 四分区域　$\forall u_0\in H(\Gamma)$，则 u_0 将 $H(\Gamma)$ 分为如下四个子区域：

$\mathrm{LU}(u_0)=\{u \mid u\in H(\Gamma)\wedge \mathrm{VT_s}(u)\leqslant \mathrm{VT_s}(u_0)\wedge \mathrm{VT_e}(u_0)\leqslant \mathrm{VT_e}(u)\}$；

$\mathrm{LD}(u_0)=\{u \mid u\in H(\Gamma)\wedge \mathrm{VT_s}(u)<\mathrm{VT_s}(u_0)\wedge \mathrm{VT_e}(u)<\mathrm{VT_e}(u_0)\}$；

$\mathrm{RU}(u_0)=\{u \mid u\in H(\Gamma)\wedge \mathrm{VT_s}(u_0)<\mathrm{VT_s}(u)\wedge \mathrm{VT_e}(u_0)<\mathrm{VT_e}(u)\}$；

$\mathrm{RD}(u_0)=\{u \mid u\in H(\Gamma)\wedge \mathrm{VT_s}(u_0)\leqslant \mathrm{VT_s}(u)\wedge \mathrm{VT_e}(u)\leqslant \mathrm{VT_e}(u_0)\}$。

$\mathrm{LU}(u_0)$、$\mathrm{LD}(u_0)$、$\mathrm{RU}(u_0)$ 和 $\mathrm{RD}(u_0)$ 分别称为 $H(\Gamma)$ 关于 u_0 的“左上”“左下”“右上”“右下”子区域。为叙述方便，将上述各式中的“$\leqslant$”改为“$<$”，则将其子集分别记为 $\mathrm{OLU}(u_0)$、$\mathrm{OLD}(u_0)$、$\mathrm{ORU}(u_0)$、$\mathrm{ORD}(u_0)$，分别称为关于 u_0 的“开左上”、“开左下”、“开右上”和“开右下”子区域。

$\mathrm{RDO}(u_0)=\{u \mid u\in H(\Gamma)\wedge(\mathrm{VT_s}(u_0)\leqslant \mathrm{VT_s}(u))\wedge(\mathrm{VT_e}(u)\langle \mathrm{VT_e}(u_0))\}$

【例 3-1】　基于“$u_0=35$”的 $H(\Gamma)$ 四分区域划分如图 3-2 所示。

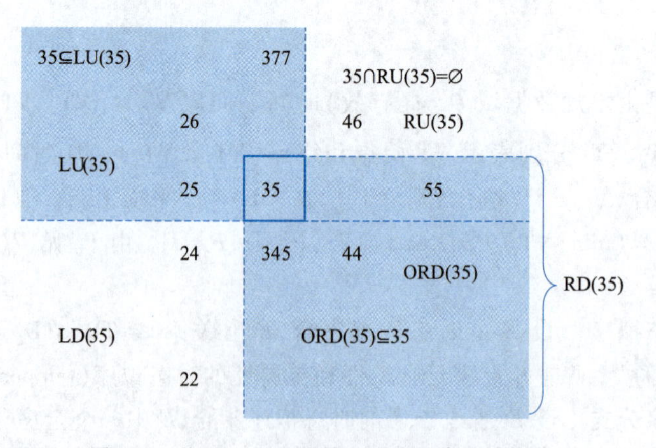

图 3-2　基于“$u_0=35$”的 $H(\Gamma)$ 四分区域划分

定理 3-1 四分区域性质定理　$\forall u_0\in H(\Gamma)$，下述结论成立：

①$u_0\lesssim v_0 \Leftrightarrow v_0\in \mathrm{LU}(u_0)$；

②$v_0 \lesssim u_0 \Leftrightarrow v_0 \in \mathrm{RDO}(u_0)$；

③$u_0 \lesssim\gtrsim v_0 \Leftrightarrow v_0 \in \mathrm{RU}(u_0) \vee v_0 \in \mathrm{LD}(u_0)$；

④$v_0 \in \mathrm{RU}(u_0) \Rightarrow u_0 \cap v_0 = \varnothing$。

证明　①设 $u_0=[i_0,j_0)$，$v_0=[k_0,l_0)$，$u_0 \lesssim v_0 \Leftrightarrow u_0 \subseteq v_0 \Leftrightarrow k_0 \leqslant i_0, j_0 \leqslant l_0 \Leftrightarrow v_0 \in \mathrm{LU}(u_0)$

同理可证②、③和④。

3. 最小线序划分

如同对树和图进行某种意义下的遍历具有多种方式，在时间期间集合 E 上实施拟序遍历还可以有多种方式，并由此建立起相应的线序分支 LOB 的集合，进而还可以认为由此构建的线序划分 LOP 也可有多种方式。由于线序划分是建立相应时态索引的基本出发点，从数据操作效率考虑，选用的基于 LOP 的时态数据结构应当尽可能简洁。具体而言，就是采用的 LOP 应当具有较少 LOB 个数，或者等价地讲，LOP 中的 LOB 应当包含尽可能多的时间期间。因此，对于 E 中可能的 LOP，可以将 LOP 中包含多少的 LOB 作为 LOP“优劣”的一种判定标准。

定义 3-5　最小线序划分　设 LOP_0 是 Γ 上线序划分，对任意 Γ 上的 LOP，如果 $|\mathrm{LOP}_0| \leqslant |\mathrm{LOP}|$ 成立，则称 LOP_0 是 Γ 上最小线序划分（minimum linear order partition，MLOP）。

由上述引入的四分区域概念，可以证明 MLOP 的存在性定理。

定理 3-2　MLOP 存在定理

证明　$\mathrm{LOP}=\langle L_1,L_2,\cdots,L_m\rangle$，其中 L_i 由计算顺序排序，则 $\forall u_{i0} \in L_i(1<i\leqslant m)$，$\exists u_{k0} \in L_{i-1}$，$u_{i0} \lesssim\gtrsim u_{k0}$。事实上，只需说明 $\exists v_0 \in L_{i-1}$ 且 $v_0 \in \mathrm{LD}(u_{i0})$。假设这样的 v_0 不存在，$L_{i-1} \subseteq \mathrm{LU}(u_{i0})$，则 $L_i \subseteq \mathrm{RD}(\min L_{i-1})$，与 LOB 划分矛盾。设由此得到的结点为 $u_1,u_2,\cdots,u_{m-1}$；设 u_m 是 L_m 上任意一个给定点，则成立 $u_{i-1} \in \mathrm{LD}(u_i)(1<i\leqslant m)$，即 $u_1,u_2,\cdots,u_{m-1},u_m$ 两两互不相容。任何线序划分至少有 m 个 LOB。证毕。

定理 3-2 表明，按照 DRFT 算法得到的就是一种 MLOP，在上述意义下具有“最优性”。以下提及的 LOP 均指得是 MLOP。

3.3.3　LOP 算法

时间期间集合 Γ 上元素按照拟序关系组织成为线序划分的集合实际上就是建立起 Γ 上的数据结构，为此需要首先讨论 Γ 中元素基于拟序的遍历算法。

算法基本思想：从 $H(\Gamma)$“最左上方”点开始，根据同列优先原则构建 LOB，直到 $H(\Gamma)$ 所有元素被选入相应 LOB 终止。在 LOB 中的元素满足前一个元素的时间期间包含后一个元素的时间期间。基于算法思想思路，LOP 算法也称下右优先遍历算法（down and right first traverse）DRFT。

算法 3-1　LOP 构建算法（下右优先遍历算法，DRFT）

设有深度优先序列 $S(\Gamma)$。

Step 1　由 $S(\Gamma)$ 首元素 u_0 始至 $u_{i0} \in S(\Gamma)$，$\mathrm{VT_s}(u_{i0})=\mathrm{VT_s}(u_0) \wedge (\mathrm{VT_s}(u_{i0+1}) \neq \mathrm{VT_s}(u_0))$。

Step 2　由 u_{i0} 始至 u_{i1}：$\mathrm{VT_e}(u_{i1})=\mathrm{VT_e}(u_{i0}) \wedge (\mathrm{VT_s}(u_{i1})=\min\{\mathrm{VT_s}(u_j)\}$，其中，$u_j \in S(\Gamma) \wedge (\exists u_k \in S(\Gamma), \mathrm{VT_s}(u_k)=\mathrm{VT_s}(u_j) \wedge \mathrm{VT_e}(u_k)<\mathrm{VT_e}(u_j)))$。

Step 3　由 u_{i1} 始，继续 Step 1 和 Step 2，直至 $u_m \in S(\Gamma)$，$\nexists u_m' \in S(\Gamma)$ 使得 $\mathrm{VT_e}(u_m')<\mathrm{VT_e}(u_m)$，$S(\Gamma)$ 中由 u_0 至 u_m 的子序列即是一个 LOB_1。

Step 4　由 $S(\Gamma)\backslash LOB_1$ 首元素始，继续 Step 1 ~ Step 3，得 LOB_2……，直到 $S(\Gamma)=\varnothing$，即得 LOP(Γ)。

设 $VT \in \Gamma$，$VT_e(\Gamma)=\max\{VT_e(u) \mid u \in \Gamma\}$，则算法 1 时间复杂度为 $O(VT_s(\Gamma)\times VT_e(\Gamma))$。

由上述算法可得到序列 $L_1,L_2,\cdots,L_m$，其中 $L_i(1\leqslant i\leqslant m)$ 为 Γ 的 LOB。Γ 所有 LOB 的列表记为 $S(\Gamma)=\langle L_1,L_2,\cdots,L_m\rangle$，其中 L_i 本身和其中的元素都按照算法 3-1 中获取顺序排序，则 $S(\Gamma)$ 构成 Γ 上的 LOP。

设有 Γ 上 $LOP=\langle L_1,\cdots,L_i,L_{i+1},\cdots,L_m\rangle$，$v_i=\max L_i$. 对于时间期间集合 $\{v_1,\cdots,v_i,v_{i+1},\cdots,v_m\}$，由在 VT_s-VT_e 平面上最靠"左"的且 $VT_e(v_{i0})$ 最大的 v_{i0} 开始构建。再按照"右优先"做线序划分．得到 LOP 集合记为 max(LOP)。这样，在 Γ 上建立两级数据结构，首先是 Γ 上基于下右优先的 LOP 结构；其次是 LOP 上基于"右优先"算法的 max(LOP)结构。LOB 中元素与基于 LOB 时间数等价，因此可使用基于时间数的 B^+-tree 对 Γ 进行索引。

【例 3-2】　设 $\Gamma=\langle[1,8),[1,7),[1,5),[3,5),[3,4),[2,9),[2,8),[2,7),[2,6),[4,6),[4,5)\rangle$，算法 3-1 实现如图 3-3 所示，得到如下两条 LOB：

$$LOB_1=\langle[1,8),[1,7),[1,5),[3,5),[3,4)\rangle$$
$$LOB_2=\langle[2,9),[2,8),[2,7),[2,6),[4,6),[4,5)\rangle$$

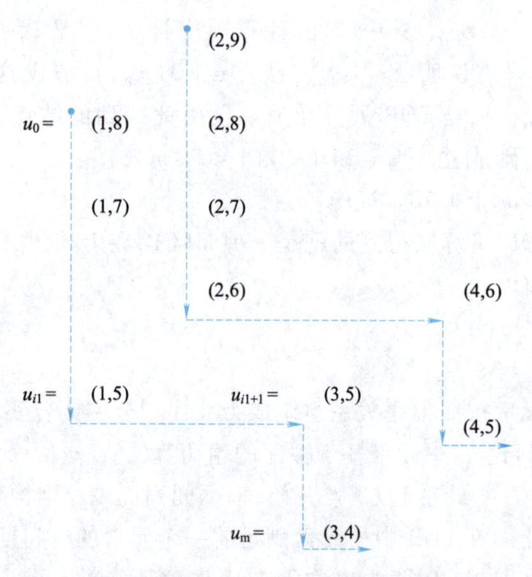

图 3-3　LOP 构建算法(下右优先遍历算法)实例

由 DRFT 算法获得的遍历分支序列 $\Sigma(\Gamma)$ 性质定理。

定理 3-3　遍历分支序列 $\Sigma(\Gamma)$ 性质　下述结论成立。

①$\Sigma(\Gamma)=\langle L_1,L_2,\cdots,L_m\rangle$ 是 Γ 的一个划分(partition)。

②设 $VT_s(L_i)$ 和 $VT_e(L_i)$ 分别是 $L_i(1\leqslant i\leqslant m)$ 中元素始点和终点序列，$VT_s(L_i)$ 单调增加，$VT_e(L_i)$ 单调减少。

由 DRFT 算法就可以得到定理的证明。

按照定义 3-2，由算法 3-1 得到的 Γ 遍历子集 L_i 就是 Γ 的 $LOB_i(1\leqslant i\leqslant m)$。定理 3-3 说明，当完成拟序遍历之后，对于每个线序分支 LOB 来说，还得到了两个已排序的序列，即单调递增始点序列和单调递减的终点序列,这对于此后建立索引的查询算法是非常重要的。

3.4 时态拟序数据索引 TDindex

时态拟序数据索引 TDindex 建立在前述“拟序”关系的理论基础之上,是一种协同处理“非时态数据”和“时态数据”的索引技术,其本质思想为针对数据本身特征,整合时态查询与非时态查询。

时态数据处理的关键技术是其中“时间元素”与“数据本体”之间的整合。具体整合实现方式由所处理时态数据的应用场景确定。

对于时态关系数据或时态对象关系数据来说,时间元素可以“技术”地看作时态数据元组所具有多种“属性”中的一种即时间属性,查询中可以采用先进行“时间”属性筛选再进行数据本体处理的“简单耦合”方式。

对于各类新型时态数据,如时态 XML 和移动对象数据等,应用场景更加复杂,时间元素与数据本体在处理过程中交织纠缠,需要在更加精细的场景层面考虑“时间”与“非时间”的“协同整合”。

对于“简单耦合”,相应时态处理本质上可看作只是对“时间标签”的特殊处理。在数据处理过程中,“简单耦合”可借鉴经典的索引方法如 B^+-tree。

对于“协同整合”,除对时间元素进行技术考量之外,还需要重点研究时间因素与应用场景的有效配置,即“协同整合”需要面临各类新的问题。可以认为,“协同整合”过程从索引构建角度来看就是相关时态数据的划分或分割。

前述的 LOP 实际上就是以“时间元素”为导向建立起来的一般时态数据结构。以其为基础,可建立处理“协同整合”的索引框架 TDindex。

3.4.1 TDindex 构建

将线序划分记为 LOP(Γ),对于 $L \in$ LOP(Γ),记 L 的首结点为 max(L),尾结点为 min(L)。

定义 Γ_{max} 为 LOP(Γ) 中所有 max(L) 的集合,通过算法 3-1,在 Γ_{max} 上进行线序划分,得到的 LOB 序列记为 LOP(Γ_{max}) = $\{L_i(\Gamma_{max})\}(1 \leqslant i \leqslant |\mathrm{LOP}(\Gamma)|)$。

定义 Γ_{min} 为 LOP(Γ) 中所有 min(L) 的集合,通过算法 3-1,在 Γ_{min} 上进行线序划分,得到的 LOB 序列记为 LOP(Γ_{min}) = $\{L_r(\Gamma_{min})\}(1 \leqslant r \leqslant |\mathrm{LOP}(\Gamma)|)$。

定义 max(LOP) 为 LOP 中各个 LOB 的最大元组成的集合。

不至于混淆,可以将 $L_i(\Gamma_{max})$ 和 $L_r(\Gamma_{min})$ 看作“端点 LOB”,而将定义 3-2 中的线序分支看作“数据 LOB”。

定义 3-6 TDindex 结构 $H(\Gamma)$ 上 TDindex 是满足下述条件要求的四层树状结构:

①叶结点层:即数据 LOB 层,本层结点为 $L_r(\Gamma_{min}(L_i(\Gamma_{max})))$ 对应元素 LOB。

②最小端 LOB 点层:即 LOP(Γ_{min}) 层,本层结点为 $L_i(\Gamma_{min})$。

LOP(Γ_{min}) = $\{L_i(\Gamma_{min})\}(1 \leqslant i \leqslant |\mathrm{LOP}(\Gamma_{min})|)$

本层中每一结点 n_3 的子结点为叶结点层的相应结点,该结点的最小元包含在 n_3 中。

③最大端点 LOB 层:即 LOP(Γ_{max}) 层,本层结点为 $L_i(\Gamma_{max})$

LOP(Γ_{max}) = $\{L_i(\Gamma_{max})\}(1 \leqslant i \leqslant |\mathrm{LOP}(\Gamma_{max})|)$

本层中每一结点 n_2 的子结点为最小端点 LOB 层中满足如下条件的结点 n_3:

如果 n_3 包含有叶结点层的结点 n_4 中的最小元,而作为数据 LOB 的结点 n_4 的最大端点位于 n_2 中。

④根结点层:即 max[LOP(Γ_{max})]层,其中唯一根结点由 max[LOP(Γ_{max})]中的元素组成。TDindex 时态索引结构如图 3-4 所示。

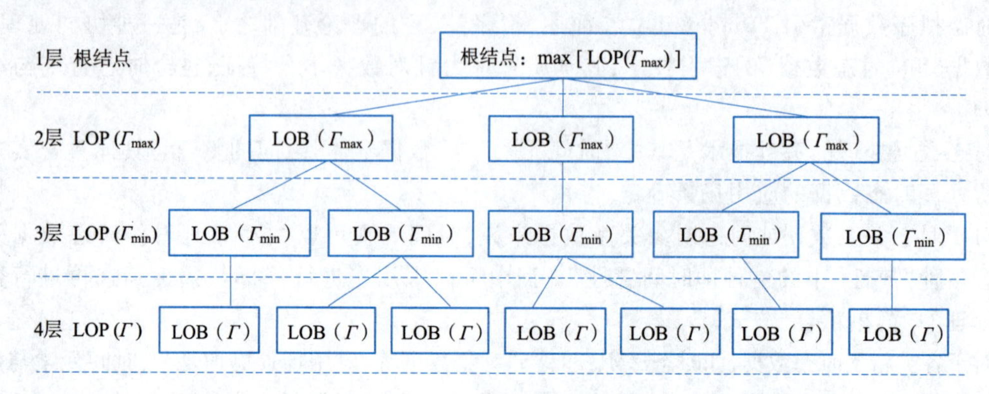

图 3-4 TDindex 时态索引结构

【例 3-3】 给定 Γ 上 LOP(Γ) = $\langle L_1, L_2, L_3, L_4, L_5 \rangle$,如图 3-5 所示。其中:

$L_1 = \langle [0,9),[0,8),[0,7),[0,6),[1,6),[1,5),[1,4),[1,3),[2,3),[3,3) \rangle$;

$L_2 = \langle [1,8),[1,7),[2,7),[2,4) \rangle$;

$L_3 = \langle [2,8),[3,8),[3,6),[4,6),[4,5) \rangle$;

$L_4 = \langle [4,9),[4,8),[4,7),[5,6) \rangle$;

$L_5 = \{ [5,8),[6,8),[6,7) \rangle$。

$\max(L_1) = [0,9), \max(L_2) = [1,8), \max(L_3) = [2,8), \max(L_4) = [4,9)$,

$\max(L_5) = [5,8)$;

$\Gamma_{max} = \langle \max(L_1), \max(L_2), \max(L_3), \max(L_4), \max(L_5) \rangle$

$= \langle [0,9),[1,8),[2,8),[4,9),[5,8) \rangle$;

对 Γ_{max} 由 DRFT 算法可得 LOP(Γ_{max}) = $\langle L_1(\Gamma_{max}), L_2(\Gamma_{max}) \rangle$,其中

$L_1(\Gamma_{max}) = \langle \max(L_1), \max(L_2), \max(L_3) \rangle$

$= \langle [0,9),[1,8),[2,8),[5,8) \rangle$;

$L_2(\Gamma_{max}) = \langle \max(L_4) \rangle = \langle [4,9) \rangle$;

$\max[\mathrm{LOP}(\Gamma_{max})] = \langle \max[L_1(\Gamma_{max})], \max[L_2(\Gamma_{max})] \rangle = \langle [0,9),[4,9) \rangle$。

LOP(Γ_{max})如图 3-6 所示,其中实线表示对 Γ_{max} 进行 DRFT 算法。

由图 3-6 可知,$\min(L_1) = [3,3), \min(L_2) = [2,4), \min(L_3) = [4,5), \min(L_4) = [5,6)$, $\min(L_5) = [6,7)$。

$\Gamma_{min} = \langle \min(L_1), \min(L_2), \min(L_3), \min(L_4), \min(L_5) \rangle$

$= \langle [3,3),[2,4),[4,5),[5,6),[6,7) \rangle$;

对 Γ_{min} 由 DRFT 算法可得 LOP(Γ_{min}) = $\langle L_1(\Gamma_{min}), L_2(\Gamma_{min}) \rangle$,其中

$L_1(\Gamma_{min}) = \{ \min(L_1), \min(L_2) \} = \langle [3,3),[2,4) \rangle$;

$L_2(\Gamma_{min}) = \langle \min(L_3) \rangle = \langle [4,5) \rangle$;

$L_3(\Gamma_{min}) = \langle \min(L_4) \rangle = \langle [5,6) \rangle$;

$L_4(\Gamma_{min})=\langle\min(L_5)\rangle=\langle[6,7)\rangle$。

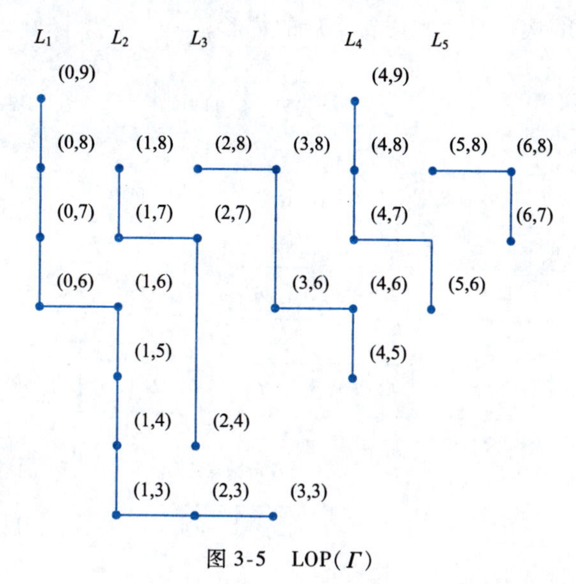

图 3-5　LOP(Γ)

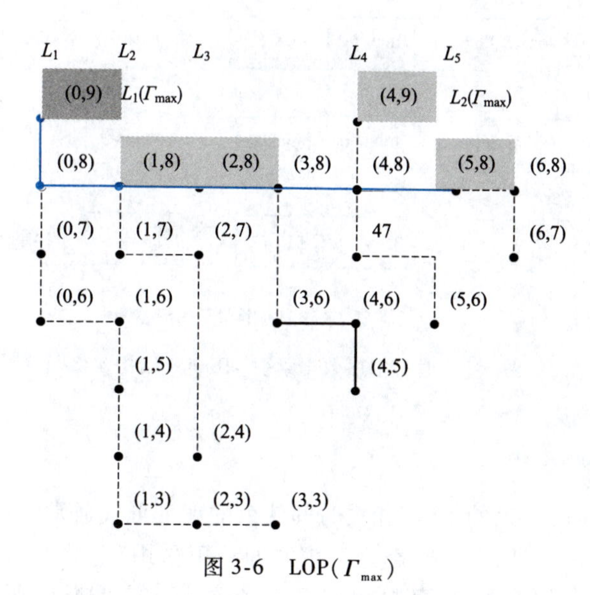

图 3-6　LOP(Γ_{max})

此时，相应 TDindex(Γ)索引实例中的结点构成如下：

①叶结点层：由五个数据 LOB 构成五个结点，分别为 $L_1(\Gamma)$、$L_2(\Gamma)$、$L_3(\Gamma)$、$L_4(\Gamma)$、$L_5(\Gamma)$。

②最小端点层：由 $L_1(\Gamma_{min})$、$L_2(\Gamma_{min})$、$L_3(\Gamma_{min})$和 $L_4(\Gamma_{min})$构成该层的四个结点，其中 $L_1(\Gamma_{min})$的子结点为 $L_1(\Gamma)$和 $L_2(\Gamma)$；$L_2(\Gamma_{min})$，$L_3(\Gamma_{min})$和 $L_{4_1}(\Gamma_{min})$分别以 $L_3(\Gamma)$、$L_4(\Gamma)$和 $L_5(\Gamma)$为各自的子结点。

③最大端点层：$L_1(\Gamma_{max})$和 $L_2(\Gamma_{max})$构成本层的两个结点。由于 $L_1(\Gamma_{min})$、$L_2(\Gamma_{min})$和 $L_3(\Gamma_{min})$的子结点 $L_1(\Gamma)$、$L_2(\Gamma)$、$L_3(\Gamma)$和 $L_4(\Gamma)$的最大元均在 $L_1(\Gamma_{max})$，所以 $L_1(\Gamma_{max})$有子结点 $L_1(\Gamma_{min})$、$L_2(\Gamma_{min})$和 $L_3(\Gamma_{min})$；同时，$L_4(\Gamma_{min})$子结点 $L_5(\Gamma)$的最大元在 $L_2(\Gamma_{max})$中，即有 $L_2(\Gamma_{max})$以 $L_4(\Gamma_{min})$为子结点。

由此得到相应的时态拟序数据索引 TDindex(Γ)结构如图 3-7 所示,其中图 3-7(a)表示实际数据情形,而图 3-7(b)表示带入相应符号后的情形。

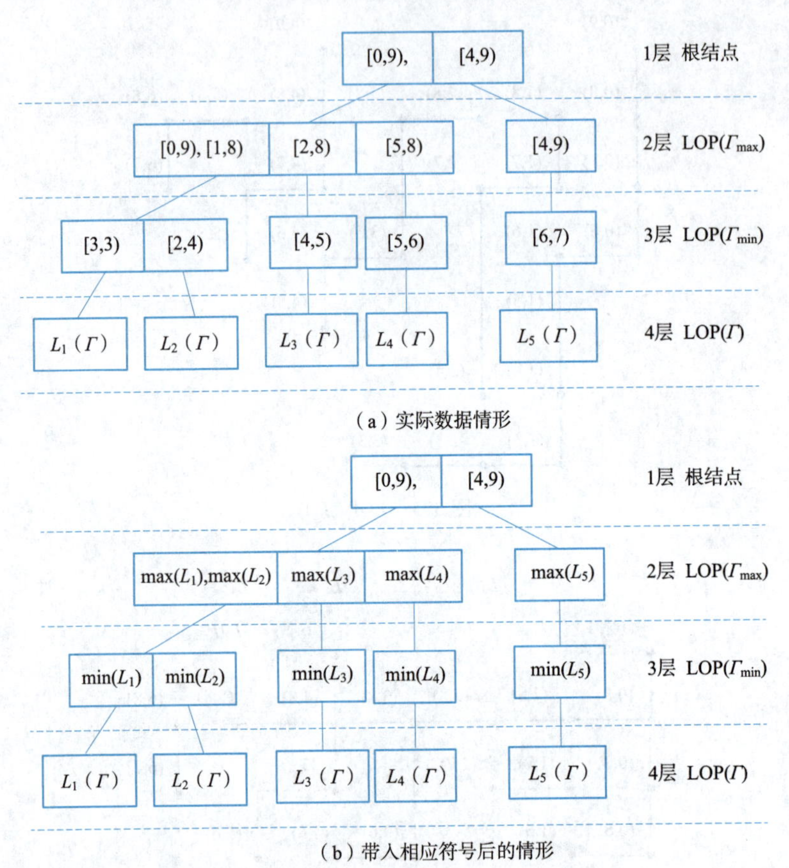

图 3-7 时态拟序数据索引 TDindex 结构实例

3.4.2 TDindex 数据查询

时态查询是基于时间约束的查询,相关时间约束的谓词形式通常采用 Allen 的 13 种时态关系。为了描述简便、清晰起见,本章时态查询中时间约束采用"包含约束"方式:设 Q 是给定的时态查询,TData 表示存储在数据库中相应的时态数据,需要查询所有满足 $VT(Q) \subseteq VT(TData)$ 的时态数据,其中 VT(Q)表示 Q 相关时态数据的有效时间期间。

"包含"查询是一种基本的时态查询,其他如"相交""相离"等查询都可以通过适当方式转化为"包含"查询。

建立索引的目的是有效实现数据的查询,为建立基于 TDindex 的数据查询算法,需要引入下述概念与符号。

定义 3-7(线序分支中点) 对于线序分支 $LOB = \langle P_1, P_2, \cdots, P_m \rangle$, $\max(LOB) = P_1$, $\min(LOB) = P_m$,其二分中点记为 $\mathrm{mid}(LOB) = P_{\mathrm{mid}}$,其中 $\mathrm{mid} = (\max + \min)/2 = (1+m)/2$,不能整除时取其整数下确界。在不至于混淆时,将不区分标号 mid、max、min 和时间期间 mid, max(LOB), min(LOB)

$\forall P \in L_i$, P 在 L_i 的位置标号 k 记为 $\mathrm{loc}_k(L_i)$。

1. LOB 二分查询

设有查询 $Q=[\mathrm{VT_s},\mathrm{VT_e})$，对于包含查询，可以建立下述基于 LOB 的二分查询算法。

算法 3-2 二分查询算法　二分查询算法执行步骤如下：

Step 1　在 $[\mathrm{loc_{max}}(\mathrm{LOB}),\mathrm{loc_{min}}(\mathrm{LOB})]$ 执行二分查找，计算 $\mathrm{loc_{mid}}(\mathrm{LOB})$。$\mathrm{loc_{mid}}(\mathrm{LOB})$ 是相应二分中点标号。

Step 2　若 $Q\subseteq \mathrm{mid}(\mathrm{LOB})$，将 $\langle \mathrm{loc_{max}}(L_{i0}),\cdots,\mathrm{loc_{mid}}(L_{i0})\rangle$ 放入结果集。

此时，当如 $\mathrm{loc_{max}}(L_{i0})\neq \mathrm{loc_{min}}(L_{i0})\Rightarrow \mathrm{loc_{max}}(L_{i0})=\mathrm{loc_{mid}}(L_{i0})+1$，执行 Step 1。否则，执行 Step 3。

Step 3　若 $Q\not\subseteq \mathrm{mid}(L_{i0})$

当 $\mathrm{loc_{max}}(L_{i0})\neq \mathrm{loc_{min}}(L_{i0})\Rightarrow \mathrm{loc_{min}}(L_{i0})=\mathrm{loc_{mid}}(L_{i0})-1$ 时，执行 Step 1。否则，执行 Step 4。

Step 4　输出结果集。

说明：上述算法也适用于相交查询情形。

基于 LOB 二分查询过程如图 3-8 所示。

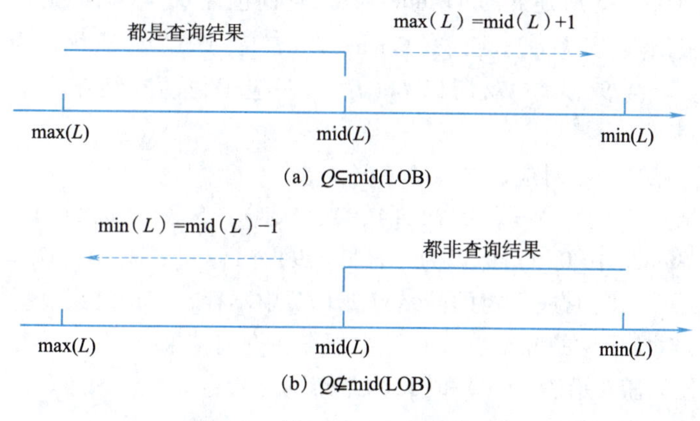

图 3-8　基于 LOB 二分查询过程

2. 数据查询

对于 TDindex 而言，查询过程中所需要的数据都按照线序分支存储在叶结点当中，非叶结点层只具有查询路径的导航作用。

算法 3-3 TDindex 数据查询算法　设 Q 和 Q_r 分别为查询要求和查询结果集，L_{root} 是根结点中所有元素集合。基于 TDindex 数据查询步骤如下：

Step 1　对 $G_k\in L_{\mathrm{root}}(1\leqslant k\leqslant m)$，若 $Q\cap G_k=\varnothing$，G_k 对应 $L_k(\Gamma_{\max})$ 中所有元素都与 Q 不交。由于 $L_k(\Gamma_{\max})$ 中元素都是相应 $\mathrm{LOB}(\Gamma)$ 的最大元，此时 G_k 对应子树的所有叶结点都不是查询结构。否则，将 G_k 进行标识。取 $L_{\mathrm{root}}=L_{\mathrm{root}}\setminus\{G_k\}$，继续上述过程直至根结点中最后元素。

对于已标识 G_k，进入 $\mathrm{LOP}(\Gamma_{\max})$ 层所对应的子结点 $L_k(\Gamma_{\max})$ 结点。

Step 2　对 $N_i\in L_k(\Gamma_{\max})$，若 $Q\cap N_i=\varnothing$，由于 N_i 是对应 $\mathrm{LOB}(\Gamma)$ 中的最大元，此时 N_i 对应子树的叶结点都不是查询结果。否则，对 N_i 进行标识。取 $L_k(\Gamma_{\max})=L_k(\Gamma_{\max})\setminus\{S_i\}$，继续上述过程直至 $L_k(\Gamma_{\max})$ 中无元素。

对于已经标识的 N_i 进入对应的子结点 $L(\Gamma_{\min})$。

Step 3　对 $M_j\in L(\Gamma_{\min})$，若 $Q\subseteq M_j$，则 M_j 对应 $\mathrm{LOB}(\Gamma)$ 中的所有元素都是查询结果，将此

LOB(Γ)放入 Q_r。否则，对 M_j 进行标识。取 $L(\Gamma_{min})=L(\Gamma_{min})\setminus\{M_j\}$，继续上述过程直至 $L(\Gamma_{min})$中无元素。

对于已经标识的 N_i 进入 $L(\Gamma_{min})$对应的子结点 LOB(Γ)。设如此的集合为 LOP_0。

Step 4　对 LOB(Γ) $\in LOP_0$，调用算法 3-2 进行基于 Q 的查找，将所得结果放入 Q_r。如此直至 LOP_0 中无元素。

Step 5　输出所得结果集合 Q_r。

由上述算法实际可知，TDindex 将时间期间集合上的查询转化到 LOP(Γ)之上，进而再转化进线序分支 LOB(Γ)之中。此时对于查询要求 Q 来说，基于数据查询的基本思想可以表述为：若 Q 与 max LOB(Γ)不交，则 LOB(Γ)中所有元素都不是查询结果；如果 Q 被 min LOB(Γ)包含，则 LOB(Γ)中所有元素都是查询结果；否则，就实行二分查询。

显然，上述查询算法的时间复杂度主要取决于给定线序划分中线序分支的个数。由于根据下右优先得到的线序划分具有“最小性”，因此算法 3-3 应该具有较为理想的查询效率。

3. 查询实例

【例 3-4】　对于例 3-3 所建立的 TDindex(Γ)，查询包含 $Q_1=[1,2)$的所有时间期间。

Step 1　进入根结点，因为 $Q_1=[1,2)\subseteq\max(L_1(\Gamma_{max}))=[0,9)$，标识为 G_1；因为 $Q_1=[1,2)\cap\max(L_2(\Gamma_{max})=[4,9)$为空集，所以 $L_2(\Gamma_{max})$对应子树的叶结点都不是查询结果，需要排除。

进入 LOP(Γ_{max})层中 G_1 对应的结点 $L_1(\Gamma_{max})$。

Step 2　对于结点 $L_1(\Gamma_{max})=\langle[0,9),[1,8),[2,8),[5,8)\rangle$，因为$[1,8)\cap Q_1=[1,8)\cap[1,2)\neq\varnothing$。连同 Step 1 中[0,9)，标识为 $N=\{[0,9),[1,8)\}$；$[2,8)\cap Q_1=[2,8)\cap[1,2)=\varnothing$，所以作为最大元，[2,8)对应子树的叶结点 $L_3(\Gamma)$中不存在查询结果。

类似地，[5,8)对应子树的叶结点 $L_4(\Gamma)$中不存在查询结果。

此时，查询路径只需要沿着[0,9)和[1,8)继续向下行进。

Step 3　由 N 进入到 LOP(Γ_{min})层的结点$\{[3,3),[2,4)\}$。

由于[3,3)和[2,4)都不包含 $Q_1=[1,2)$，将其标识为 $M=\{[3,3),[2,4)\}$。

Step 4　对于[3,3)和[2,4)对应的 $L_1(\Gamma)$和 $L_2(\Gamma)$分别调用算法 3-2 进行处理。

①在 $L_1(\Gamma)=\langle[0,9),[0,8),[0,7),[0,6),[1,6),[1,5),[1,4),[1,3),[2,3),[3,3)\rangle$中获得中点 mid $=[1,6)$，$Q_1=[1,2)\subseteq[1,6)$，将$\langle[0,9),[0,8),[0,7),[0,6),[1,6)\rangle$放入结果集 Q_r。

②在$\langle[1,5),[1,4),[1,3),[2,3),[3,3)\rangle$中获得 mid $=[1,3)$，$Q_1=[1,2)\subseteq[1,3)$，将$\langle[1,5),[1,4),[1,3)\rangle$放入结果集 Q_r。

③在$\langle[2,3),[3,3)\rangle$中获得 mid $=[2,3)$，$Q_1=[1,2)\not\subseteq[2,3)$，排除$\langle[2,3),[3,3)\rangle$。

所以得到关于 L_1 的查询结果是 L_1 片段：

$L_{p_1}([1,3))=\langle[0,9),[0,8),[0,7),[0,6),[1,6),[1,5),[1,4),[1,3)\rangle$。

同理，对 $L_2(\Gamma)=\langle[1,8),[1,7),[2,7),[2,4)\rangle$使用二分查询，得到相应查询结果为 L_2 片段：$L_{p_2}([1,7))=\langle[1,8),[1,7)\rangle$

最终得到所需的查询结构为 $L_{p_1}([1,3))$和 $L_{p_2}([1,7))$。

查询过程如图 3-9 所示，其中灰色框表示实际查询路径，而底纹框标识包含查询结果的叶结点线序分支。

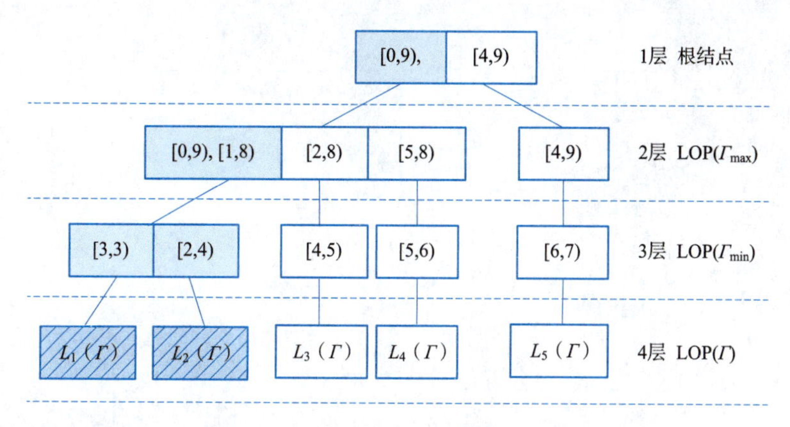

图 3-9　TDindex 数据查询实例

3.4.3　TDindex 增量式更新

更新操作主要为插入操作和删除操作，以下对 TDindex 的增量式插入更新以及删除更新进行研究。

定义 3-8　前驱和后继　设 seg(LOB)为在 VT_s-VT_e 平面上由 max(LOB)到 min(LOB)遍历 LOB 的轨迹线段。对平面上任意点 v_0，若存在 u_0，满足 $u_0 \in L_0 \wedge VT_s(u_0) = VT_s(v_0) \wedge VT_e(u_0) = \min\{v \mid VT_e(v_0) \leqslant VT_e(u)\}$，则称 u_0 为 v_0 在 L_0 上的直接前驱 $Pre(v_0)$；若存在 w_0，满足 $w_0 \in L_0 \wedge VT_e(w_0) = VT_e(v_0) \wedge VT_e(w_0) = \min\{w \mid VT_s(v_0) \leqslant VT_s(w)\}$，则称 w_0 为 v_0 在 L_0 上的直接后继 $Suc(v_0)$。

1. 插入更新

算法 3-4　TDindex 插入更新算法　设 $L_0 \in LOP$，$L_0 = \langle v_1, \cdots, v_{i-1}, v_i, v_{i+1}, \cdots, v_{j-1}, v_j, \cdots, v_m \rangle$，待插入元素 u_0。

Step 1　若 $LOP \subseteq ORU(u_0) \vee LOP \subseteq OLD(u_0)$，则构建一个新的 $LOB = \{u_0\}$。

Step 2　若 $u_0 \in seg(L_0)$，$L_0 = L_0 \cap \{u_0\}$。

Step 3　若 $\exists L_0 \in LOP \wedge (VT(u_0) \subseteq \min(L_0) \vee \max(L_0) \subseteq VT(u_0))$，$L_0 = L_0 \cap \{u_0\}$。

Step 4　若 $\exists Pre(u_0) \in L_0 \wedge Pre(u_0) = v_i \wedge \exists Suc(u_0) \in L_0 \wedge Suc(u_0) = v_j$，则构建新 $LOB = \langle v_1, \cdots, v_i, u_0, v_j, \cdots, v_m \rangle$，然后将 $\langle v_{i+1}, \cdots, v_{j-1} \rangle$ 作为新的插入元素集合，返回 Step 1，如图 3-10(a)所示。

Step 5　若 $\exists Pre(u_0) \in L_0 \wedge Pre(u_0) = v_i$，

当 $L_0 \cap RU(u_0) = \varnothing$ 时，构建新 $LOB = \langle v_1, \cdots, v_i, u_0, v_{i+1}, \cdots, v_m \rangle$ 如图 3-10(b)所示；

否则，新增 $LOB = \langle v_1, \cdots, v_i, u_0 \rangle$，剩余片段 $L_0 \cap RU(u_0) = \langle v_{i+1}, \cdots, v_m \rangle$ 作为新插入元素集合，返回 Step 1，如图 3-10(c)所示。

Step 6　若 $\exists Suc(u_0) \in L_0 \wedge Suc(u_0) = v_j$，新增 $LOB = \langle u_0, v_j, \cdots, v_m \rangle$，片段 $\langle v_1, \cdots, v_{j-1} \rangle$ 作为新插入元素集合，如图 3-10(d)所示。

Step 7　若 $\nexists Pre(u_0) \in L_0 \wedge \nexists Suc(u_0) \in L_0$。

若 $RU(u_0) \cap L_0 = \varnothing$，构建新 LOB，如图 3-10(e)所示；否则，构建新 $LOB = \langle u_0, v_{i+1}, \cdots, v_m \rangle$，$\langle v_1, \cdots, v_i \rangle$ 作为新插入元素集合，返回 Step 1，如图 3-10(f)所示。

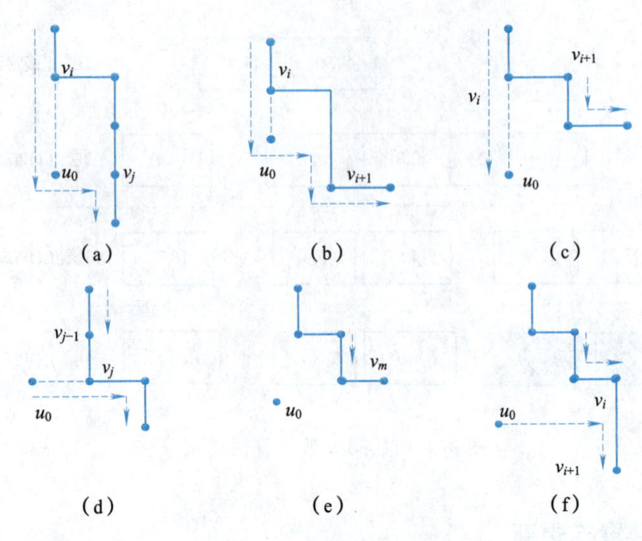

图 3-10 LOB 插入更新

2. 删除更新

算法 3-5 TDindex 删除更新算法 设需要删除点为 v_0，u_0、w_0 分别为 v_0 在 LOB 中直接前驱和直接后继。对 LOP 的删除更新，包括以下三种情形。

情形 1：$(VT_s(u_0)=VT_s(v_0)=VT_s(w_0)) \lor (VT_e(u_0)=VT_e(v_0)=VT_e(w_0))$

此时，可直接删除 v_0，然后将 u_0 和 w_0 进行线序分支拼接，如图 3-11 所示。

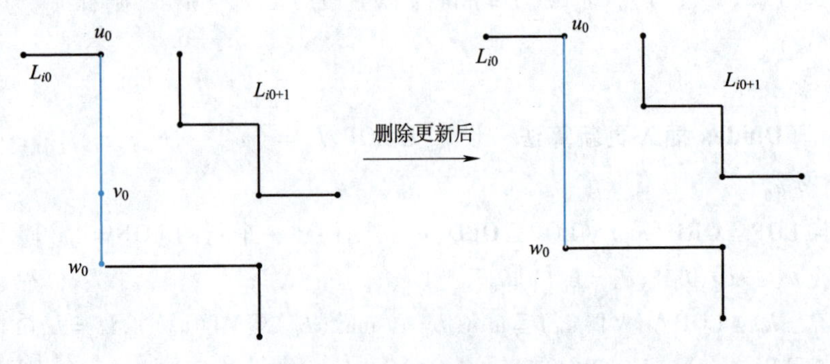

图 3-11 删除更新情形 1

情形 2：$(VT_s(v_0)\leqslant VT_s(u_0)) \land (VT_e(w_0)\leqslant VT_e(v_0))$，设 $y_0=[VT_s(u_0),VT_e(w_0)]$

①若 $y_0 \notin L_{i0+1}$，对 v_0 进行删除，然后通过 y_0 对 u_0 和 w_0 进行线序分支拼接，L_{i0+1} 不变，如图 3-12 所示。

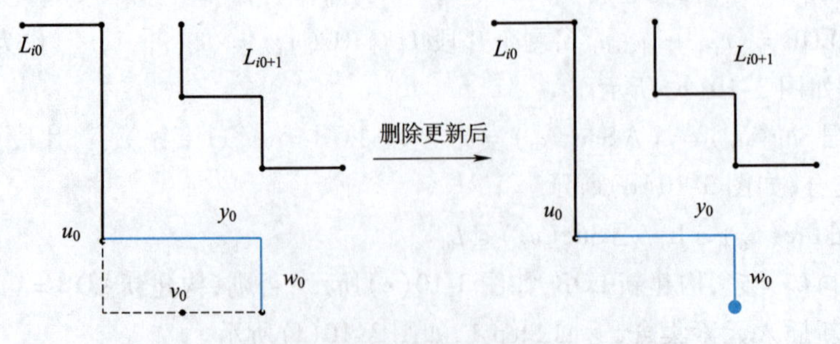

图 3-12 删除更新情形 2-①

②若 $y_0 \in L_{i0+1}$，对 v_0 进行删除，然后通过 y_0 将 u_0 和 w_0 进行线序分支拼接构建新的 LOB，同时在 L_{i0+1} 中调用 TDindex 删除更新算法对 y_0 进行删除，如图 3-13 所示。

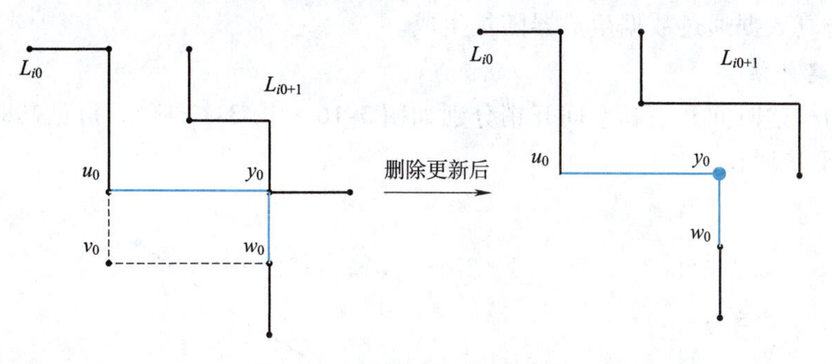

图 3-13　删除更新情形 2-②

情形 3：$(VT_s(u_0) < VT_s(v_0)) \wedge (VT_e(w_0) \leqslant VT_e(v_0))$，设 $z_0 = [VT_s(u_0), VT_e(w_0)]$

①若 $z_0 \notin L_{i0-1}$，对 v_0 进行删除，然后通过 z_0 对 u_0 和 w_0 进行线序分支拼接。

如图 3-14 所示，在 L_{i0} 删除 v_0，然后通过 z_0 对 u_0 和 w_0 进行线序分支拼接构建新的 LOB，而 L_{i0-1} 不变。

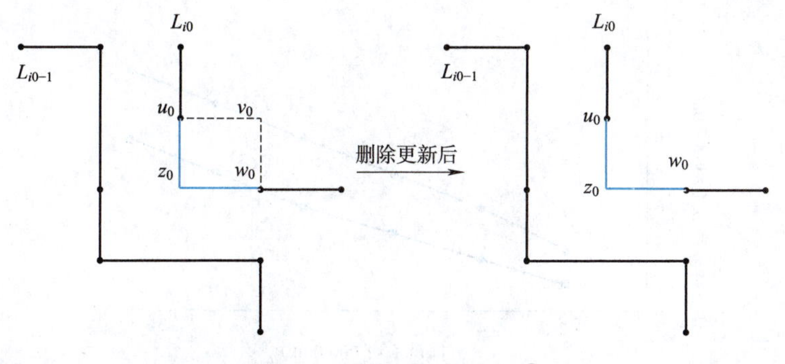

图 3-14　删除更新情形 3-①

②若 $z_0 \in L_{i0-1}$，对 v_0 进行删除，然后通过 v_0 对 u_0 和 w_0 进行线序分支拼接构成新的 LOB，L_{i0+1} 不变。

如图 3-15 所示，在 L_{i_0} 删除 $v_0 = [3,7)$，此时 $z_0 \in L_{i0-1}$，删除 v_0 后，通过 v_0 对 u_0 和 w_0 进行线序分支拼接构建新的 LOB，L_{i0-1} 不变。

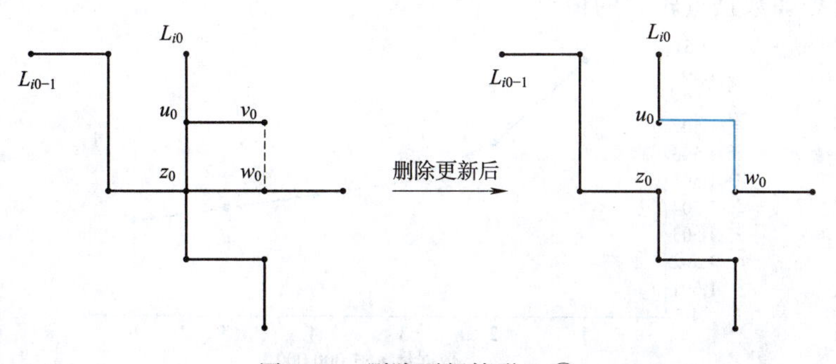

图 3-15　删除更新情形 3-②

3.4.4 TDindex 索引评估

TDindex 仿真数据通过数据生成器随机生成。

1. 索引构建评估

TDindex 的构建时间开销和空间开销分别如图 3-16 和图 3-17 所示，可见其时间、空间开销随数据量增大平稳增长。

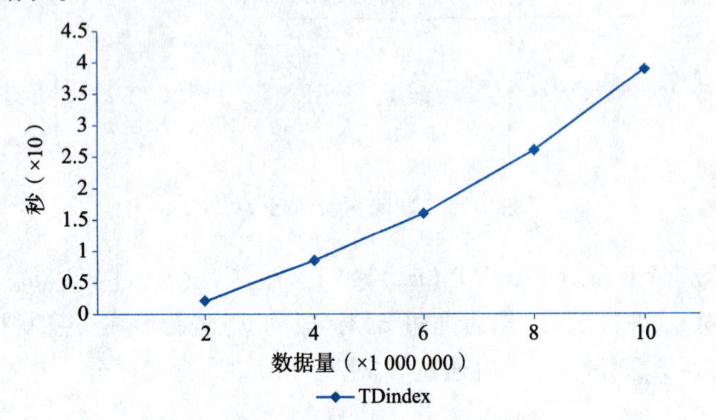

图 3-16 构建 TDindex 时间开销

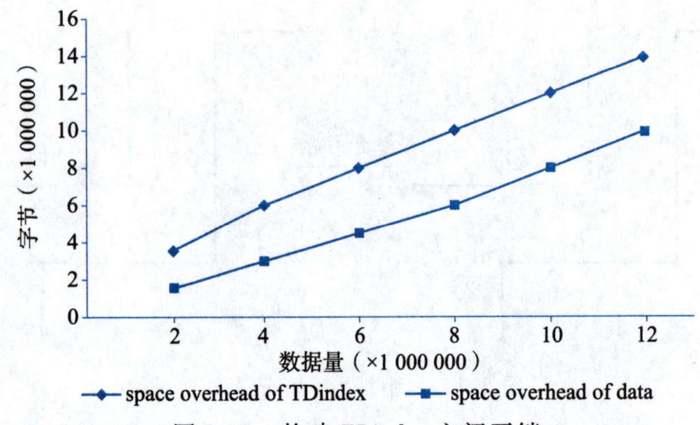

图 3-17 构建 TDindex 空间开销

针对时态数据，常用“空间换时间”的模式进行数据处理，以提高处理效率，所以时态数据的索引空间开销通常比数据所需空间大。此时，研究着眼于索引与数据本身空间的比值 TDindex/periods。由图 3-18 可见，随数据量增大，TDindex/periods 逐渐减小，这现象表明 TDindex 更适合处理数据量较大的情形。

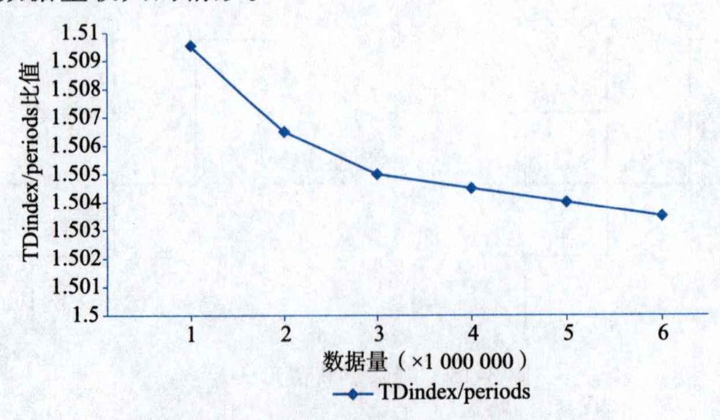

图 3-18 TDindex/periods 比值和数据量

2. 数据查询评估

给定 50 个随机生成的时间期间，TDindex 随数据量变化的查询时间开销如图 3-19 所示。其实，时间开销为这 50 个时间期间查询的平均开销。

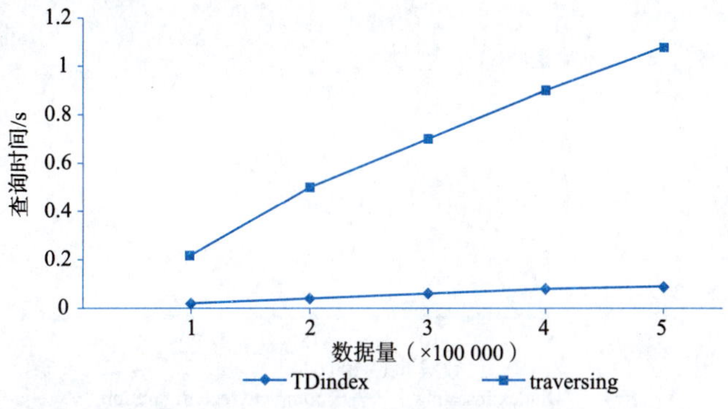

图 3-19　随数据量变化的查询时间开销

给定数据量为 10^6，查询时间期间数目从 20 个增加到 100 个的 TDindex 时间开销如图 3-20 所示。

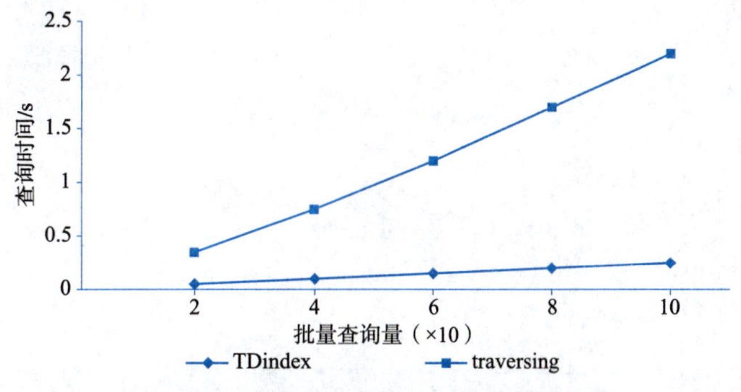

图 3-20　随批量查询数目变化的时间开销

对于数据量不变，批量查询时间期间数目不变时，对查询时间期间跨度进行变化的时间开销如图 3-21 所示。图 3-21 中，横轴表示查询时间期间的数据跨度，纵轴表示时间开销。

将时态数据中最大的时间间隔记为 maxPeriodspan，取 maxPeriodspan = 2 000，随机产生规模为 5×10^5 的数据集，时间期间的跨度取 maxPeriodspan 的 5%、10%、15%、20%、25%、30%、35%、40%、45%、50%。

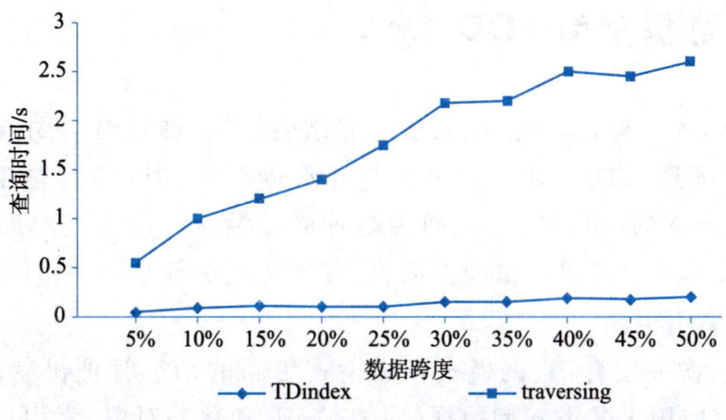

图 3-21　随查询时间期间的数据跨度变化的时间开销

3. 数据更新评估

随机生成 50 个时间期间插入 TDindex 中，数据量由 5×10^5 增加到 25×10^5 的插入更新时间开销如图 3-22 所示。

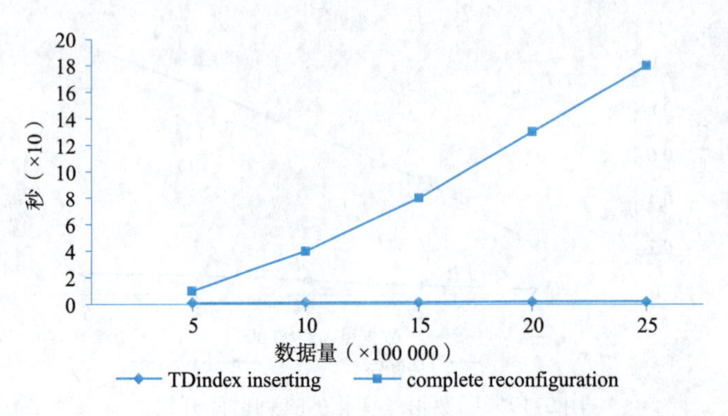

图 3-22　随数据量变化插入更新时间开销

给定数据量为 10^6 个数据，插入 TDindex 的时间期间数目由 20 增加到 100 个的插入更新时间开销如图 3-23 所示。

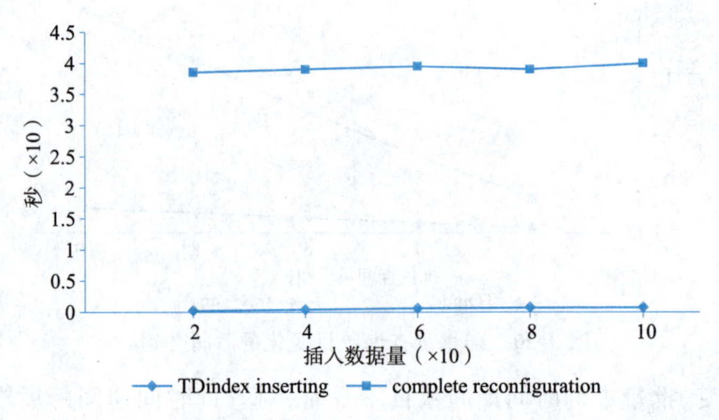

图 3-23　随批量个数变化插入更新时间开销

TDindex 时态索引框架有良好的理论支撑，适用于时态 XML、路网移动对象数据等新型时态数据的管理，具备良好的理论研究意义。

3.5　时态拟序数据索引 TQD-tree

TQD-tree 和 TDindex 一样，基于拟序关系建立索引结构，通过时间期间集合的线序划分实现对时间标签的基本筛选。TQD-tree 着眼于时间数据时间期间本身基本特征（某种拟序关系），体现了时间数据内在的结构联系，从而为各种应用情况下时态与非时态整合方式提供参照。对于时态 XML 和移动对象等海量数据而言，其增量式更新是一项基本挑战，TQD-tree 构建了增量式更新的动态索引机制。

TQD-tree 具有“一次一集合”查询模式和增量式更新的动态管理机制，可以看作时态数据的一种处理框架，能够应用于各类新型数据（对象、XML 和移动对象）索引技术当中。

3.5.1 TQD-tree 构建

时态拟序数据索引 TQD-tree 由 Root-level、Max-level、LOP-level 和 O-level 构成的四层树状结构，如图 3-24 所示。

①Root-level：逻辑层，表示数据操作的入口。

②Max-level：由 LOP-level 中各个 LOB 中的最大元 max(L_i)组成，且 max(L_i)在该层的排列顺序与 L_i 在算法 3-1 中的获取顺序相对应。

③LOP-level：由各个 max(L_i)相对应的 LOB 构成，且 LOB 中的每个元素均带有一个指向 O-level 对象的指针。

④O-level：由每个数据元素构成，用于存储具体信息。

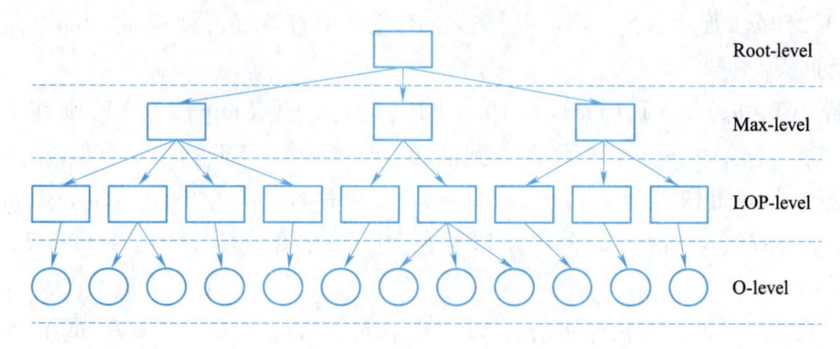

图 3-24 TQD-tree 结构

3.5.2 TQD-tree 查询

设时态查询中的时间查询为 $VT(Q)=[VT_s(Q),VT_e(Q)]$，若时态数据 D 满足 $VT(Q)\subseteq VT(D)$，则称 D 为 Q 的时间查询结果。

算法 3-6 基于 TQD-tree 数据查询

Step 1 进入 TQD-tree 根结点，判断 Q 与 root 子结点的关系。

Step 2 进入 max-level 层，从左至右进行扫描，把满足 $Q\cap \max(L_i)\neq\varnothing$ 的 LOP 加入工作空间集 L 中。

Step 3 进入 LOP-level 层对 L 中的所有 L_i 依次进行判断。

若 $VT(Q)\subseteq \min(L_i)$，则 L_i 中元素都是查询结果。

若 $VT(Q)\cap \max(L_i)=\varnothing$，则 L_i 中元素都不是查询结果；否则进入 TQD-tree 相应叶结点，对 L_i 进行二分查找，查找到 L_i 中包含 $VT(Q)$的“最小”元素 VT_0，VT_0 和它在 L_i 中所有前驱都是查询结果。

3.5.3 TQD-tree 更新

TQD-tree 增量更新相当于对 TQD-tree 的重构。

算法 3-7 TQD-tree 插入更新算法 设有待插入元素 u_0

Step 1 从 TQD-tree 根结点查找到相应的 LOP-level 对应的 LOB 集合 $P(\Sigma)=\langle L_1, L_2,\cdots,L_n\rangle$，令变量 $k=1$。

Step 2 若$(VT_s(u_0)\geqslant VT_s(\min(L_i))\wedge VT_e(u_0)\geqslant VT_e(\min(L_i)))\vee(VT_s(u_0)\geqslant VT_s(\max$

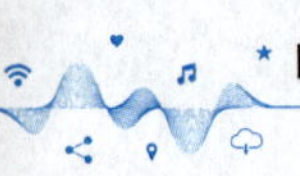

$(L_i)) \wedge VT_e(u_0) \geqslant VT_e(\max(L_i)))$，如图 3-25(a)所示，令 $k=k+1$，若在 $P(\Sigma)$中存在 L_k，则返回 Step 2，否则令 $L_k=<P>$，程序返回。

Step 3　若 $VT_s(u_0) \leqslant VT_s(\max(L_i)) \wedge VT_e(u_0) \geqslant VT_e(\max(L_i))$，则把 u_0 插入到 L_k 的序列首部并修改 L_k 对应于 Max-level 的数据；程序返回。若 $VT_s(u_0) \geqslant VT_s(\min(L_i)) \wedge VT_e(u_0) \leqslant VT_e(\min(L_i))$，则把 u_0 插入到 L_k 的序列尾部，程序返回，如图 3-25(b)所示。

Step 4　若$(VT_s(u_0)<VT_s(\max(L_k)) \wedge VT_e(u_0)<VT_e(\min(L_k)))$，则 u_0 单独组成一个新的 LOB，程序返回。如图 3-25(c)所示。

Step 5　若$(VT_s(u_0)<VT_s(\max(L_k)) \wedge VT_e(u_0)>VT_e(\min(L_k)))$，则在 $L_k=\langle p_1,\cdots,p_{i-1},p_i,p_{i+1},\cdots,p_{j-1},p_j,\cdots,p_m\rangle$中二分查找到满足$(VT_s(u_0)<VT_s(u_i) \wedge VT_e(u_0)>VT_e(u_i))$的第一个点 p_i，此时重构 $L_k=\langle P,p_i,p_{i+1},\cdots,p_{j-1},p_j,\cdots,p_m\rangle$，将片段$\langle p_1,\cdots,p_{i-1}\rangle$作为新的插入点集合，如图 3-25($d$)所示；令 $k=k+1$，若在 $P(\Sigma)$中存在 L_k，则返回 Step 2，否则令 $L_k=<u_0>$，程序返回。

Step 6　若$(VT_s(u_0)>VT_s(\max(L_k)) \wedge VT_e(u_0)<VT_e(\min(L_k)))$，则在 $L_k=\langle p_1,\cdots,p_{i-1},p_i,p_{i+1},\cdots,p_{j-1},p_j,\cdots,p_m\rangle$中二分查找到满足$(VT_s(u_0)<VT_s(u_i) \wedge VT_e(u_0)<VT_e(u_i))$的最后一个点 P_i，此时重构 $L_k=\langle p_1,\cdots,p_{i-1},p_i,P\rangle$，将片段$\langle p_{i+1},\cdots,p_{j-1},p_j,\cdots,p_m\rangle$作为新的插入点集合，如图 3-25(e)所示；令 $k=k+1$，若在 $P(\Sigma)$中存在 L_k，则返回 Step 2，否则令 $L_k=<u_0>$，程序返回。

Step 7　若在 $L_k=\langle p_1,\cdots,p_{i-1},p_i,p_{i+1},\cdots,p_{j-1},p_j,\cdots,p_m\rangle$中，$\forall p_i \in L_k$ 都不满足 $VT_s(u_0)<VT_s(u_0) \wedge VT_e(u_i)<VT_e(u_i)$，则令 $k=k+1$，若在 P(Σ)中存在 L_k，转向 Step 2，否则令 $L_k=\langle u_0\rangle$，程序返回。若 $\exists p_i \in L_k$ 都满足 $VT_s(u_0)<VT_s(u_i) \wedge VT_e(u_0)<VT_e(u_i)$，找到 L_k 满足该条件的第一个结点 p_i 和最后一个结点 p_j，此时重构 $L_k=\langle p_1,\cdots,p_{i-1},P,p_{j+1},\cdots,p_m\rangle$，将片段$\langle p_i,\cdots,p_{j-1},p_j\rangle$作为新的插入点集合，如图 3-25(f)所示；令 $k=k+1$，若在 $P(\Sigma)$中存在 $\mathrm{L_k}$，则返回 Step 2，否则令 $L_k=\langle p_i,\cdots,p_{j-1},p_j\rangle$，程序返回。

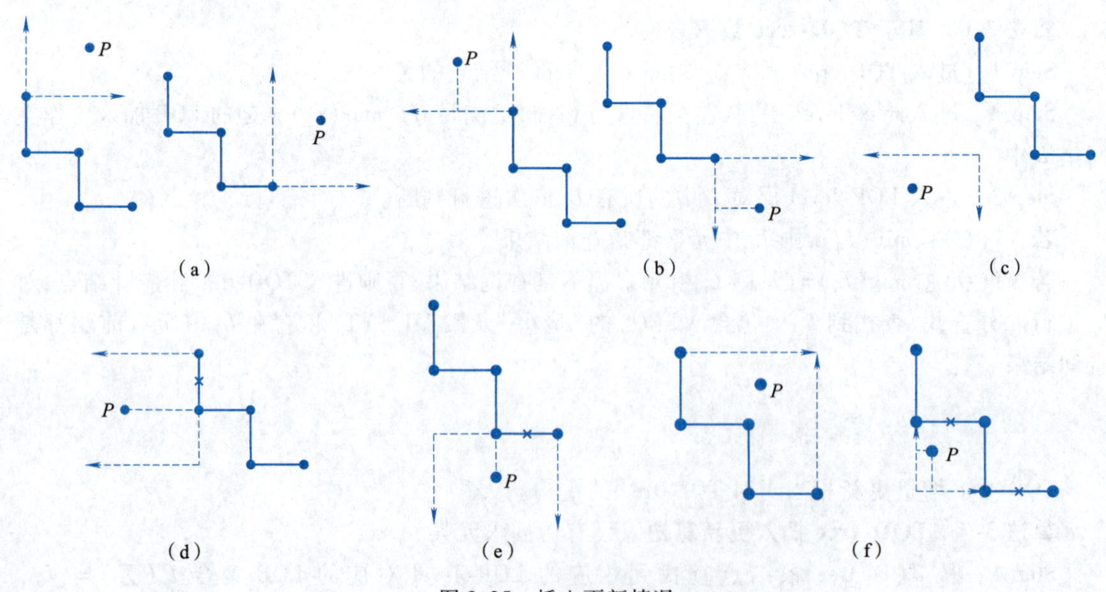

图 3-25　插入更新情况

大数据背景下时态数据量巨大,产生速度非常快。算法 3-7 描述了插入单个时态数据重构 TQD-tree 的过程。如果每产生一个时态数据,即重构一次 TQD-tree(此过程扫描一趟 TQD-tree),将会给系统带来沉重的负荷。研究批量更新,即扫描一趟 TQD-tree 可完成一批时态数据插入,对提高系统效率非常有意义。

从算法 3-6 可知,得到 Γ 上 LOP = $\langle L_1, \cdots, L_i, L_{i+1}, \cdots, L_m \rangle$ 的过程遵循"下右优先"原则,每个 LOB 间是有顺序的,从而在 LOP 上基于"右优先"原则得到图 3-24 的 max-level 也是有顺序的,在进行批量更新中可充分考虑该特征。

设有待插入元素集合 U,将 U 中每个数据元素 u_i 按其 $VT_s(u_i)$ 从小到大排序,即对应其 $P(u)$ 在 VT_s-VT_e 平面上的顺序。使用循环对每个 u_i 调用算法 3-7,进行到 Step 1 时,无需将 k 值归一,延续当前 k 值即可。在一定应用背景下,可间隔一定时间期间进行一次批量更新。

3.5.4　TQD-tree 索引评估

为了评估 TQD-tree 的性能,本文设计了相应的仿真。仿真实验硬件环境:CPU 为 AMDAthlon(tm)IIX2240 2.81GHz,内存 2 GB。软件环境 Windows 10,并使用 Visual C++6.0 进行算法实现,使用 Java 产生随机实验数据。TDindex 仿真数据(包括查询和被查询数据)随机生成。其中,数据查询的比较对象为常规的遍历查询,插入更新的比较对象为基于插入的完全式更新。

1. TQD-tree 查询评估

现有时态数据索引方面工作大多是带有应用背景(如时态对象、时态 XML 和移动对象数据等)。这里主要探讨一种关于时态数据中关于"时间"部分索引技术,因此只选择"遍历"作为评估对象。

给定 50 个查询期间,随数据量增加的查询开销如图 3-26 所示,其中查询耗时为 50 个查询的平均耗时。

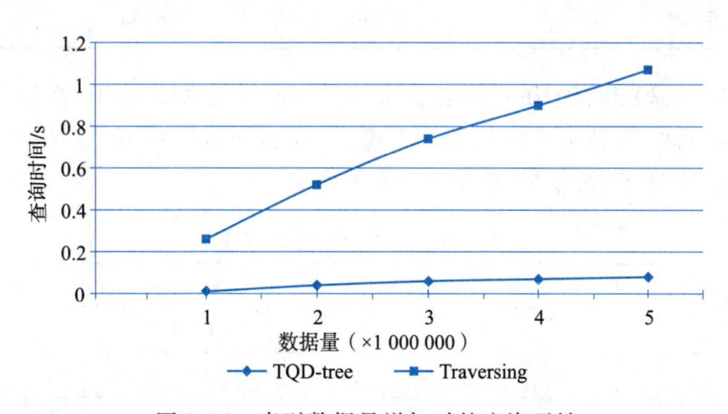

图 3-26　索引数据量增加时的查询开销

给定 10^6 个时间期间数据,查询期间由 10 增加到 50 时的仿真如图 3-27 所示。

2. TQD-tree 更新评估

由图 3-25(d)~(f)可得,数据插入从而引起的 LOB 重构存在一定的传递性,也就是说,当插入元素对应相点 P 时可能会导致某条 LOB 重组并带来新的插入点需要插入。因此,为了验证 TQD-tree 数据更新的效率,有必要对数据更新引起的 LOB 重构的传递性强弱进行评估。

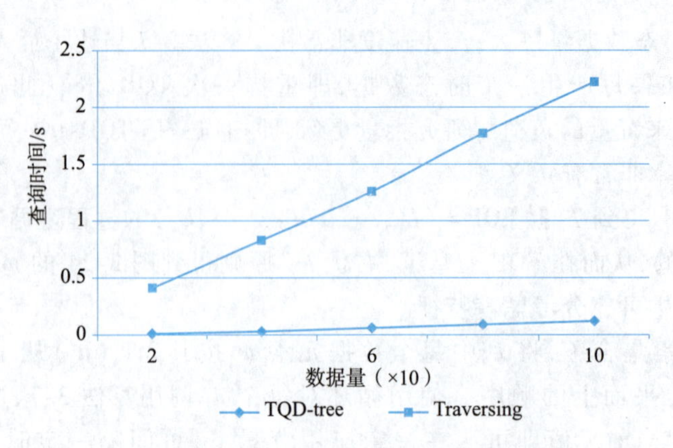

图 3-27　批量查询数据量增加时的查询开销

实验对 10 万、20 万、30 万数据量的 TQD-tree 进行插入，分别运用数据生成器生成 500、1 000、5 000 个待插入时态数据，通过算法 3-7 重构 TQD-tree。表 3-4 是分别进行 10 次插入并统计 LOB 重构数平均值的结果。

由表 3-4 可以看出，插入更新不会引起 LOB 大片重构。实际上，由于相同对象时态数据的产生总是在原有数据之后，图 3-25(d)～(f)情况是很少发生的。把 500、1 000、5 000 个时态数据插入 $P(\Sigma)$ 中，由于还存在不同对象的重复时态数据，平均每个元素只影响不到 1 条的 LOB，并且随着数据量增大，受影响数呈稳定状态。

表 3-4　插入更新时需要重构 LOB 数

数据量	插入量			单个平均重构数
	500	1 000	5 000	
10 万	263	403	1 518	0.34
20 万	180	370	1 811	0.36
30 万	189	401	1 902	0.38

表 3-4 是在 10 万、20 万、30 万个数据量的 TQD-tree 中分别进行 10 次插入 500、1 000、5 000 个时态数据的平均时间(单位 μs)。从表 3-5 可见，在相同数据量下，算法时间随着插入量增大而增大；在相同的插入量下，算法时间与数据量无明显关系。

表 3-5　插入更新算法效率

数据量	插入数据量		
	500	1 000	5 000
10 万	2.3	1	6
20 万	2.4	2.6	7.3
30 万	6.3	8.8	9.6

比较对象为 MON-tree 的下层结构 R^*-tree。分别在 20 万、30 万个数据量下，TQD-tree 和 R^*-tree 分别完成 10 次数据量为 1、500、1 000、5 000 的插入更新的平均时间。图 3-28 和图 3-29 表达了数据量分别为 20 万和 30 万时的效率对比。从图 3-28 和图 3-29 中可见，TQD-tree 中和 R^*-tree 插入 1 个数据时，TQD-tree 逊于 R^*-tree，但是插入多个数据时 TQD-tree 明显

占优,并且数据规模越大差距越明显。这是由于 R * -tree 一次更新只能插入一个数据,TQD-tree 能做到批量更新,所以当需要插入批量数据时 TQD-tree 占优。

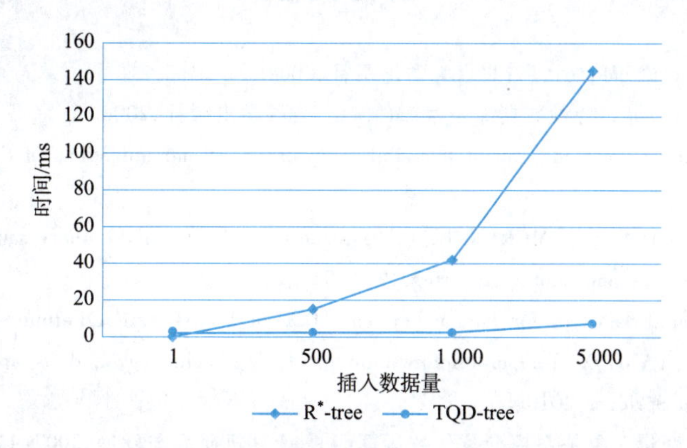

图 3-28　20 万数据量插入更新效率对比

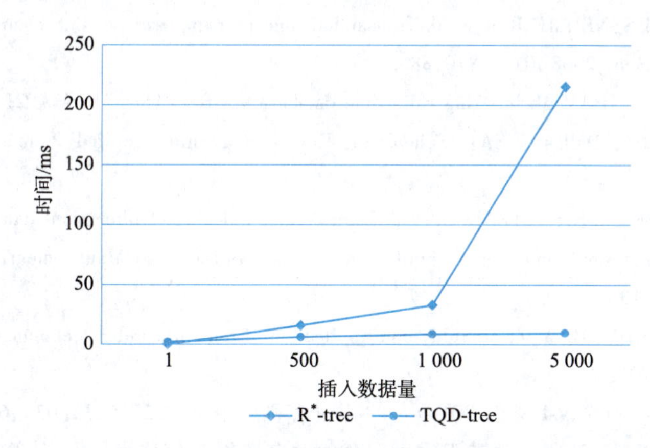

图 3-29　30 万数据量插入更新效率对比

小　　结

本章时态数据索引技术管理带有时间标签的时态数据,首先论述时态数据和时态数据模型,并基于时态数据的数据特征,相对于"代数"关系,提出拟序关系概念并讨论其基本性质。

本章在时态数据集上进行线序划分,提出了两种基于时态拟序的数据索引 TDindex 和 TQD-tree。

TDindex 研究了时态数据索引的数据操作,依据包含关系实现"一次一集合"的查询操作,依据线序划分的性质实现"动态"的增量式更新操作。TDindex 可在路网移动对象数据管理领域和时态 XML 数据管理领域应用。本书将分别在第 4 章和第 5 章研究 TDindex 时态信息和数据之间的协同处理机制,分别建立索引 LM-tree 和 TX-tree。

TQD-tree 研究了时态数据索引相应数据查询和数据更新算法,相比 TDindex,具有更精细的数据结构,得到高效的查询效率。TQD-tree 的更新有别于 R * -tree 等索引结构,能实现批量数据的增量式更新,并对 TQD-tree 进行大数据量的实验仿真,表明了 TQD-tree 的可行性。

参考文献

[1] 汤庸．时态数据库导论[M]．北京:北京大学出版社,2004.

[2] 何新贵,唐常杰,李霖,等．特种数据库技术[M]．北京:科学出版社,2000.

[3] ALLEN J F. Maintaining knowledge about temporal intervals[J]. Communications of the ACM,1983,26(11): 832-843.

[4] SNODGRASS R T, GOMEZ S, MCKENZIE E. Aggregates in the temporal query language TQuel[J]. IEEE Transations on Knowledge and data engineering,1993(05):826-842.

[5] SCHNEIDER M. Spatial data type for database systems[D]. Ph. D dissertation,Fernuniversitat,Hagen,1995.

[6] TANG Y,YE X P,TANG N,Temporal information processing technology and its application [M]. Tsinghua university press,And Springer,2010.

[7] 叶小平．基于时态变量对象关系模型及代数运算[J]．计算机研究与发展,2007(11):1971-1979.

[8] 叶小平,汤庸．时态变量"Now"语义及相应时态关系运算[J]．软件学报,2005,11(5):838-845.

[9] LOMET D,HONG M S,NEHME R V,et al. Transaction time indexing with version compression [J]. Proceedings of the VLDB Endowment,2008(01): 870-881.

[10] NASCIMENTO M,DUNHAM M. Indexing valid time database via B+-Tree,The MAP21 Approch [R]. Technical Report CSE-97-08, Dallas, USA: School of Engineering and Applied Sciences, Southern Methodist University,1997.

[11] BLIUJUTE R,JENSEN C S,SALTENIS S,et al. Light-weight indexing of bitemporal data[D]. In: Proceedings of the 12th International Conference on Scientific and Statistical Database Management, Berlin: IEEE Computer Society, 2000:125-138.

[12] YE X P,TANG Y,CHEN L W,et al. Study and application of temporal index technology[J]. Science in China, 2009. 52(06):899-913.

[13] 陈瑛,叶小平．时态拟序数据索引 TQD-tree[J]．计算机应用研究,2015,32(03):666-668.

[14] 叶小平,朱峰华,汤庸,等．一种基于线序划分的时态数据索引技术[J]．计算机科学,2013,40(01): 187-190.

[15] 叶小平,汤庸,林衍崇,等．时态拟序数据结构研究及应用[J]．软件学报,2014(11):2587-2601.

第4章 移动对象数据索引技术

近20年来,交通管理、目标跟踪、森林火灾监测、环境监测等方面的应用对数据管理技术提出了新的要求。这类型应用要求处理大量随着时间而演变的空间数据,或称为移动对象或移动数据。

随着移动定位技术和无线通信技术发展,移动对象数据的应用领域越来越广泛,应用需求越来越迫切。移动对象数据具有时空双重属性、结构复杂性和规模海量性等特点,传统的时空数据库面临着不能承担如此庞大的数据量、各种操作和数据非结构化的问题;当前大数据存取方案能够解决数据量大和数据非结构化等问题,但却不支持数据的时空操作。因此,分析处理时空大数据,亟须解决时空大数据的存取问题。当前时空大数据存取解决方案主要以与大数据系统框架紧密结合和设计大数据存取表两个方面来解决时空数据存取方案,移动对象数据库(moving object databases,MOD)技术应运而生。传统的数据索引主要基于单维数据设计,难以高效管理关系多样且结构复杂的多维数据,因此研发适用于MOD的高效数据索引已成为迫切的需求。

4.1 时空数据库

随着计算机网络技术、无线定位通信技术以及传感器网络技术的快速发展,使得获取海量四维数据(移动对象数据)成为可能。

对于位置随时间而变化的移动对象(如飞机、汽车、移动电子设备用户)来说,其产生的数据具有多维性、结构复杂性、规模海量性和关系复杂性等特点,因此如何表示和管理随时间变化的移动对象数据成为迫切需要研究的问题。若在传统数据库管理系统中记录并管理移动对象的数据,必须对移动对象的当前状态进行不断更新才能满足应用需求,然而对数据库进行频繁数据更新是不现实的。因此,移动对象数据库需要对移动对象的位置及其他相关信息进行表示与管理,并提供对移动对象进行现在、过去查询和未来预测。虽然移动对象数据库技术是20世纪90年代后期才兴起的技术,该领域的各方面研究均处于起步阶段,但得益于过去20年里空间数据库和时态数据库技术的研究成果,学者们在了解三维对象的表示方式、掌握动态时间问题的表达以及拓扑关系的推理方法的基础上研究移动对象数据模型的建立以及数据处理的方法取得了丰硕的成果,进一步推动了移动对象数据库技术研究的发展。

时空数据库是时态数据库与空间数据库系统的有机结合,它能够同时处理时态数据和空间

数据。

为实现高效地处理、管理和分析时空数据，时空数据库需要借助有效的时空数据模型对数据对象的类型、关系、操作以及数据完整性规则等方面进行定义，进而实现时间、空间和属性语义等方面信息的协同管理。目前的时空数据模型主要是通过扩展时态或空间数据模型来管理时空数据。时空数据模型一般可分为基于栅格的时空数据模型、基于矢量的时空数据模型、基于时间(事件)的时空数据模型和基于语义的时空数据模型。

移动对象数据库技术是20世纪90年代新兴的技术，目前在国内外已有许多有价值的研究成果。移动对象数据库作为时空数据库的分支发展而来，它基于时空数据库中对象的运动特征，其数据具有时间与空间双重特性。如今时空数据库技术被广泛用于许多实际应用场景中，关于时空数据库的应用场景主要可分为以下三种：

①处理事物的位置随时间推移连续变化的应用，如在高速公路上行驶的汽车的移动。

②处理事物的几何形状随时间推移发生改变的应用，如一个城市随时间发展其管理区域发生变化。

③既要对事物的连续移动进行建模，又要对它们随时间而变化的几何形状进行描述，如环境领域上的问题。

不同类型的应用场景，事物的时空数据特点具有一定的差异。针对事物位置随时间连续变化的特点，学者们提出了移动对象数据库来更好地支持第一种应用类型的需求。

4.2 移动对象数据索引技术

海量结构复杂的时空数据存储在移动对象数据库中，要满足应用服务的实时响应需求，移动对象数据索引变得尤为重要。根据移动对象运动的空间环境不同，移动对象索引分为无限制空间内移动对象索引和网络空间内移动对象索引。

近年来，随着移动定位技术和无线通信技术的发展，移动对象数据的应用领域越来越广阔，应用需求越来越迫切。MOD需要管理海量随时间变化的数据，传统的数据索引已不再适用于MOD。为保证MOD数据管理的高效性，研究开发适用于MOD的高效数据索引已成为迫切的需求。

移动对象的地理位置随时间推移不断改变，若通过记录移动对象在所有时刻的位置来描述移动轨迹并不可行。为此通常采用缩减历史数据规模的方法来记录移动对象轨迹信息，常用的方法主要有两种：一是“采样技术”，即记录某一特定时刻的位置信息，在采样点间利用线性插值法形成轨迹；二是“变化后更新”，即仅记录移动对象运动模式变化(如方向或速度的改变)后的信息。根据移动对象的应用场景不同，移动对象模型分为：非限制性移动，如天空飘的云朵、海里游的鱼群等；限制性移动，如城市里行人的移动受建筑物限制、公路上汽车受公路路网限制等。不同的移动对象模型所适用的索引会有一定的区别，下面分别讨论无限制空间内移动对象索引和网络空间内移动对象索引。

若要提高时空数据管理的效率，不但要借助行之有效的时空数据模型，还需要高效的时空索引技术作为支持。在时空数据库中，数据索引技术主要分为两大类：一是基于数据划分的索引结构，如TPR-tree；二是基于时间划分的索引结构，如 B^+ 树和网格。

4.2.1 无限制空间内移动对象索引

无限制空间内移动对象的运动轨迹具有一定随机性,因此学者们对该场景下的索引研究主要基于特定移动对象数据模型。目前,虽然市场上现有 MOD 的原型系统和商品较少,但国内外移动对象数据模型的研究比较成熟,已经产生了许多有价值的成果,如 Wolfson 等提出的基于移动点历史查询的轨迹线、最小包围矩形(minimal bounding rectangle,MBR)以及针对移动查询的 MOST(moving object spatial temporal)模型,Kostas P 等提出的数据流模型,Kathleen H 等提出的多粒度模型,孟小峰提出的移动对象表示与建模方法,等等。

1. 移动对象索引

在移动对象数据模型上结合空间数据库索引和时态数据库索引的现有成果进行改良扩展是学者们研究移动对象索引的主流方法。目前,空间数据库索引的 B-tree、R-tree 及其变形树家族(R^+-tree、R^*-tree 等)被广泛应用到移动对象索引研究上。

根据索引时态信息的不同,移动对象索引可分为历史轨迹索引和当前及未来位置索引。

(1)历史轨迹索引

历史轨迹索引研究一般采用以下方法:

①空间索引扩展方法:如 3DR-tree 是在一般 R-tree 上进行时空扩展,把二维空间和一维时间的时空数据转化成“纯”三维空间数据处理。RT-tree 是在 R-tree 的数据记录中加入移动对象运动的开始和结束时间。STR-tree 是在 R-tree 上修改其插入操作原则,使插入时同一轨迹的线段尽量位于同一结点中。

②重叠及多版本结构方法,如 MR-tree 是在 R-tree 上利用重叠 B-tree 的思想。MV3R-tree 是基于多版本 B-tree 的思想,用一棵 MVR-tree 来处理时间戳查询和 3DR-tree 来处理长时间间隔。

③面向轨迹存储方法:如经典轨迹束索引 TB-tree,它采用了类 R-tree 结构在 STR-tree 上进行扩展,把同一轨迹的线段存储在每个叶结点中以保存移动对象的运动轨迹。SETI 索引将静态的空间区域进行非重叠分区,利用分区函数把数据同一轨迹的线段存储在同一分区中。

(2)当前及未来位置索引

当前及未来位置索引研究一般采用以下方法:

①原时空存取方法:如 PMR-quadtree 方法。

②空间转换方法:如 Faloutsos C 提出的对偶变换方法(duality transforma-tion,DT)将移动对象轨迹变换为二维空间中的一个点来进行。

③参数化时空存取方法:如 TPR-tree 通过在 R-tree 上定义时参范围矩形(TPBR)以覆盖移动对象集合。

2. 经典的无限制空间内移动对象索引

无论哪个研究方向,其索引结构大多数都是基于 R-tree,如当前及未来位置索引中的 TPR-tree,历史轨迹索引中的 STR-tree 等。TPR-tree 和 STR-tree 均为无限制空间内移动对象索引中的经典,下面简单介绍一下 TPR-tree 和 STR-tree。

(1)TPR-tree

Saltenis 等在 2000 年提出 TPR-tree(time parameterized R-tree),它在 R-tree 索引结构上引入时参范围矩形来存储动态目标,具有动态平衡的结构特点。所谓的时参范围矩形是关于时间的函数,其上下界分别根据它所覆盖对象的最大和最小速度设置。随着对象的移动,为了避免 BR 重叠区域的无限扩大，需要周期更新 BR 的划分方案，如图 4-1 所示。在 TPR-tree 中，移动对象的位置用线性函数表示，函数的参数会随时间的推移而进行更新，从而 TPR-tree 会被重建。

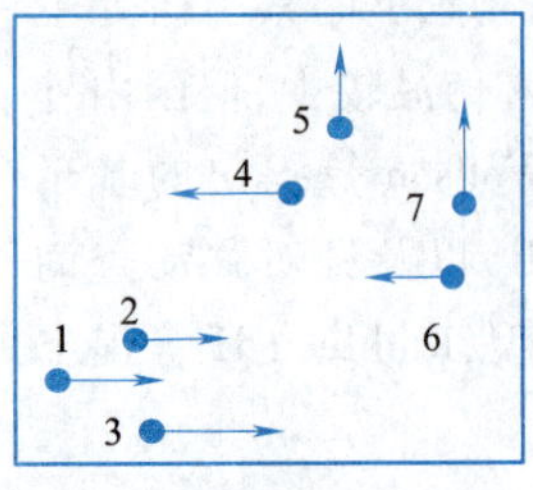

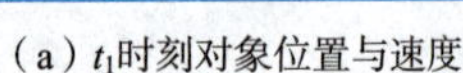
（a）t_1时刻对象位置与速度

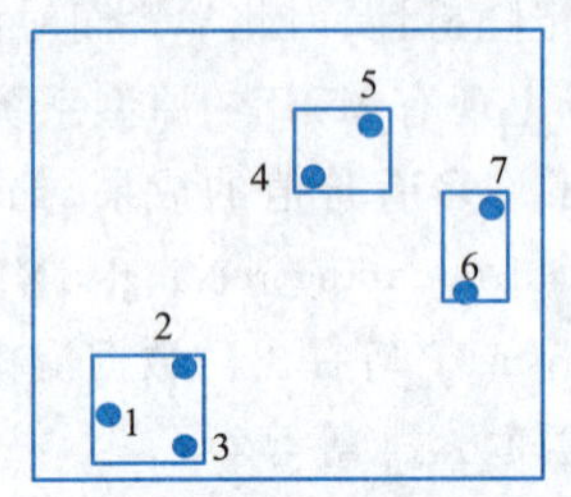

（b）t_1时刻BR分配方案

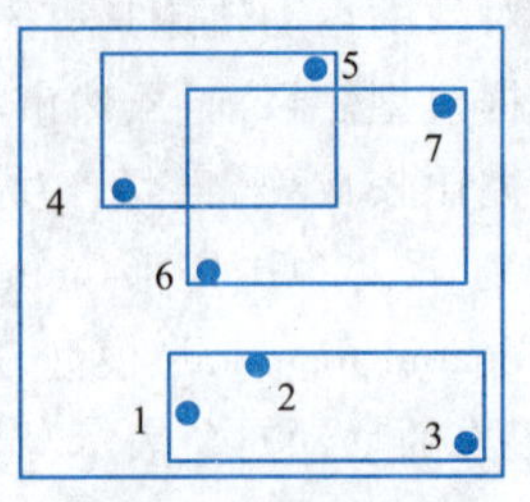

（c）t_2时刻对象位置

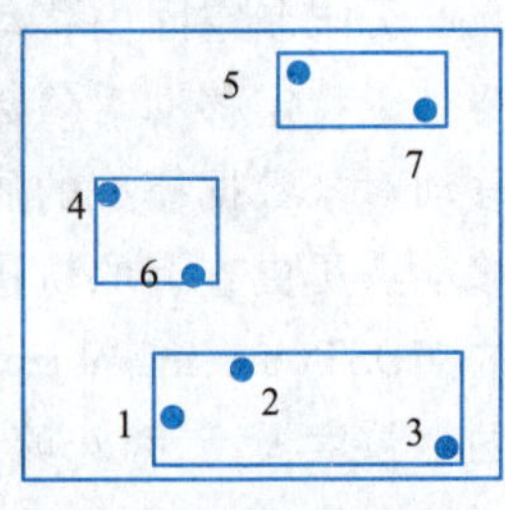

（d）t_2时刻BR分配方案

图 4-1　BR 划分方案

由于 BR 的加入，TPR-tree 能较好地支持时间片查询、窗口查询以及对象查询。但因为移动对象的速度和位置都是一种预测的情况，BR 的划分方案难以时刻保持最优，有时会出现 BR 间存在较多的重叠和死空间的情况。

（2）STR-tree

Leutenegger 等在 1997 年提出 STR-tree（sort-tile-recursive tree），它在 Packing R-tree 索引上进行修改以支持移动对象轨迹查询。STR-tree 与 Packing R-tree 的主要区别在于其叶结点结构和插入/分裂算法。它的叶结点结构为（id，t，MBR_i，o），其中 id 为轨迹的标识，t 为轨迹的有效时间，MBR_i 为轨迹的最小包围矩形，o 是轨迹在 MBR_i 中的方向。STR 树的插入/分裂算法都遵循"保证空间的紧凑以及保留轨迹信息，使同一轨迹线段在 R-tree 中尽量保持邻近"的原则。也就是说，STR 树的目标是将属于相同轨迹的线段尽量存储在一起，在插入一个新线段时应尽可能使其靠近它在轨迹中的前继（线段），在分裂结点时应尽可能令操作后的结点保存的轨迹更完整。

STR-tree 虽然能够有效支持轨迹查询，但当数据分布不均匀时，其结点内的对象相邻度会降低，索引效率随之降低。

4.2.2　网络空间内移动对象索引

不同于无限制空间内运动的移动对象，在网络空间内运动的移动对象总是被限制在特定的线路上，如铁路上的火车、高速路上的汽车、航线上的飞机，它们的位置信息可以借助固定网络上的相对位置来表示。因此，无限制空间内的移动对象数据模型不再适用于网络空间场景下移动对象的研究。国内外学者针对网络空间场景纷纷提出特定的移动对象数据模型。例如，Jensen 等在 2003 年提出了一个针对 LBS 立场的移动数据计算模型，Güting 等在 2006 年提出了面向道路（route-oriented）的路网建模方法，于秀兰等在 2003 年提出了基于路网移动对象数据模型和非等时位置更新模型等。

与研究无限制空间内运动的移动对象索引模式相似，基于网络空间场景的移动对象数据索引也大多数在 R-tree 的基础上研究发展。例如，Frentzos 等在 2003 年提出的路网移动对象经典索引 FNR-tree，它是一个两层混合索引结构：上层是一棵 2DR-tree，用于索引道路网络的路段；下层是 1DR-tree 森林，用于索引路段中运动的移动对象。FNR-tree 具有良好的窗口查询性能，但对于时间片查询和历史轨迹查询，则需要遍历整个 1DR-tree 森林。为此，郭景峰等提出了 FNR^+-tree 索引结构，它在 FNR 树的基础上增添了一个哈希结构来存储对象的历史轨迹，从而改善了 FNR 树在轨迹查询上的效率。Pfoser 等在 2003 年提出用 Hilbert 曲线把复杂的三维空间转化成用 R-tree 表示的低维子空间,虽然查询处理较 FNR-tree 要复杂,但可以把移动对象的运动方式表示得更具体。Almeida 等在 2005 年提出了具有两层结构的 MON-tree,上层是一棵用于索引空间的 2DR-tree 和下层是一个用于索引指定路线中移动对象位置和时间信息的 2DR-tree 森林。虽然其结构类似于 FNR-tree,但在道路表达上 MON-tree 把路径作为基本元素并将道路表示为折线段,使得 MON-tree 的表达方式更为简洁,同时提高了索引的效率。但当路径长度较大时,MON-tree 会产生大量的死空间,查询效率相对降低。

根据移动对象运动场景的不同,网络空间内移动对象模型分为限制性移动和交通网络移动。限制性移动如图 4-2(a)所示,如城市里行人的移动受建筑物限制等;交通网络移动如图 4-2(b)所示,如汽车在高速公路上移动等。如果应用要求记录移动对象较为精确的经纬度位置,则一般采用限制性移动模型;如果应用只要求得到移动对象在路线上的基本位置,则可采用交通网络移动模型。交通网络移动模型也称为路网(road network)模型,现实中大多数移动对象运动的网络空间都可近似成路网模型。此时,要确定移动对象的位置无须使用精确二维空间坐标,只需要记录路网中线性参考坐标即可,这样移动对象的位置信息就可实现从二维空间数据降到"1.5 维空间"数据。

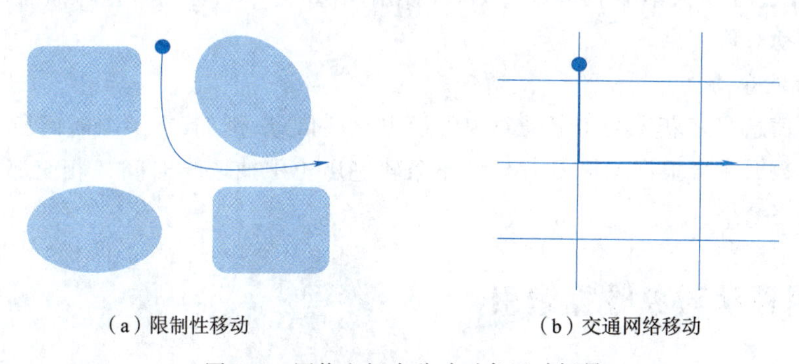

(a) 限制性移动　　(b) 交通网络移动

图 4-2　网络空间内移动对象运动场景

现实生活中的路网结构非常复杂,计算机难以具体描述其真实状态,一般通过借助数学模型来近似实际路网。现有的路网模型主要分为静态路网模型和动态路网模型两大类。由于动态路网模型涉及道路当前的众多不定因素给研究带来了一定难度,目前关于此类模型仍处于建模方法研究阶段。由于静态路网模型相对简单且容易实现,目前大多数移动对象路网索引都是基于静态路网模型提出。根据道路的抽象方法不同,静态路网模型又可以分为面向边路网模型和面向道路路网模型,如图 4-3 所示。

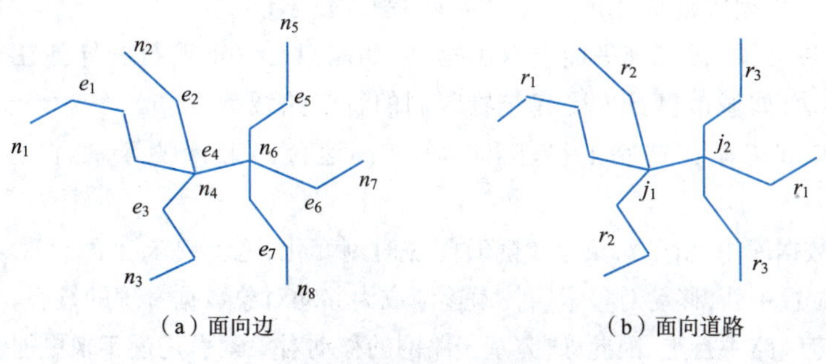

(a) 面向边　　(b) 面向道路

图 4-3　静态路网模型

大多数基于静态路网模型的索引结构都是借鉴 R-tree 或者在其基础上改进的，详见4.3节。

4.2.3 移动对象查询

移动对象数据库建立索引的目的是支持各种查询类型的高效执行。查询时间越短或者访问的 I/O 次数越少，索引就越高效。针对移动对象空间位置信息等关系，移动对象总的查询类型分为点查询、区域查询、轨迹查询等。

1. 基于时间点查询

该查询会有一个 x、y 坐标的空间限制信息来刻画整个查询 $Q(x,y,T)$，即查询给定位置下移动对象的总体信息，其中 T 为要查询的移动对象的时态信息。例如，查询在某个时刻或某段时间里所有在加油站 K 进行加油的车辆信息，此时数据库会根据加油站 K 的位置信息和时态信息来获得移动对象的信息。

2. 基于时间区域查询

该查询有一对 x、y 坐标的空间限制信息以及时间限制信息来完成这个查询 $Q(x_1,y_1,x_2,y_2,T)$，也称段查询。例如，查询在某个时刻或某段时间里所有在 A 大学 B 校区停留的车辆信息，此时数据库会对 A 大学 B 校区进行刻画（使用 MBR 技术），进而转化为标准查询类型，最终获得相关的移动对象信息。

3. 基于轨迹查询

通过时态信息 T 来获得某个移动对象的历史轨迹信息，例如，在某个时间段里车辆 C 的行驶轨迹如何？数据库会根据车辆 C 存储的整条轨迹历史中抽取与时间 T 相交那一段信息再进行拼接得到最终结果。

4.3 路网移动对象数据索引

移动对象数据库的技术在许多应用领域中展现出广阔的前景，它提供的定位服务（location based service，LBS）结合了 Internet、无线通信定位系统和 GIS 技术被广泛应用于军事指挥系统、智能交通系统、物流配送系统、电子商务等领域。在许多现实场景中，移动对象的运动轨迹并不是杂乱无章的，而是被限制在特定的或者具有一定规律的网络上，例如，高速路上的汽车、轨道上的火车、天空中的飞机、蜂窝网络上的数据等。因此，基于路网的移动对象数据管理的研究具有十分重要的应用价值。本章4.3~4.6节主要研究基于时空相点的路网移动对象数据管理技术，提出了实现移动对象数据的高效存储以及快速索引的方法。

关于移动对象数据管理应用的分类，Pfoser 提出三类场景：

①非限制性移动，即在二维平面上自由运动，如船只在海上航行和导弹在空中飞行等。

②限制性移动，如城市里行人受建筑物限制的行走路线等。

③路网移动，如火车在铁路上移动和汽车在高速公路上行驶等，也将其称为1.5维空间运动。

在移动对象数据库中，由于对象位置随时间在时刻变化，这就要求在存储对象信息的同时必须高效地应对对象位置更新，移动对象索引技术逐渐成为移动对象数据管理的核心。更进一步，很多移动对象都是在固定线路中行走，因此，研究基于路网的移动对象索引是近年来更加流行的课题。

路网移动对象在固定的路网中移动，其移动无须使用二维空间坐标来描述，只需要使用线性参考坐标系来表示移动对象的位置，通过数据降维以提高索引的查询效率。

4.3.1　路网模型相关概念

经典路网移动对象数据模型一般利用二维折线集合表示复杂路网结构，其中每一条折线表示一条固定的路线；每条路线由一个线段系列组成，线段两端点表示各条线路的交叉点或单个线路的转折点。

定义 4-1　线路与线段　线路 R 由一组有序线段 $\{\langle p_0,p_1\rangle,\langle p_1,p_2\rangle,\cdots,\langle p_{n-2},p_{n-1}\rangle,\langle p_{n-1},p_n\rangle\}$ 组成，其中 $p_i(0\leqslant i\leqslant n)$ 为二维平面线段的端点，p_0 和 p_n 分别为线路始点和终点，沿 p_0 到 p_n 的方向为 R 的方向。R 上点 p_i 的位置用 p_i 关于 p_0 的（绝对）距离参数 $D_i=D(R,p_i)$ 表示，当 $p_i=p_0$ 时，$D(R,p_i)=0$；当 $p_i\neq p_0$ 时，$D(R,p_i)=D(R,p_{i-1})+d(p_{i-1},p_i)$，其中 $d(p_{i-1},p_i)$ 是 p_{i-1} 到 p_i 之间的欧式距离（$1\leqslant i\leqslant n$）。

线路 R 实例如图 4-4 所示。

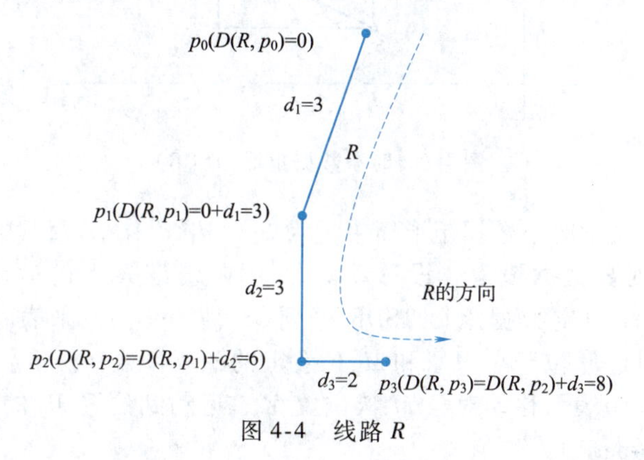

图 4-4　线路 R

定义 4-2　路网　路网 RN 是由一组线路集合组成的图，不妨记为 RN＝(R,N)，其中 R 是组成该路网的线路集合，N 是 R 中各线路相交点的集合。图 4-5 所示为一个简单的路网实例。

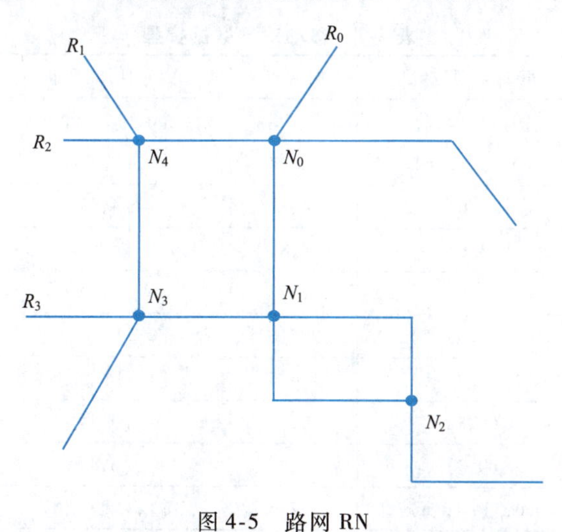

图 4-5　路网 RN

移动对象 M 在路网 RN 上的运动信息可用一个四元组表示：$M=(R_i,D,v,t)$。其中，R_i 是 M 在 RN 中的线路标识；D 是 M 在 R_i 上位置；v 是 M 的速度，当 $v\geqslant 0$ 时表示 M 的移动方向与线

路 R_i 方向相同，否则相反；t 是 M 位于 D 位置上的时刻。移动对象 M 在线路 R_i 上运动所产生的运动轨迹可以用一组有序的四元组序列 $\langle M_0, M_1, \cdots, M_n \rangle$ 来表示，其相邻两个结点 M_{i-1} 和 M_i 组成一个折线段 seg(M_{i-1}, M_i)，其始点和终点时空坐标分别记为 M_{i-1}(star) = (d_{i-1}, t_{i-1}) 和 M_i(ending) = (d_i, t_i)。由时间的单调递增性，总有 $t_{i-1} \leqslant t_i$ 成立。为讨论方便，本文假设 $d_{i-1} \leqslant d_i$，当 $d_{i-1} > d_i$ 时仅需要调换 d_{i-1} 和 d_i 的标号即可，不影响相关讨论。

定义 4-3　时空数据矩形(temporal-spatial data rectangle, TSDR)　移动对象 M 运动轨迹上的折线段 seg(M_{i-1}, M_i) 可用一个时空数据矩形 $S_i = (d_{i-1}, d_i; t_{i-1}, t_i)$ 来表示，其中 S_i 相邻的两条边分别与直角坐标轴 S-axis 和 T-axis 平行，而(d_{i-1}, t_{i-1})和(d_i, t_i)分别表示 S_i 左下和右上顶点坐标，如图 4-6 所示。

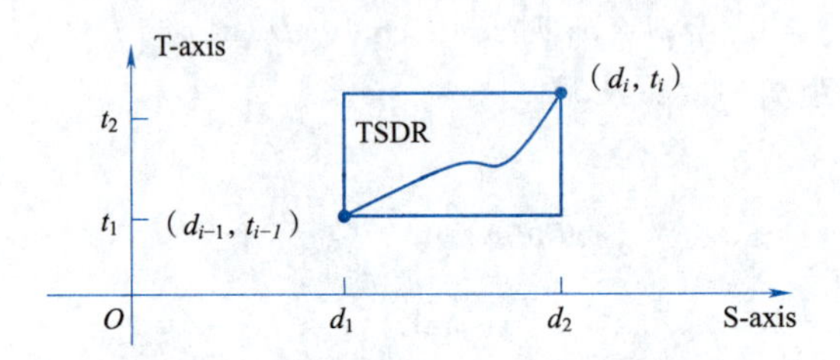

图 4-6　时空数据矩形(TSDR)

为了叙述方便，下文把时空数据矩形简单记为 $S = (d_1, d_2; t_1, t_2)$，其中 $d_1 \leqslant d_2 \wedge t_1 \leqslant t_2$。

定义 4-4　移动对象数据模型　设移动对象 M 在线路 R 上的运动轨迹为 $\langle M_0, M_1, \cdots, M_n \rangle$，其轨迹可以用一个时空数据矩形 TSDR 序列 $\langle S_1, S_2, \cdots, S_n \rangle$ 来表示，其中 $S_i = (d_{i-1}, d_i; t_{i-1}, t_i)$，$d_{i-1}$ 和 d_i 分别是 M 位于点 M_{i-1} 和 M_i 位置上的距离参数，t_{i-1} 和 t_i 分别是 M 移动到 M_{i-1} 和 M_i 的时刻。(d_{i-1}, d_i) 表示移动对象 M 从位置 M_{i-1} 运动到位置 M_i 的空间区域，(t_{i-1}, t_i) 表示其对应的时间期间(period)。

【例 4-1】　移动对象 $O_1, O_2, \cdots, O_{10}$ 在线路 R 上运动产生的数据及其对应的移动对象数据模型见表 4-1。

表 4-1　移动对象数据模型

移动对象	空间位置	相对空间位置	时间点	相对时间区间	时空数据矩形
O_1	0,3,8	(0,3),(3,8)	0,1,5	[0,1), [1,5)	(0,3;0,1)(3,8;1,5)
O_2	0,3,8	(0,3),(3,8)	2,4,7	[2,4), [4,7)	(0,3;2,4)(3,8;4,7)
O_3	0,6	(0,6)	4,8	[4,8)	(0,6;4,8)
O_4	3,6	(3,6)	4,8	[4,8)	(3,6;4,8)
O_5	3,8	(3,8)	2,7	[2,7)	(3,8;2,7)
O_6	3,6,8	(3,6), (6,8)	2,5,6	[2,5), [5,6)	(3,6;2,5)(6,8;5,6)
O_7	0,6,8	(0,6), (6,8)	1,4,6	[1,4), [4,6)	(0,6;1,4)(6,8;4,6)
O_8	6,8	(6,8)	0,3	[0,3)	(6,8;0,3)
O_9	0,3	(0,3)	6,8	[6,8)	(0,3;6,8)
O_{10}	0,3,6	(0,3), (3,6)	1,2,6	[1,2), [2,6)	(0,3;1,2)(3,6;2,6)
O_{11}	6,3,0	(6,3), (3,0)	1,3,6	[1,3), [3,6)	(3,6;1,3)(0,3;3,6)
O_{12}	0,3,8	(0,3), (3,8)	1,3,7	[1,3), [3,7)	(0,3;1,3)(3,8:3,7)

面向路径的路网模型为二元组：$G=(R,J)$。

①R：路网中所有路径(road)的集合。

②J：R 中各个路径的交点(junctions)集合。

面向路径的路网模型实际上是将路网看作路径以及它们间交点的集合。

面向路径的路网模型示例如图 4-7 所示，为了直观，采用不同的线形表示不同的道路。其中，方结点表示路径端点，圆结点表示路径相交点。

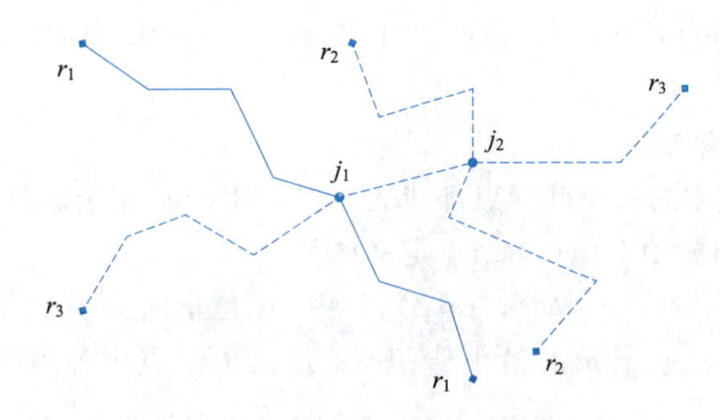

图 4-7　面向路径的路网模型示例

关于面向路径的路网模型需要说明以下几点：

①在模型中，$r \in R$ 表示为由多个直线段相互连接的折线，记为 $l_r=(p_1,\cdots,p_k)$，其中 $P_i=(x_i,y_i)(1 \leqslant i \leqslant k)$，$k$ 为路径的度量。

②引入参数 pos：pos = 0 表示移动对象位于路径起始点，pos = 1 表示位于路径终点，而 pos $\in(0,1)$ 表示正在该路径运行。

③移动对象在路径 e 中的位置可表示为 $D(G)=e \times \text{pos}$，而移动对象的轨迹线函数可以表示为 $f: T \rightarrow D(G)$，其中，T 是相关时间域。

④面向路径模型比面向路段模型减少数据的存储量，但是不利于管理运动在道路上的移动对象，影响移动对象数据的更新效率。

索引是时空数据库的基本查询技术，建立在面向路段和面向路径路网模型上的路网移动对象数据管理也不例外。大多数静态路网模型的索引结构都是借鉴 R-tree 或 R^*-tree，下面简要介绍几种具有代表性的路网索引技术。

4.3.2　面向路段移动对象索引 FNR-tree

FNR-tree(fixed network R-tree)是 Frentzo S 等人于 2003 年提出的一种管理路网移动对象的经典索引技术，也是目前移动对象研究和应用领域中使用和借鉴较多的索引技术，不少移动对象索引都是通过对 FNR-tree 结构和算法进行改进或增添辅助结构以提升某方面索引性能，FNR-tree 索引结构在处理路网移动对象索引方面具有代表意义。

1. FNR-tree 架构

FNR-tree 以道路路段为索引元素的道路网络模型，例如，包含线段的路网，对于每个线段，FNR-tree 是由一棵 2DR-tree 和一组 1DR-tree 组成的两层索引结构。其中，2DR-tree 用于管理路网中的道路信息，其每个叶结点中都包含一个指向其对应 1DR-tree 的指针。而其对应的 1DR-tree 用于记录某个时间间隔内相应路段上的移动对象的运动信息。

FNR-tree 采用基于路段路网模型，具有索引路段的二维 R-tree(2DR-tree)和索引路段移动对象一维 R-tree(1DR-tree)森林的上下两层索引架构。

(1)上层 2DR-tree

上层 2DR-tree 索引给定路网中的各个路段,并按照如下定义其结点。

①非叶结点项 Node =(ptr,MBR),其中 ptr 是指向子结点的指针;MBR 是包围其所有子结点路段的二维最小限定矩形。

②叶结点项 Leaf =(LineID,MBR,Orientation),其中 LineID 为路网中的路段标识符;MBR 是包含路段的最小限定矩形;Orientation ∈ {0,1} 为路段在 MBR 中的位置标志。每个叶结点都包含路网中的一条路段数据。

(2)下层 1DR-tree 森林

对于上层 2DR-tree 中的每个叶结点都建立一棵 1DR-tree 用于运行索引在叶结点存储路段上的移动对象数据。每棵 1DR-tree 中结点定义如下。

①非叶结点项 Node(ptr,Tentrance,Texit),其中 ptr 是指向其子结点的指针;Tentrance 为其子结点中所有移动对象轨迹记录的最小值;Texit 是其子结点中所有移动对象轨迹记录的最大值。

②叶结点项 Leaf =(MovingObjectID,TentrancTe,TexitT,Direction),其中 MovingObjectID 是移动对象的唯一标识符;TentranceTe 为移动对象进入此路段的时间;TexitT 是移动对象离开此路段的时间;Direction ∈ {0,1} 表示移动对象运动方向,值 O 表示对象从道路左边进入,否则为 1。

FNR-tree 的两层 R-tree 索引架构如图 4-8 所示,其中 MO 表示移动对象。

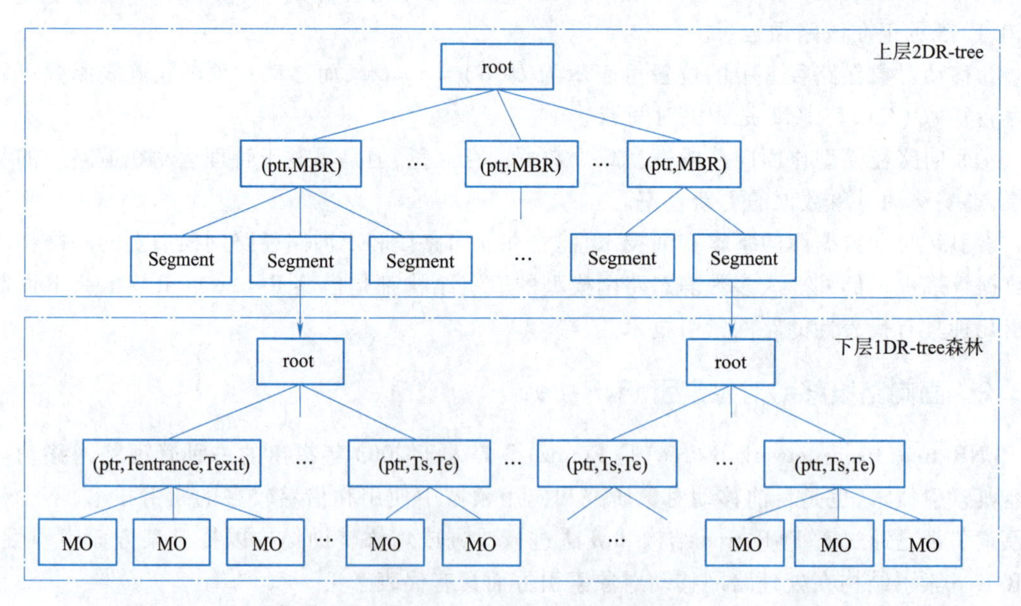

图 4-8　FNR-tree 的两层索引架构

2. FNR-tree 查询

R-tree 是一种高度平衡树且是一种支持完全动态的空间索引,其插入、删除和查询都可随时进行,不需要周期性地进行索引结构重组。FNR-tree 索引以 R-Tree 为基础,继承了 R-tree 这些优良特性,利用两层 R-tree 结构将移动对象信息、空间信息和时间信息三者有机结合,具有较高空间利用率且在窗口查询方面有较好的性能。

(1)窗口查询

基于 FNR-tree 的查询操作通过下述步骤实现：

①在 2DR-tree 中搜索与空间查询窗口相交的线段，记录相应叶结点上路段 id 和 R-tree 指针。

②由指针进入相应 1DR-tree 执行 R-tree 搜索算法并记录其搜索结果所对应的 id。

③对②中 id 与①中 id 求交获得最终查询结果。

由于 R-tree 数据操作采用“自顶向下”搜索策略，因此 FNR-tree 每次查询或更新都将执行两次 R-Tree 的自顶向下搜索。例如，查询某给定矩形区域一段时间内移动对象时，首先要查询所有在该时间段内或与该区域相交的索引项，算法从 2DR-tree 根结点开始，自顶向下搜索所有 MBR 中与查询区域有关的数据项直到叶结点。然后根据 2DR-tree 叶结点所对应 1DR-tree，对 1DR-tree 再进行一次自顶向下过程以搜索所有与查询时间段相交的 1DR-tree 叶结点，返回所有相交叶结点移动对象信息，至此完成查询。查询算法可能还将搜索树中多个分支。

FNR-tree 在对移动对象精确匹配搜索过程中，可能需要从顶部同时向多个叶子方向遍历，如果查到 2DR-Tree 中满足条件的多个叶结点，可能还要搜索所有与其对应的 1DR-tree，直到找到与此匹配的移动对象数据才能终止。因此，这种搜索方式会导致较大的结点 I/O 代价和 CPU 消耗，FNR-Tree 查询性能就会受到一定影响。

(2)路径查询

路径查询可表示为二元组 road_query = (road, t_1, t_2)，其语义表示在 [t_1, t_2] 时间段内，行驶在路径 road 上的所有移动对象。

由于 FNR-tree 以路段为单位进行存储，并未记录路段与路段间的关联信息。进行路径查询时，首先在上层 2DR-tree 中通过递归算法查找所有与查询路径有关的路段；找到路段后，再对满足条件路段所指向的下层 1DR-tree 进行搜索，通过时间窗口查找到满足查询条件的移动对象数据。此时，FNR-Tree 在路径查询中存在冗余重复搜索，索引结构查询效率有所降低。

在对过去轨迹查询过程中，需要遍历整棵上层 2DR-tree 和下层 1DR-tree 森林，导致查询性能随索引移动对象数量的增加，算法磁盘 I/O 次数呈指数级增长。这说明，尽管在理论上 FNR-tree 可以支持移动对象历史轨迹查询，但实际应用中却不易实现这样的查询请求。

3. *FNR-tree 更新*

FNR-tree 以路径路段为空间粒度构建索引，其中 2DR-tree 管理路网中路段信息，其中每个叶结点中包含一个指向其对应 1DR-tree 的指针。对应 1DR-tree 用于记录某个时间间隔内相应路段上移动对象的运动信息。除非路网中线路发生变化，一般情况下对 2DR-tree 极少进行更新，而 1DR-tree 则会根据路网中移动对象的运动情况进行动态更新。

FNR-tree 的插入算法仅考虑当移动对象插入新时刻产生的时空数据，而不考虑历史时刻的数据修改或者更新。主要有以下两个步骤：

①对 2DR-tree 执行 Guttman 的 R-tree 搜索算法，找到 2DR 树中符合条件的叶结点记录项，即找到相符的线段，并记录该叶结点对应的 1DR-tree。

②对第一步得到的 1DR 树执行 Guttman 的 R-tree 插入算法。由于 1DR-tree 针对的都是一维时间期间的索引，因此总会呈现出新插入结点只要插入到 1DR-tree 的最右结点的状况。这给 1DR-tree 的插入减少了开销，同时也为 1DR-tree 保持着较好的索引结构，如图 4-9 所示。

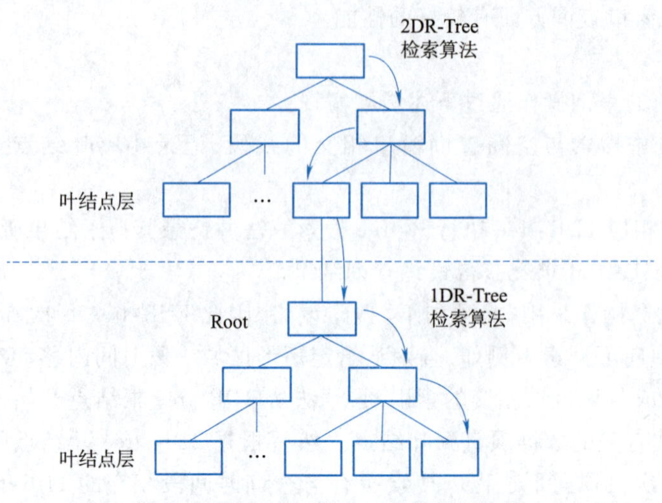

图 4-9　FNR-tree 插入一个新的记录项

FNR-tree 以路段为基本元素建立索引,这将导致当路段信息较为复杂时 2DR-tree 会产生大量叶结点,且当移动对象从一个路段进入到另一个路段时需要对底层 1DR-tree 进行大量的更新操作。

4. FNR-tree 不足之处

①不易查询历史轨迹:FNR-tree 在进行历史轨迹和路径查询过程中需要搜索整个上层 2DR-tree 中路段,可能出现大量无效路径查询,系统要付出较高查询代价。

②2DR-tree 过多叶结点:2DR-tree 每个叶结点仅包含一条路段,路网中大量的路段就会产生大量叶结点,这些叶结点中缺乏移动对象数目信息,使得移动对象流量查询实现困难。

③产生无效查询路径:FNR-tree 沿用 R-tree 自顶向下搜索策略,精确查询时可能需要从顶部同时向多个叶子方向遍历,造成大量重复和无效的查找路径,消耗系统资源。

④路段间缺乏联系:FNR-tree 采用路段存储模式,缺少路段之间连接信息,在进行路径查询时需要遍历上层 2DR-tree 以搜索查询路径有关的路段,对系统性能影响较大。

⑤实际处理不够细致:FNR-tree 将移动对象视为随机在路网中运动,为了简单,将移动对象出现在路网每个位置的概率视为均等的。在现实路网中,不同路径上交通繁忙程度不同,有运动和静止的、速度快与速度慢的,相应移动对象的更新与查询请求的频率也不尽相同。由于 1DR-tree 只记录移动对象存在于路径的时间段,难以反映移动对象在路径中间停止运动或者改变方向的具体信息。

正是出于解决上述不足的需要,人们对 FNR-tree 提出了各类改进方案,MON-tree 就是其中之一。

4.3.3　MON-tree

为克服 FNR-tree 的不足,Victor 等在 2004 年提出 MON-tree(moving objects in networks tree)。

1. MON-tree 架构

MON-tree 是一个两层混合索引结构,由上下两层 2DR-tree 和沟通两层 R-tree 相互间关联的哈希结构组成。MON-tree 适用于静态路网模型的两种模型,即面向边和面向道路的路网模型,且对于不同的应用可灵活采用不同路网模型方法,如图 4-10 所示。

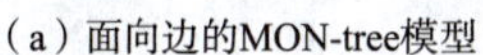

(a) 面向边的MON-tree模型

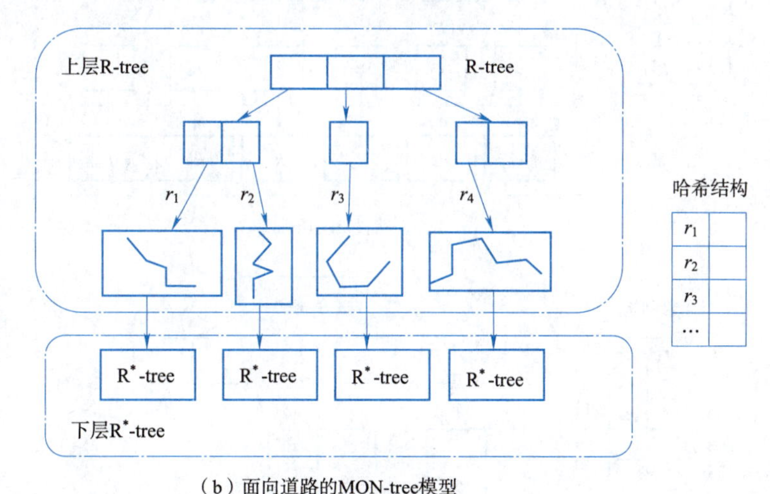

(b) 面向道路的MON-tree模型

图 4-10 针对两种路网模型构建的 MON-tree

由于上层的 R-tree 只记录了移动对象所经过的路线,MON-tree 存储的数据比 FNR-tree 简洁,提高了索引的效率。

①上层 R-tree:MON-tree 上层由一棵于 2DR-tree 和一个 Hash 表组成,其中,2DR-Tree 针对路网拓扑结构建立索引,Hash 表用于建立上下层之间的关联。

• 2R-tree 非叶结点项(MBR,childPtr),其中 MBR 指包含所有子结点的最小限定矩形;childPtr 是指向叶结点的指针。

• R-tree 叶结点项(MBR,treePtr,polyPtr,ptr),其中 MBR 是包含该条路径上所有移动对象的最小外接矩形,每个叶结点只包含一条路径;ptr 是指向下层 R-tree 森林的指针,对应于该条路径上的移动对象;treePtr 为双向指针,指向路径哈希表;polyPtr 指向路径实际存储的物理位置。

• Hash 表用于快速定位上层 R-tree 的叶结点中的路径,数据项结构为二元组(roadsid,treePtr),其中 roadsid 是叶结点中路径的标识符;treePtr 指向上层 2DR-tree 叶结点对应的路段。

②下层 2DR-tree 森林:MON-tree 下层部分针对路网移动对象建立索引,形成一组索引时间

信息的 2DR-tree 森林,用于构建移动对象位置信息。位置数据项的数据结构为二元组((pos_1,pos_2),(t_1,t_2)),实际上也可将该二元组看作是一个 MBR,pos_1、$pos_2 \in (0,1)$,分别表示 t_1 和 t_2 时刻位置。

- 2DR-tree 叶结点项(MBR,roadsid,objid),其中 MBR 是包围该对象的最小限定矩形;roadsid 是路径标识符;objid 是移动对象标识符。
- 非叶结点数据项和上层非叶子结点数据项类似且含义相同。

MON-tree 可适用于静态路网模型中两种模型,即面向路段和面向路径模型,对于不同应用而灵活选取所需要的数据模型。基于两种路网模型的 MON-tree 结构实例分别如图 4-11(a)、图 4-11(b)所示。

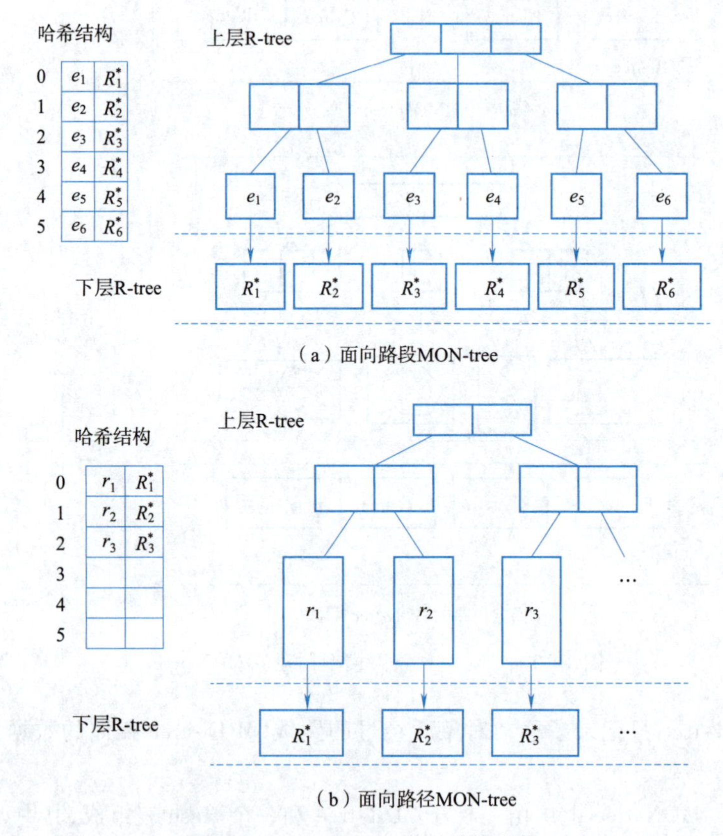

图 4-11 MON-tree 索引结构实例

当 MON-tree 采用路径为索引单位时,能够减少叶结点个数,存储数据比 FNR-tree 更加简洁,这样不仅减少记录个数,而且降低了在表示移动对象跨越不同下层 2DR-tree 时的工作量。实验表明,相对于 FNR-tree,MON-tree 具有更好的系统性能。MON-tree 采用面向路径模型时,可能会由于路径过长而产生死空间。

MON-tree 可以有效支持窗口查询以及范围查询,但若进行网络拓扑查询,如轨迹查询,则需要遍历下层的 2DR-tree 森林,查询效率较低。为了确定,以下讨论 MON-tree 时采用面向路径模型。

2. 窗口查询和插入更新

MON-tree 主要适合于窗口查询。由于需要记录历史数据,数据更新主要是插入操作。

(1)窗口查询

窗口查询(范围查询):输入查询窗口参数 $w=(p_1,p_2,t_1,t_2)=(x_1,x_2,y_1,y_2,t_1,t_2)$ 后相应查询步骤如下:

①在上层 2DR-tree 中查询与 $r=(x_1,x_2,y_1,y_2)$ 相交的路径(折线)MBR,得到路径 id。

②根据得到的路径 id,查询相应路径的存储数据,获取与 r 相交得到折线间隔的集合,并将这些间隔转换为查询窗口集合 $w'=\{(p_{11},p_{22},t_1,t_2),\cdots,(p_{n1},p_{n2},t_1,t_2)\}$,其中 n 表示集合中窗口个数,$n\geqslant 1$。

③调用经典的 R-tree 查询算法,将得到的 w' 中每个查询窗口对应的 MBR 在相应底层 2DR-tree 中进行查询匹配,以得到最终查询结果。

(2)插入更新

MON-tree 中数据插入存在如下两种情形:

①路径插入:这种情况相对简单,只需要向 Hash 表中直接加入线段 id 即可,插入记录项为(polyId,null)。由于是新增路径,尚未存储移动对象在该路径上的运动信息,所以该路路径对应的下层 2DR-tree 指针为空。一旦发生移动对象在该线段上的运动,为其构建下层 2DR-tree,修改相应空指针为指向该 2DR-tree 的实际指针,并插入该路径到顶层的 2DR-tree 中。如此可减小顶层 2DR-tree 的规模,避免对其查询时可能产生的不必要开销。

②运动信息插入:插入记录项(moId,polyId,p,t),其中 moId 为移动对象 id,polyId 为线段 id,p 为移动对象在线段上的始点和终点且 $p=(p_1,p_2)$,t 为移动对象在线段上时间期间且 $t=(t_1,t_2)$。

首先,运动信息插入算法在 Hash 表中通过 polyId 搜索相应线段,如果线段对应的底层 2DR-tree 为 null,则新建一棵 2DR-tree,将 Hash 表中相应的 null 替换为指向该 R-tree 的指针,并将表示该线段的 MBR 插入顶层的 2DR-tree,然后通过经典 R-tree 插入算法将 STR(p_1,p_2,t_1,t_2) 插入到新建的底层 2DR-tree。

4.3.4　PPFN*-tree

PPFN*-tree(past-present-future index of moving object on road network tree)是由 Fang 等在 2013 年提出的路网移动对象索引,它既支持移动对象的历史轨迹查询,也支持当前及将来轨迹查询,此索引结构包括动态部分和静态部分。静态部分包含一棵 2DR*-tree 以及一个 Hash 结构 H_1;动态部分包含一个 TB*-tree 的集合、一个 HTPR*-tree 的集合以及一个哈希结构 H_2,如图 4-12 所示。

其中,2DR*-tree 索引路网路段;TB*-tree 索引移动对象沿着路网折线段的历史轨迹信息;HTPR*索引移动对象最近当前的位置;哈希结构 H_1 中每一项的结构为(polyid,tree1pt,tree2pt),其中 polyid 为折线标识,tree1pt 和 tree2pt 分别为路网道路对应 TB*-tree 和 HTPR*-tree 的指针,H_1 主要是为了提高更新和查询性能;而 H_2 中每一项的结构为(oid,ptr),其中 oid 为移动对象标识,ptr 为对应 HTPR*-tree 叶结点记录项的指针,H_2 主要是为了提高轨迹查询性能。

TB*-tree 的非叶结点结构为($\mathrm{ptr}_{\mathrm{parent}}$,($\mathrm{ptr}_1$,$\mathrm{MBR}_1$),…,($\mathrm{ptr}_k$,$\mathrm{MBR}_k$)),其中 $\mathrm{ptr}_{\mathrm{parent}}$ 是一个指向父结点的指针,以便使用自底向上的插入策略时改善性能;叶结点结构为(oid,polyid,$\mathrm{ptr}_{\mathrm{parent}}$,$\mathrm{ptr}_{\mathrm{prev}}$,$\mathrm{ptr}_{\mathrm{next}}$,$(m_1,t_1)$,…,$(m_k,t_k)$),$m_i$ 是指在 t_i 时刻移动对象在折线上的相对位置度

量,ptr_{prev}和 ptr_{next}分别指向移动对象的前一个轨迹段和后一个轨迹段。HTPR*-tree 叶结点记录项结构为(oid,m,v,ptr,t),其中 oid 是对象标识,ptr 是指向对应 TB*-tree 中包含最近一段历史轨迹的那个叶结点,m 是在折线上的相对位置,v 是速度;非叶结点记录项结构为(ptr,tpbr,st_1,st_2),ptr 是指向孩子结点的指针,st_1 是指对应孩子结点中的移动对象最早更新时间,st_2 是指最晚更新时间,tpbr 是时间参数化限定矩形。

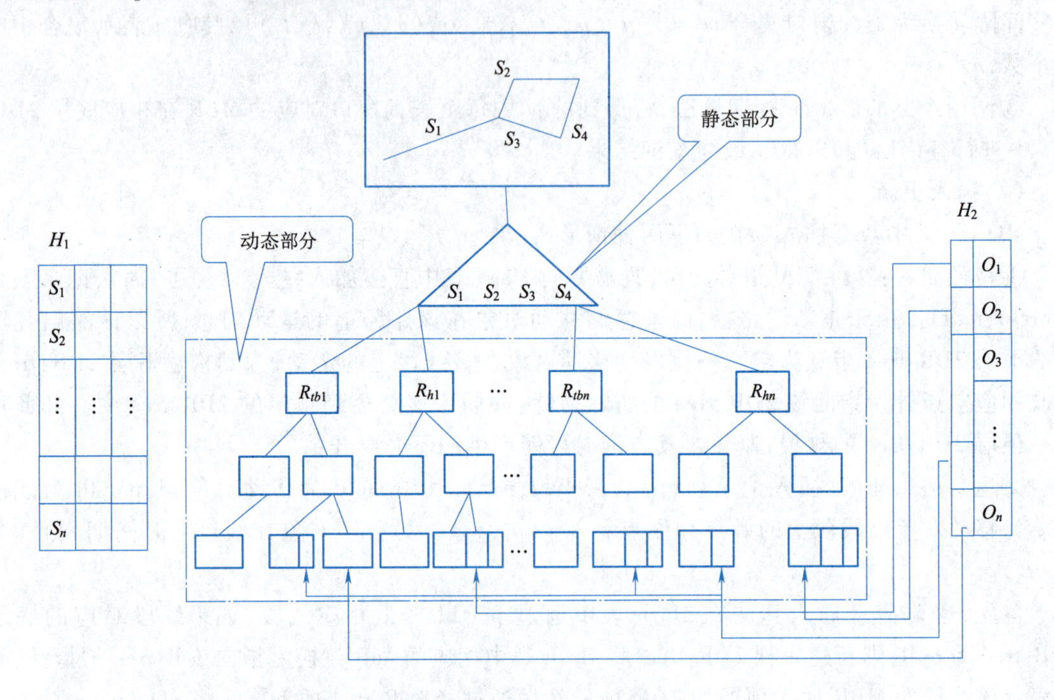

图 4-12 PPFN*-tree 的索引结构

PPFN*-tree 的插入算法步骤分为三步:

①根据移动对象所在路网折线的折线标识 polyid 在 H_1 中找到折线对应的 HTPR*-tree。

②将记录项(oid,tpp,ptr,st)(ptr 为空)插入到 HTPR*-tree 的叶结点。

③更新哈希结构 H_2。

PPFN*-tree 的更新算法思想,首先根据 oid 查找 H_2 得到对应 HTPR*-tree 的叶结点和 TP*-tree 的叶结点,其次更新 HTPR*-tree 中的当前位置信息,最后将历史轨迹段插入到 TB*-tree 中。在更新 HTPR*-tree 时,采用自底向上的更新策略。

PPFN*-tree 支持三种查询类型,时空范围查询、轨迹查询和拓扑查询。时空范围查询首先查询上层 R*-tree 得到折线相交片段,再与查询时态构成查询窗口在下层的 HTPR*-tree 或者 TP*-tree 上查询得到结果。轨迹查询首先使用哈希结构 H_2 得到对应的 HTPR*-tree 或者 TP*-tree,然后直接查询得到结果。拓扑查询与时空范围查询类似。

4.3.5 DISC-tree

DISC-tree(a two-tiered dynamic index structure of moving objects based on constrained networks tree)是一种双层索引结构,上层是一棵 2DR*-tree,下层是一片 2DR-tree 森林,此外还有两个辅助的哈希结构 RoadHashTable 和 TrajectoryHashTable。

上层 2DR*-tree 用于索引路网路段,其叶结点记录项为(MBR,id,e),其中 MBR 为该路段最小包围矩形,id 为该结点在索引结构中的标识,e 为路网路段;非叶结点记录项为(MBR,id,ptr),其中 MBR 为包含子结点的最小包围矩形,id 为该结点在索引结构中的标识,ptr 为指向孩子结点的指针。

下层每一棵 2DR-tree 对应路网中一条道路,用于索引移动对象在此道路上的运动轨迹,其叶结点记录项为(MBR,id,mv_s,mv_e),其中 MBR 为最小包围矩形,id 为叶结点的标识,mv_s 和 mv_e 分别为该轨迹段的起始和结束矢量;非叶结点记录项为(MBR,id,ptr),其中 MBR 为最小包围矩形,id 为非叶结点标识,ptr 为指向孩子结点的指针。

RoadHashTable 中每一项的形式为(rid,ptr),其中 rid 是路网道路标识,ptr 是指向道路对应的下层 2DR-tree 指针;TrajectoryHashTable 中每一项的形式为(mid,doublelinkedlist),其中 mid 为移动对象标识,doublelinkedlist 为双向链表,链接着此移动对象所有的轨迹段,双向链表中的每一项都指向下层 2DR-tree 中叶结点的一个记录项。

DISC-tree 插入算法的主要步骤如下:

①根据移动对象的空间位置信息,查找上层 2DR*-tree,得到对象所在的路网路段以及路网道路信息。

②通过第①步的结果,计算得到移动对象在路网道路上的相对位置,并生成(mid,type,t,v,rid,pos)。

③通过路网道路标识 rid 访问辅助结构 RoadHashTable,得到对应下层 2DR-tree。

④根据移动对象标识 mid 访问辅助结构 TrajectoryHashTable,得到移动对象轨迹段链表和表尾项 t。

⑤若 t 为空,表示初次插入该对象的轨迹信息,则插入活动轨迹单元到下层对应 R-tree 中,并记录下在 R-tree 中的位置 uid,生成移动对象轨迹链表,并在链表末尾插入一项。

⑥若 t 不为空,根据 t 中的 uid 信息在下层 R-tree 中删除活动对象轨迹单元,并插入连续轨迹单元和新的活动轨迹单元,最后在轨迹链表中删除 t。

⑦在轨迹链表中添加两项新的轨迹段。

DISC-tree 的查询算法主要步骤如下:

①根据查询窗口的空间位置信息,查找上层 2DR*-tree,得到所在的路网路段以及路网道路信息。

②根据①的结果,计算得到移动对象在道路上的相对位置,最后转换成下层 R-tree 的查询窗口集。

③使用②得到的查询窗口集,在道路标识对应的下层 2DR-tree 中查找相交的轨迹信息。

4.4　基于时空相点的路网移动对象数据索引 PM-tree

在许多现实应用中,移动对象大多被限定在特定的或者具有一定规律的网络中,因此路网移动对象索引成为时空数据索引研究的一个重要应用分支。本节提出了一种基于时空相点分析的路网移动对象数据索引 PM-tree(phase-point moving object tree)。PM-tree 是一个两层混合索引结构,上层由一个索引道路网络信息的 2DR*-tree 和一个链接上下层结构的哈希映射组成;下层由一个索引移动对象运动信息的 PM-tree 森林和一个记录移动对象最新近运动轨迹线段的哈希映射组成。

PM-tree 目的在于提高路网中移动对象时空信息的存储以及查询的效率，创新点在于把二维的时空数据矩形通过映射函数投影成带参数的一维“时空相点”数据，实现了时空数据的降维。本节首先将路网中的移动对象轨迹信息建模为时空数据矩形集合，进而把二维的时空矩形通过映射函数投影成带参数的一维“时空相点”数据。然后，讨论了时空相点集合上基于相点偏序关系的数据结构，同时研究了时空矩形与时空相点关系。最后，构建了效率较为理想的基于时空相点偏序结构的路网移动对象索引 PM-tree，并提出了关于 PM-tree 的“一次一集合”的查询模式和动态更新算法。

4.4.1 时空相点分析与数据结构

基于定义 4-3 可知，移动对象 O 在线路 R 上的运动轨迹可以用 TSDR 的序列表示，因此仅需要对 TSDR 数据进行处理方可得到 O 的运动轨迹信息。然而，TSDR 作为一个二维时空矩形，若直接对其进行数据操作，处理效率难免会相对较低。因此，本小节基于 TSDR 数据的固有特性提出运用数学映射方法把二维的 TSDR 矩形投影成带参数的一维时空相点，从而实现提高移动对象运动信息的处理效率。

定义 4-5　时空相点映射(phase points mapping)　相点映射定义如下：

$$S=(d_1,d_2;t_1,t_2)\rightarrow P=(\langle a,b\rangle,d_1,d_2,t_1,t_2)$$

$$a=d_1\times\sqrt{2}+\frac{t_1-d_1}{\sqrt{2}}=\frac{t_1+d_1}{\sqrt{2}}$$

$$b=d_2\times\sqrt{2}+\frac{t_2-d_2}{\sqrt{2}}=\frac{t_2+d_2}{\sqrt{2}}$$

其中，P 称为时空数据矩形 S 对应的时空相点(temporal-spatial phase point, TSPP)，$<a,b>$ 称为 P 的时空相点坐标，d_1,t_1,d_2,t_2 称为 P 的时空判定参数。TSDR 与相点 P 的映射关系如图 4-13 所示。

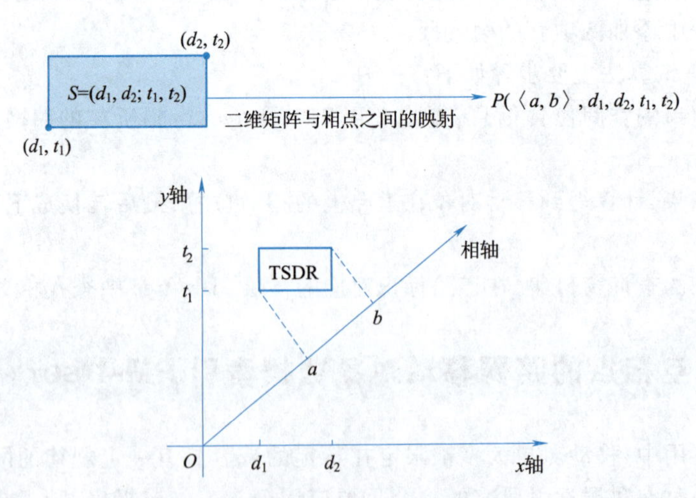

图 4-13　TSDR 与相点 P 的映射关系

对于时空相点 P 的时空相点坐标$\langle a,b\rangle$，不但可以看作相平面上的点坐标，还可以视为其相应 TSDR 在相点轴(phrase-axis)的投影线段(a,b)。由于时空相点坐标$\langle a,b\rangle$与 TSDR 的相点轴投影线段(a,b)是1-1对应,以下将不加区别地“混淆”使用$\langle a,b\rangle$和(a,b)。为了简化计算,不妨把a、b均放大倍,则有$a=t_1+d_1$,$b=t_2+d_2$。

定义4-6　移动对象时空相点模型(moving object phase point model)　移动对象在线路R上的运动轨迹数据——TSDR序列可建模为相平面上的一个时空相点TSPP序列$\Sigma=\langle P_1,P_2,\cdots,P_n\rangle$。

【例4-2】　对于例4-1中移动对象m在线路R上的运动轨迹数据,其对应的时空相点序列Σ见表4-2,Σ在相平面分布如图4-14所示。

表4-2　移动对象时空相点序列Σ

移动对象	时空数据矩形	时空相点
o_1	(0,3;0,1)(3,8;1,5)	(⟨0,4⟩,0,3,0,1),(⟨4,13⟩,3,8,1,5)
o_2	(0,3;2,4)(3,8:4,7)	(⟨2,7⟩,0,3,2,4),(⟨7,15⟩,3,8,4,7)
o_3	(0,6;4,8)	(⟨4,14⟩,0,6,4,8)
o_4	(3,6;4,8)	(⟨7,14⟩,3,6,4,8)
o_5	(3,8;2,7)	(⟨5,15⟩,3,8,2,7)
o_6	(3,6;2,5)(6,8;5,6)	(⟨5,11⟩,3,6,2,5),(⟨11,14⟩,6,8,5,6)
o_7	(0,6;1,4)(6,8;4,6)	(⟨1,10⟩,0,6,1,4),(⟨10,14⟩,6,8,4,6)
o_8	(6,8;0,3)	(⟨6,11⟩,6,8,0,3)
o_9	(0,3;6,8)	(⟨6,11⟩,0,3,6,8)
o_{10}	(0,3;1,2)(3,6;2,6)	(⟨1,5⟩,0,3,1,2),(⟨5,12⟩,3,6,2,6)
o_{11}	(3,6;1,3)(0,3;3,6)	(⟨4,9⟩,3,6,1,3),(⟨3,9⟩,0,3,3,6)
o_{12}	(0,3;1,3)(3,8:3,7)	(⟨1,6⟩,0,3,1,3),(⟨6,15⟩,3,8,3,7)
o_{13}	(3,6,5,7)	(⟨8,13⟩,3,6,5,7)

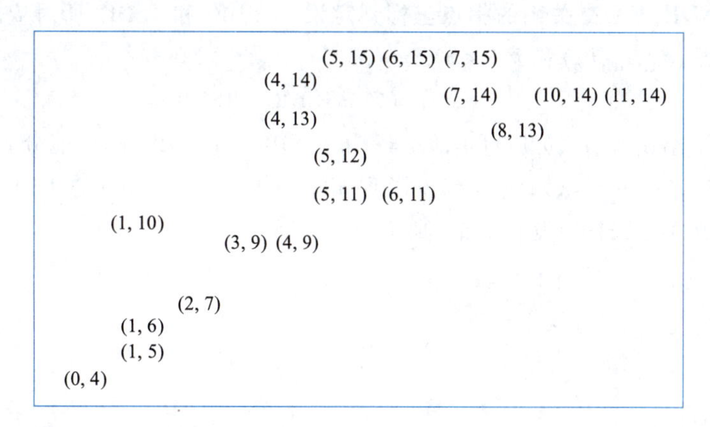

图4-14　Σ在相平面分布

定理4-1　TSDR相交关系的相点坐标判定　设TSDR_i和TSDR_j所对应的时空相点分别为$P_i(\langle a_i,b_i\rangle,d_{i1},d_{i2},t_{i1},t_{i2})$和$P_j(\langle a_j,b_j\rangle,d_{j1},d_{j2},t_{j1},t_{j2})$,由时空相点概念可以得到:

$$\mathrm{TSDR}_i\cap\mathrm{TSDR}_j\neq\varnothing\Rightarrow(a_i,b_i)\cap(a_j,b_j)\neq\varnothing$$

证明:图4-15给出$\mathrm{TSDR}_i\cap\mathrm{TSDR}_j\neq\varnothing$所有类型的情况,由此可看出,在相平面中,当$\mathrm{TSDR}_i\cap\mathrm{TSDR}_j\neq\varnothing$时,则$\mathrm{TSDR}_i$在相点轴上的投影线段$(a_i,b_i)$与$\mathrm{TSDR}_j$在相点轴上的投影线段$(a_j,

b_j)必然相交,即$(a_i,b_i)\cap(a_j,b_j)\neq\varnothing$。

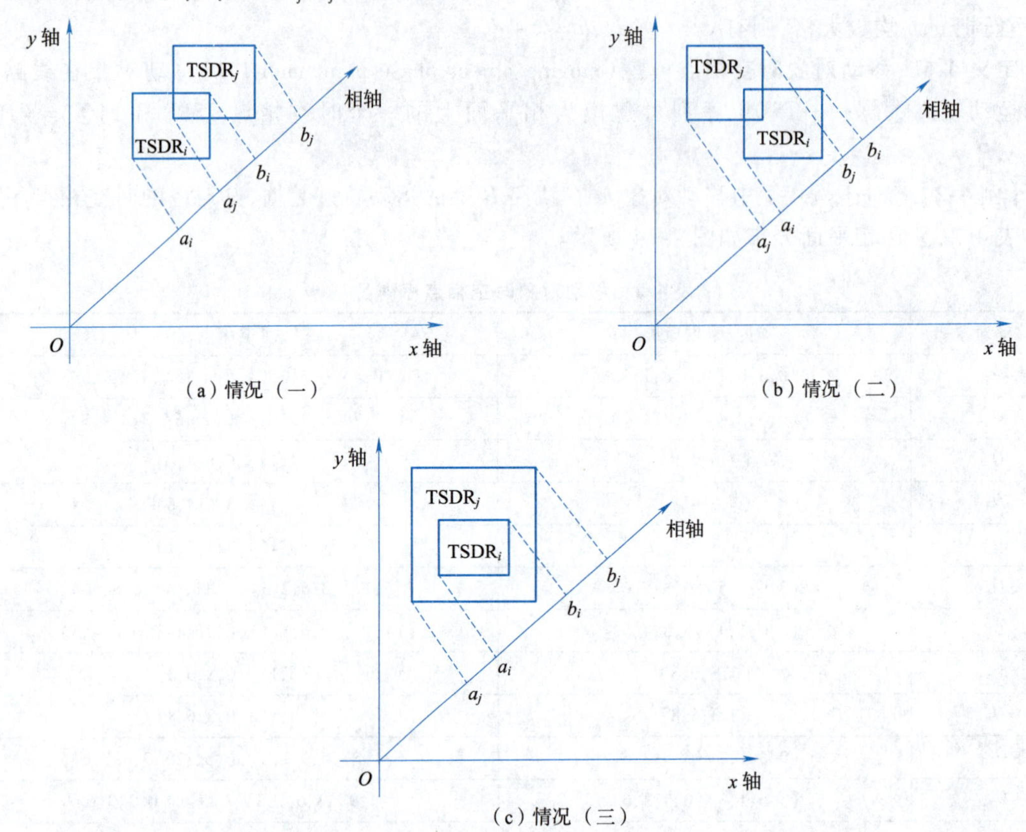

图 4-15　TSDR$_i$ 与 TSDR$_j$ 相交

定理 4-2　TSDR 不相交关系的相点坐标判定设　TSDR$_i$ 和 TSDR$_j$ 所对应的时空相点分别为 $P_i(<a_i,b_i>,d_{i1},d_{i2},t_{i1},t_{i2})$ 和 $P_j(<a_j,b_j>,d_{j1},d_{j2},t_{j1},t_{j2})$,则有:

$$(a_i,b_i)\cap(a_j,b_j)=\varnothing\Rightarrow \mathrm{TSDR}_i\cap \mathrm{TSDR}_j=\varnothing$$

证明　图 4-16 给出当$(a_i,b_i)\cap(a_j,b_j)=\varnothing$时 TSDR$_i$ 和 TSDR$_j$ 的可能分布。显然,在相平面中,如果$(a_i,b_i)\cap(a_j,b_j)=\varnothing$,则所有投影到相平面坐标为$(a_i,b_i)$的 TSDR$_i$ 与所有投影到相平面坐标为(a_j,b_j)的 TSDR$_j$ 没有交集,则 $\mathrm{TSDR}_i\cap\mathrm{TSDR}_j=\varnothing$。

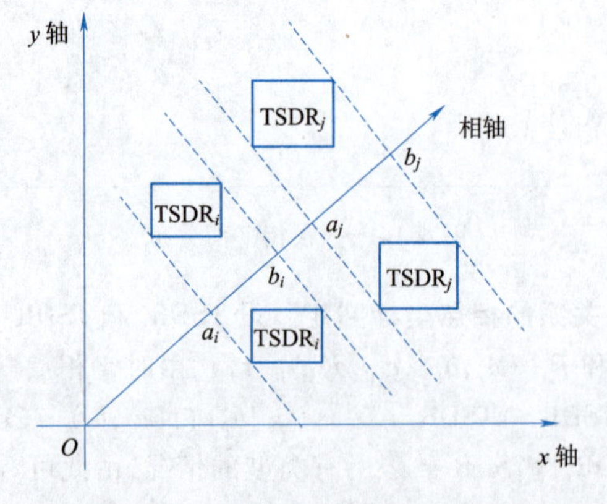

图 4-16　TSDR$_i$ 与 TSDR$_j$ 不相交

下文为叙述方便，在不引起混淆的情况下把相点 $P_i(\langle a_i, b_i\rangle, d_{i1}, d_{i2}, t_{i1}, t_{i2})$ 与 $P_j(\langle a_j, b_j\rangle, d_{j1}, d_{j2}, t_{j1}, t_{j2})$ 中的 $(a_i, b_i)\cap(a_j, b_j)$ 关系记为 $P_i \cap P_j$。

定义 4-7　相点拟序关系　设 Σ 为相点集合，对于 $P_i, P_j \in \Sigma$：

①若 $P_i \subseteq P_j$，即 $(a_i < a_j)\wedge(b_j < b_i)$，则称 P_i 与 P_j 具有关系"$\lesssim$"，记为 $P_i \lesssim P_j$。

②若 $\neg(P_i \lesssim P_j \vee P_j \lesssim P_i)$，则称 P_i, P_j 互不相容，记为 $P_i \not\subseteq \not\supseteq P_j$。显然，"$\lesssim$"是 Σ 集合上满足自反性和传递性的拟序关系。

定义 4-8 相点序划分(phase point order partition, PPOP)　设集合 $L \subseteq \Sigma$，若 $\forall u, v \in L$ 关于拟序"$\lesssim$"满足三歧性：$u \lesssim v \vee v \lesssim u \vee v = u$，则称 L 为 Σ 中相点序分支(Phase Point Order Branch, PPOB)，其中 L 中的元素按"从大到小"排列，即若 $u \lesssim v$，则 v 排在 u 的前面。如果 Σ 上的 PPOB 集合 Δ 构成 Σ 的一个划分，则称 Δ 为 Σ 上的一个相点序划分。

设有相点集合 $\Sigma = \{(a_i, b_j)\}$，其中 $u = (a_i, b_j)$ 可看作相平面上点，Σ 可看作相平面上的点集合 $H(\Sigma)$，Σ 和 $H(\Sigma)$ 可建立 1-1 的对应关系。在不引起混淆时，将不区分 Σ 和 $H(\Sigma)$。在 $H(\Sigma)$ 中把与 $u = (a_i, b_j)$ 具有相同始点 a_i 的点组成一列，记为 $\mathrm{col}(a_i)$。$\mathrm{col}(a_i)$ 右边最近邻列称为 $\mathrm{col}(a_i)$ 右邻列，记为 $\mathrm{col\_r}(a_i)$。在 $\mathrm{col}(a_i)$ 中，点 $u = (a_i, b_j)$ 的直接列后继结点记为 $\mathrm{col\_suc}(u)$，在 $\mathrm{col\_r}(a_i)$ 中，第一个满足 $b_q \leqslant b_j$ 的相点 $K = (a_p, b_q)$ 称为 u 的右邻列后继结点，记为 $\mathrm{col\_r\_suc}(u)$。

算法 4-1　相点序划分算法

Step 1　由 $H(\Sigma)$"最左上方"点 $P = (a_i, b_j)$ 开始，$n = 1$；

Step 2　将 P 加入输出列表 L_n；

①若 $\mathrm{col\_suc}(P)$ 存在，令 $P = \mathrm{col\_suc}(P)$，返回 Step 2；

②若 $\mathrm{col\_r\_suc}(P)$ 存在，令 $P = \mathrm{col\_r\_suc}(P)$，返回 Step 2；否则，若 $\mathrm{col\_r}(P)$ 存在右相邻列 $\mathrm{col\_r}(\mathrm{col\_r}(P))$，则令 $\mathrm{col\_r}(P) = \mathrm{col\_r}(\mathrm{col\_r}(P))$，返回②；

Step 3　输出列表 L_n；

Step 4　$H(\Sigma) = H(\Sigma)\backslash L_n$，若 $H(\Sigma) = \varnothing$，退出；否则，查找 $H(\Sigma)$"最左上方"点 K，并令 $P = K, n = n + 1$，返回 Step 2。

由上述算法可得到序列 $L_1, L_2, \cdots, L_m$，其中 $L_i(1 \leqslant i \leqslant m)$ 为 Σ 的 PPOB。Σ 所有 PPOB 的列表记为 $P(\Sigma) = \langle L_1, L_2, \cdots, L_m\rangle$，其中 $L_i(1 \leqslant i \leqslant m)$ 本身和其中的元素都按照算法 3-1 中获取顺序排序，则 $P(\Sigma)$ 构成 Σ 上的 PPOP。另外，记 $\max(L_i)$ 为 L_i 中的"最大元"，即"首"元素，$\min(L_i)$ 为 L_i"最小元"，即"尾"元素。

【例 4-3】　对于例 4-1 中移动对象数据，其对应的 PPOP 为 $P(\Sigma) = \langle L_1, L_2, \cdots, L_m\rangle$ 由算法 4-1 可得

$L_1 = \langle(0,4)\rangle$,

$L_2 = \langle(1,10)(1,6)(1,5)\rangle$,

$L_3 = \langle(2,7)\rangle$,

$L_4 = \langle(3,9)(4,9)\rangle$,

$L_5 = \langle(4,14)(4,13)(5,12)(5,11)(6,11)\rangle$,

$L_6 = \langle(5,15)(6,15)(7,15)(7,14)(8,13)\rangle$,

$L_7 = \langle(10,14)(11,14)\rangle$。

最终可得 PPOP 列表 $P(\Sigma) = \langle L_1, L_2, L_3, L_4, L_5, L_6, L_7\rangle$，如图 4-17 所示。

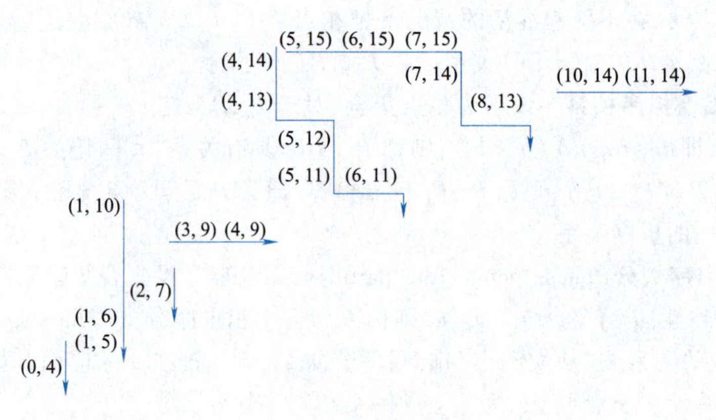

图 4-17　PPOP 实例

定理 4-3　相点序分支相交定理　设有相点序分支 $L_i = \langle p_1, p_2, \cdots, p_j, \cdots, p_{n-1}, p_n \rangle$，对于任意相点 P，若有 $p_j \cap P \neq \varnothing$，则 L_i 中所有位于 p_j 前的相点均与 P 相交，即($p_1 \cap P \neq \varnothing \wedge p_2 \cap P \neq \varnothing \wedge \cdots \wedge p_{j-1} \cap P \neq \varnothing$)。若有 $p_j \cap P = \varnothing$，则 L_i 中所有位于 p_j 后的相点与 P 均不相交，即($p_{j+1} \cap P = \varnothing \wedge \cdots \wedge p_{n-1} \cap P = \varnothing \wedge p_n \cap P = \varnothing$)。

证明：由定义 4-7 和定义 4-8 可得，对于 L_i 中的元素 p_k 和 p_j，若 $k<j$，则必有 $a_k < a_j \wedge b_j < b_k$。现假设 p_j 与相点 P 相交，即 $(a,b) \cap (a_j, b_j) \neq \varnothing$。由 $(a,b) \cap (a_j,b_j) \neq \varnothing \Leftrightarrow a_j < b \wedge a < b_j$，又 $a_k < a_j \wedge b_j < b_k$，则有 $a_k < b \wedge a < b_k$，因此 $p_k \cap P \neq \varnothing$。同理可得当 $k>j$ 时，若 $p_j \cap P = \varnothing$，则 $p_k \cap P = \varnothing$。

【例 4-4】　对于例 4-3 中的 $L_6 = \langle (5,15)(6,15)(7,15)(7,14)(8,13) \rangle$，设 $P=(3,6)$，观察定理 4-3 的合理性。

由 $(6,15) \cap (3,6) \neq \varnothing$，可得 $(5,15) \cap (3,6) \neq \varnothing$；由 $(7,15) \cap (3,6) = \varnothing$，可得 $(7,14) \cap (3,6) = \varnothing$ 且 $(8,13) \cap (3,6) = \varnothing$。

4.4.2　PM-tree 索引结构

时空相点移动对象数据索引 PM-tree 的结构分为路网信息处理模块和线路中移动对象运动信息处理模块。如图 4-18 所示，其中的路网信息处理模块由一棵存储路网信息的 2DR*-tree 和一个连接两模块的哈希映射 H_R 组成。线路中移动对象运动信息处理模块由一组记录线路 R_i 中移动对象运动信息的 PM-tree 和一个连接移动对象与其最新线段的哈希映射 H_m 组成。

PM-tree 的构建主要基于时空相点映射，是由 Root-level、Max-level、PPOP-level 和 O-level 构成的四层树状结构，如图 4-19 所示。

①Root-level：逻辑层，表示数据操作的入口。

②Max-level：由 PPOP-level 中各个 PPOB 中的最大元 $\max(L_i)$ 组成，且 $\max(L_i)$ 在该层的排列顺序与 L_i 在算法 4-1 中的获取顺序相对应。

③PPOP-level：由各个 $\max(L_i)$ 相对应的 PPOB 构成，且 PPOB 中的每个相点均带有一个指向 O-level 对象的指针。

④O-level：由每个相点对应的移动对象构成，用于存储移动对象的具体信息。

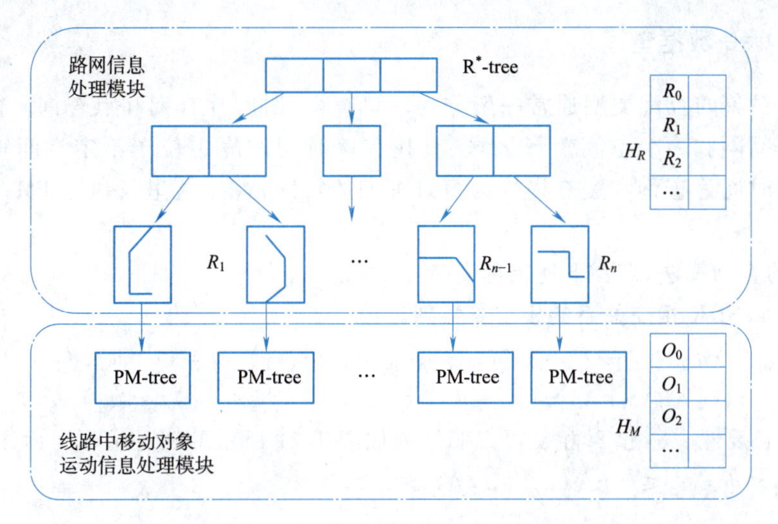

图 4-18　移动对象数据索引结构

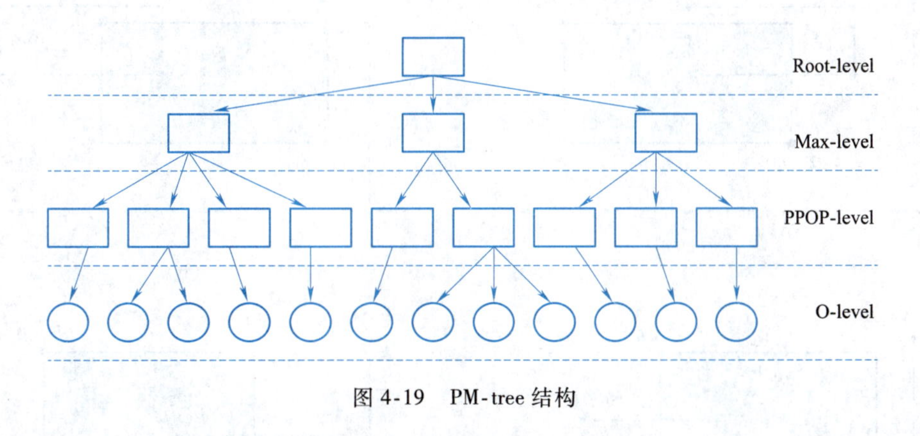

图 4-19　PM-tree 结构

【例 4-5】　例 4-2 的移动对象运动轨迹数据所构成的 PM-tree 如图 4-20 所示。

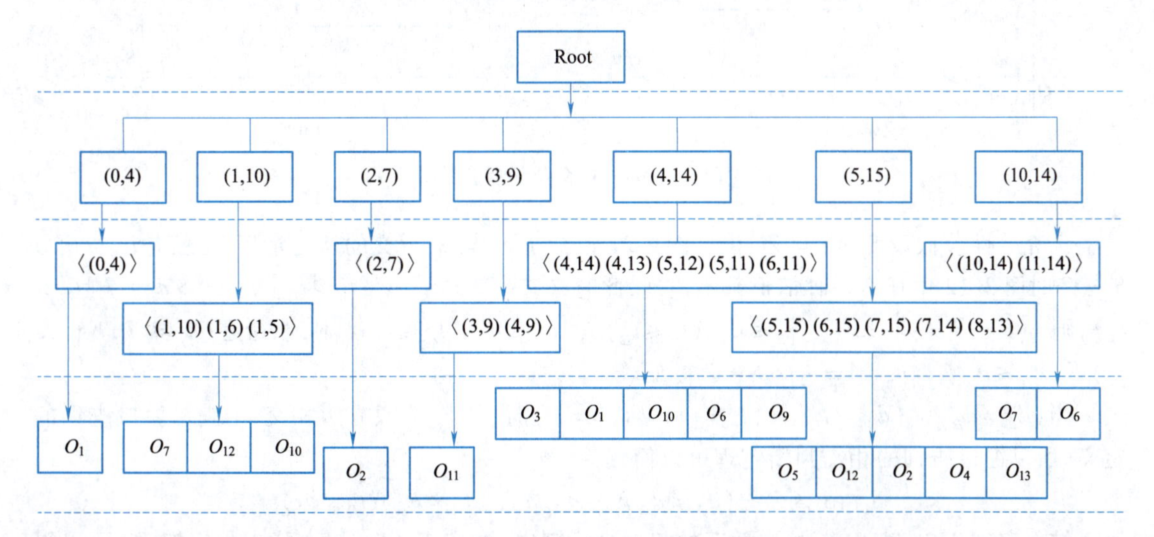

图 4-20　PM-tree 实例

4.4.3 PM-tree 数据查询

路网移动对象的查询类型通常一般分为窗口查询、时间片查询和点查询。窗口查询是指给定一个时间间隔和一个空间矩形区域，查找在该时间间隔中位于给定空间矩形区域上的移动对象。而时间片查询和点查询均为窗口查询的特殊情况，这里仅讨论 PM-tree 的窗口查询操作。

PM-tree 的查询算法，需要下述定理支持。

定理 4-4　TSDR 相交关系的相点参数判定

设 $S_i=(d_{i1},t_{i1};d_{i2},t_{i2})\to P_i=(\langle a_i,b_i\rangle,d_{i1},d_{i2},t_{i1},t_{i2})$，$S_j=(d_{j1},t_{j1};d_{j2},t_{j2})\to P_j=(\langle a_j,b_j\rangle,d_{j1},d_{j2},t_{j1},t_{j2})$，则 $S_i\cap S_j\neq\varnothing\Leftrightarrow(d_{j1}\leqslant d_{i2}\wedge t_{j1}\leqslant t_{i2})\wedge(d_{i1}\leqslant d_{j2}\wedge t_{i1}\leqslant t_{j2})$。

证明　①必要性。S_i 和 S_j 相交可以归结为如图 4-21 所示的四种情形。由图 4-21 可得 $S_i\cap S_j\neq\varnothing\Rightarrow(d_{j1}\leqslant d_{i2}\wedge t_{j1}\leqslant t_{i2})\wedge(d_{i1}\leqslant d_{j2}\wedge t_{i1}\leqslant t_{j2})$。

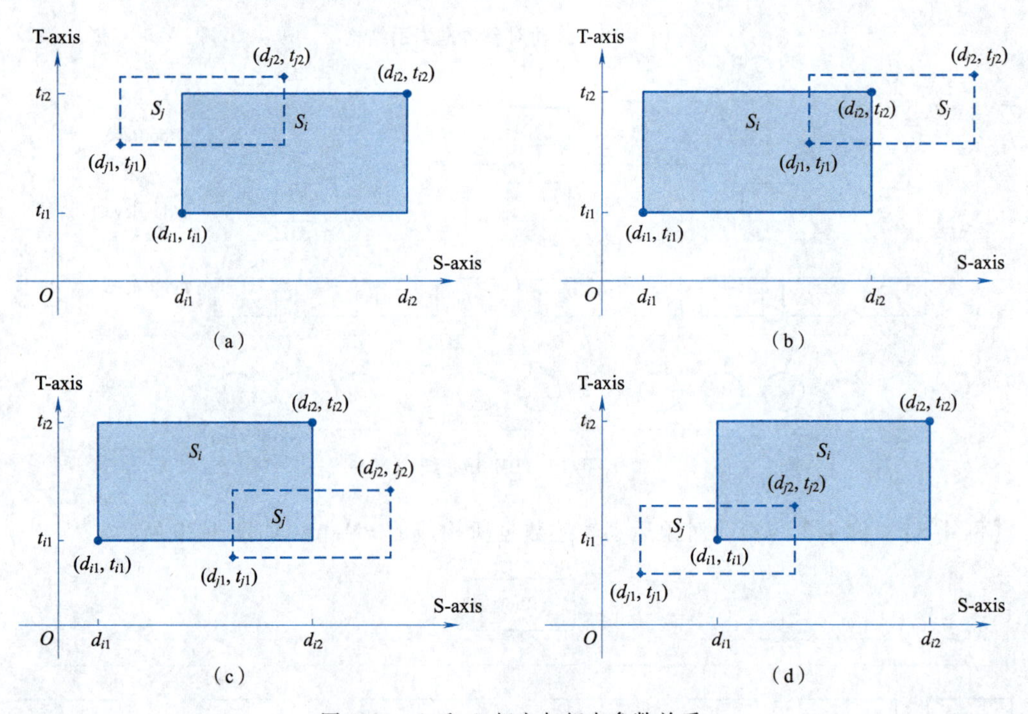

图 4-21　S_i 和 S_j 相交与相点参数关系

②充分性。假设 $S_i\cap S_j=\varnothing$，由于图 4-21 包括了 S_i 与 S_j 相交的所有情形，也就是说当 $S_i\cap S_j=\varnothing$ 时图 3-12 中任意一种情形都不出现，此时必有 $(d_{j1}>d_{i2})\vee(t_{j1}>t_{i2})\vee(d_{i1}>d_{j1})\vee(t_{i1}>t_{j1})$，则 $\neg(S_i\cap S_j\neq\varnothing)\Rightarrow\neg((d_{j1}\leqslant d_{i2}\wedge t_{j1}\leqslant t_{i2})\wedge(d_{i1}\leqslant d_{j1}\wedge t_{i1}\leqslant t_{j1}))$ 则，原命题 $(d_{j1}\leqslant d_{i2}\wedge t_{j1}\leqslant t_{i2})\wedge(d_{i1}\leqslant d_{j2}\wedge t_{i1}\leqslant t_{j2})\Rightarrow S_i\cap S_j\neq\varnothing$ 得证。

当 $(d_{i1}=d_{j2})\vee(d_{j1}=d_{i2})\vee(t_{j1}=t_{i2})\vee(t_{i1}=t_{j2})$ 时，S_i 与 S_j 只有边相交，不满足窗口查询的定义，所以窗口查询的相交判断定理可以简化为

$$S_i\cap S_j\neq\varnothing\Leftrightarrow(d_{j1}<d_{i2}\wedge t_{j1}<t_{i2})\wedge(d_{i1}<d_{j2}\wedge t_{i1}<t_{j2})$$

结合定理 4-2（TSDR 不相交关系的相点坐标判定）和定理 4-3（相点分支相交定理）可以得到基于时空相点移动对象数据索引 PM-tree 的窗口查询算法。

设给定查询窗口 $Q=\langle x_1,x_2,y_1,y_2;t_1,t_2\rangle$，查找在 t_1 到 t_2 时间中位于区域 MBR $=(x_1,x_2,y_1,y_2)$ 的移动对象。

算法 4-2　PM-tree 窗口查询算法

Step 1　在 PM-tree 的路网信息处理模块中对 2DR*-tree 从上往下进行搜索，查找与查询窗口 MBR 相交的叶结点 N_i，并记录 N_i 所对应的线路 R_i。

Step 2　对于找到的叶结点 N_i 通过其指向对象的指针找到线路真实表示，然后把线路与查询窗口 MBR 的相交区域转化成线路中移动对象运动信息处理模块的查询窗口集 $W=\{(d_{11},t_1;d_{12},t_1),\cdots,(d_{n1},t_1;d_{n2},t_2)\}$。

Step 3　由映射结构 H_R 查得线路 R_i 所对应的 PM-tree$_i$ 的逻辑入口，在 PM-tree$_i$ 中对于查询窗口集 W 的每个元素$(d_{k1},t_1;d_{k2},t_1)$，调用算法 4-3 进行查询并返回查询结果。

算法 4-3　PM-tree 窗口查询算法　设查询窗口为 $w=\langle d_1,t_1;d_2,t_2\rangle$，工作空间集为 L，查询候选结果集为 Γ，查询结果集为 $s\Gamma$，初始时，$L=\varnothing$，$\Gamma=\varnothing$，$s\Gamma=\varnothing$。

Step 1　把 $w=\langle d_1,t_1;d_2,t_2\rangle$ 映射为时空相点 $q=(\langle a,b\rangle,d_1,d_2,t_1,t_2)$。

Step 2　进入 PM-tree 的 Max-level 层，从左至右进行扫描。若 $q\cap\max(L_i)=\varnothing$，则 L_i 不是查询结果，继续扫描 L_i 的右兄弟结点；否则，$L=L\cup\{L_i\}$，继续扫描 L_i 的右兄弟结点。

Step 3　进入 PM-tree 的 PPOP-level 层对 L 中的 L_i 进行处理，若 $Q\cap\min(L_i)\neq\varnothing$，把 L_i 记为 $S(L_i)$，转向 Step 4；否则，刨除 L_i 的头结点后，对 L_i 执行二分操作，找到 L_i 中最后一个相点 P_k 使得 $P_k\cap q\neq\varnothing$，则 P_k 之后的点与 q 相交均为$\varnothing$，把 L_i 中从 $\max(L_i)$ 到 P_k 所组成的点集记为 $\mathrm{S}(L_i)$；若无这样的相点，转向 Step 5。

Step 4　$\Gamma=\Gamma\cup\{S(L_i)\}$，$L=L\backslash\{S(L_i)\}$。如果 $L\neq\varnothing$，转向 Step 3，否则，转向 Step 6。

Step 5　$\Gamma=\Gamma\cup\max(L_i)$，$L=L\backslash\{S(L_i)\}$。如果 $L\neq\varnothing$，转向 Step 3，否则，转向 Step 6。

Step 6　判断 Γ 中的时空相点 $P_j=(\langle a_j,b_j\rangle,d_{j1},d_{j2},t_{j1},t_{j2})$ 是否与查询窗口 w 相交，即判断 $(d_{j1}<d_2\wedge t_{j1}<t_2)\wedge(d_1<d_{j2}\wedge t_1<t_{j2})$ 是否成立，若相交则把 P_j 与 0-level 相应移动对象放入 $s\Gamma$，算法返回。

【例 4-6】　设给定 PM-tree 的时空查询窗口 $w=\langle 4,4;5,5\rangle$，例 4-3 中的移动对象轨迹数据的窗口查询过程如下：

Step 1　把 $w=\langle 4,4;5,5\rangle$ 映射为时空相点 $q=(\langle 8,10\rangle,4,5,4,5)$。

Step 2　进入 PM-tree 中 Max-level 层，从左至右进行扫描，把满足 $q\cap\max(L_i)\neq\varnothing$ 的 L_2、L_4、L_5、L_6 加入工作空间集 L 中，此时 $L=\{L_2,L_4,L_5,L_6\}$。

Step 3　进入 PM-tree 中 PPOP-level 层对 L 中 L_i 依次进行判断：

L_2：因为 $Q\cap\min(L_2)=\varnothing$，所以去掉 $\max(L_2)$ 对 L_2 剩下结点执行二分查找操作，查找不到相点 $P_k\cap q\neq\varnothing$，因此转 Step 4，把相点$(\langle 1,10\rangle,0,6,1,4)$加入 Γ。

L_4：因为 $Q\cap\min(L_4)\neq\varnothing$，所以转向 Step 4，把整条 $L_4=\langle(3,9)\ (4,9)\rangle$加入 Γ 中。

L_5：因为 $Q\cap\min(L_5)\neq\varnothing$，所以转向 Step 4，把整条 $L_5=\langle(4,14)\ (4,13)\ (5,12)\ (5,11)\ (6,11)\rangle$加入 Γ 中。

L_6：因为 $Q\cap\min(L_6)\neq\varnothing$，所以转向 Step 4，把整条 $L_6=\langle(5,15)\ (6,15)\ (7,15)\ (7,14)\ (8,13)\rangle$加入 Γ 中。

Step 4　此时 $\Gamma=\{(1,10),(3,9),(4,9),(4,14),(4,13),(5,12),(5,11),(6,11)(5,15),(6,15),(7,15),(7,14),(8,13)\}$。

Γ 对应的 TSDR 集合为{(0,1;6,4),(0,3;3,6),(3,1;6,3),(0,4;6,8),(3,1;8,5),(3,2;6,6),(3,2;6,5),(6,0;8,3),(0,6;3,8),(3,2;8,7),(3,3;8,7),(3,4;8,7),(3,4;6,8),(3,5;6,7)},判断 TSDR 集合中的 $S_i=(d_{i1},t_{i1};d_{i2},t_{i2})$ 是否满足 $(d_{i1}<5 \wedge t_{i1}<5) \wedge (4<d_{i2} \wedge 4<t_{i2})$,把满足条件的 S_i 于 O-level 相应移动对象集 $s\Gamma$ 中。最后 $s\Gamma=\{O_3,O_1,O_{10},O_6,O_5,O_{12},O_2,O_4\}$

4.4.4 PM-tree 数据更新

数据更新通常包括数据删除和数据插入。由于 PM-tree 着眼于索引移动对象在路网中的运动信息,而移动对象运动信息的更新主要考虑数据插入,因此这里仅研究基于数据插入的索引更新算法。

在索引结构中插入结点主要考虑以下两种情形:第一种情形,插入已有移动对象 O 的运动信息(x_i,y_i,t_i);第二种情形,插入一个新的移动对象 O 的运动信息(x,y,t)。

情形一的插入过程主要分为五个步骤:第一步,在路网信息处理模块中的 2DR*-tree 查找(x_i,y_i)所在的线路 R_i 并把二维坐标(x_i,y_i)转化为 R_j 距离参数 d_i;第二步,借助 H_R 找到 R_j 所对应的 PM-tree 入口并进入线路中移动对象运动信息处理模块;第三步,在哈希表 H_m 中查找移动对象 O 上一个运动信息(d_{i-1},t_{i-1}),把(d_{i-1},t_{i-1})和(d_i,t_i)组织成一个新的 TSDR$=(d_{i-1},t_{i-1};d_i,t_i)$;第四步,把哈希表 H_m 关于对象 O 的运动信息修改为(d_i,t_i);第五步,索引 TSDR$=(d_{i-1},t_{i-1};d_i,t_i)$的插入位置并插入。

情形二的插入过程主要分为五个步骤:第一步,在路网信息处理模块中的 2DR*-tree 查找(x,y)所在的线路 R_i 并把二维坐标(x,y)转化为 R_i 距离参数 d;第二步,借助 H_R 找到 R_i 所对应的 PM-tree 入口并进入线路中移动对象运动信息处理模块;第三步,在哈希表 H_m 中注册对象 O,并把对象 O 的运动信息设为(d,t);第四步,把(d,t)组织成一个新的 TSDR$=(d,t;d,t)$;第五步,索引 TSDR$=(d,t;d,t)$的插入位置并插入。

由于"情形二"和"情形一"插入过程相似,下面给出关于"情形一"和"情形二"的通用算法。

算法 4-4　PM-tree 插入更新算法　把移动对象 O 产生的运动信息(x,y,t)的移动对象索引 PM-tree 中。

Step 1　在 PM-tree 的路网信息处理模块中对 2DR*-tree 从上往下进行搜索,查找包含二维坐标(x,y)的叶结点 N_i,并记录 N_i 所对应的线路 R_i;通过 N_i 指向对象的指针找到线路真实表示,把二维坐标(x,y)转化为 R_i 距离参数 d。

Step 2　借助 H_R 找到 R_i 所对应的 PM-tree 入口并进入线路中移动对象运动信息处理模块。

Step 3　在哈希表 H_m 搜索 O,如果存在,读取对象 O 对应的条目 entry_k 并转 Step 4,否则,转 Step 5。

Step 4　把 entry_k 中的(d_{i-1},t_{i-1})和(d,t)组织成一个新的 TSDR$=(d_{i-1},t_{i-1};d,t)$,将哈希表 H_M 关于对象 O 的运动信息修改为(d,t),转 Step 6。

Step 5　在哈希表 H_M 中注册对象 O,并把对象 O 的运动信息设为(d,t),把(d,t)组织成一个新的 TSDR$=(d,t;d,t)$,转 Step 6。

Step 6　把 TSDR 映射为时空相点 $P(\langle a,b\rangle,d_1,d_2,t_1,t_2)$,调用算法 4-5 把时空相点 P 插入到 PM-tree 中。

算法 4-5　PM-tree 重构算法　把时空相点 $P(\langle a,b\rangle,d_1,d_2,t_1,t_2)$ 插入根地址为 Root 的 PM-tree 中。

Step 1　由 Root 地址进入 PM-tree 的 PPOP-level 并读取该层的 PPOB 集合 $P(\sum)=\langle L_1,L_2,\cdots,L_n\rangle$，令 $k=1$。

Step 2　若 $(a\geqslant \min(L_i).a \wedge b\geqslant \min(L_i).b)\vee(a\geqslant \max(L_i).a\wedge b\geqslant \max(L_i).b)$，参考图 3-25(a)，令 $k=k+1$，若在 $P(\sum)$ 中存在 L_k，则返回 Step 2，否则令 $L_k=\langle P\rangle$，程序返回。

Step 3　若 $a\leqslant \max(L_i).a\wedge b\geqslant \max(L_i).b$，则把 P 插入 L_k 的序列首部并修改 L_k 对应于 Max-level 的数据，程序返回。若 $a\geqslant \min(L_i).a\wedge b\leqslant \min(L_i).b$，则把 P 插入 L_k 的序列尾部，程序返回，参见图 3-25。

Step 4　若 $(a<\max(L_k).a\wedge b<\min(L_k).b)$，则 P 单独组成一个新的 PPOB，程序返回，参见图 3-25(c)。

Step 5　若 $(a<\max(L_k).a\wedge b>\min(L_k).b)$，则在 $L_k=\langle p_1,\cdots,p_{i-1},p_i,p_{i+1},\cdots,p_{j-1},p_j,\cdots,p_m\rangle$ 中二分查找到满足 $(a<a_i\wedge b>b_i)$ 的第一个相点 p_i，此时重构 $L_k=\langle P,p_i,p_{i+1},\cdots,p_{j-1},p_j,\cdots,p_m\rangle$，将片段 $\langle p_1,\cdots,p_{i-1}\rangle$ 作为新的插入点集合，参见图 3-25(d)；令 $k=k+1$，若在 $P(\sum)$ 中存在 L_k，则返回 Step 2，否则令 $L_k=\langle P\rangle$，程序返回。

Step 6　若 $(a>\max(L_k).a\wedge b<\min(L_k).b)$，则在 $L_k=\langle p_1,\cdots,p_{i-1},p_i,p_{i+1},\cdots,p_{j-1},p_j,\cdots,p_m\rangle$ 中二分查找到满足 $(a<a_i\wedge b<b_i)$ 的最后一个相点 P_i，此时重构 $L_k=\langle p_1,\cdots,p_{i-1},p_i,P\rangle$，将片段 $\langle p_{i+1},\cdots,p_{j-1},p_j,\cdots,p_m\rangle$ 作为新的插入点集合，参见图 3-25(e)；令 $k=k+1$，若在 $P(\sum)$ 中存在 L_k，则返回 Step 2，否则令 $L_k=\langle P\rangle$，程序返回。

Step 7　若在 $L_k=\langle p_1,\cdots,p_{i-1},p_i,p_{i+1},\cdots,p_{j-1},p_j,\cdots,p_m\rangle$ 中，$\forall p_i\in L_k$ 都不满足 $a<a_i\wedge b<b_i$，则令 $k=k+1$，若在 $P(\sum)$ 中存在 L_k，转向 Step 2，否则令 $L_k=\langle P\rangle$，程序返回。若 $\exists p_i\in L_k$ 都满足 $a<a_i\wedge b<b_i$，找到 L_k 满足该条件的第一个结点 p_i 和最后一个结点 p_j，此时重构 $L_k=\langle p_1,\cdots,p_{i-1},P,p_{j+1},\cdots,p_m\rangle$，将片段 $\langle p_i,\cdots,p_{j-1},p_j\rangle$ 作为新的插入点集合，参见图 3-25；令 $k=k+1$，若在 $P(\sum)$ 中存在 L_k，则返回 Step 2，否则令 $L_k=\langle p_i,\cdots,p_{j-1},p_j\rangle$，程序返回。

由图 3-25 的(d)、(e)、(f)可得，PPOB 的重构操作存在一定的传递性，也就是说，当插入相点 P 时可能会导致某条 PPOB 重组并带来新的插入点需要插入。因此，为了验证 PM-tree 数据更新的效率，有必要对 PPOB 重构操作的传递性强弱进行评估。

运用实验的方式对 PPOB 重构的传递性进行评估。实验首先运用对数据生成器生成 5×10^5 个时空矩形数据和 5 000 个待插入时空矩形。通过算法 4-1 把时空矩形数据构建 1 277 条 PPOB。然后，依次插入 5 000 个待插入时空矩形，并统计在其插入过程中所导致 PPOB 重建的数量。PPOB 重构情况见表 4-3。由表 4-3 可以看出，PPOB 重构的传递性不强。把 5 000 个时空矩形插入 1 277 条 PPOB 所组成的 $P(\sum)$ 中，90% 以上的插入只影响到 10 以内的 PPOB，其中 72.46% 的插入仅影响 1 条 PPOB。

表 4-3　插入更新时 PPOB 重建条数分布

需要重建 PPOB 数	1	2～5	6～10	11～25	25 条以上
5 000 个中引起需重建 PPOB 时间区间数	3 623	698	220	220	239
在 5 000 个时间区间中所占比率	72.46%	13.96%	4.40%	4.40%	4.78%

4.4.5 PM-tree 索引评估

本实验设计了相应的对比仿真实验来评估 PM-tree 的基本性能,实验采用的比较对象为 MON-tree。由于 PM-tree 和 MON-tree 都是两层混合索引结构,且上层结构均为 $2DR^*$-tree,因此为了简便,这里只对 PM-tree 索引的下层结构 PM-tree 和 MON-tree 的下层结构 R^*-tree 进行数据仿真与对比评估。论文使用的实验数据是利用数据生成器模拟移动对象在线路上的运动轨迹生成的 5 万、10 万、15 万、20 万、25 万个时空数据。实验的硬件环境为:处理器 AMD E-350 Processor 1.60 GHz,内存 2 GB;软件环境为:操作系统 Windows10 及以上版本,编程语言 Java。

1. 索引构建评估

下面从构建索引的空间开销和时间开销两个方面来对 PM-tree 和 R^*-tree 进行比较。如图 4-22 所示,随着移动对象数据量的增长,PM-tree 和 R^*-tree 的空间开销均呈近似线性增长,但 PM-tree 较 R^*-tree 更加优越。这主要是由于 R^*-tree 采用结点填充的方式建立索引,它把有效数据均存储于叶结点上且在中间结点上存储一定数量填充数据条目。而 PM-tree 则采用紧凑的存储方式,在其索引树上的每个结点均为有效数据,因此 PM-tree 可取得更优越的空间存储效率。

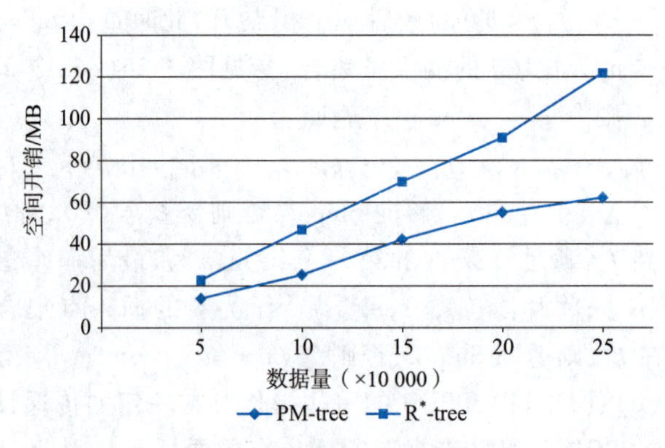

图 4-22 索引构建空间开销

在构建索引的时间开销方面,随着移动对象数据量的增长(见图 4-24),PM-tree 的构建时间开销比 R^*-tree 构建时间开销要大。这主要是由于 PM-tree 在索引构建前需要把移动对象的运动轨迹信息建模为时空数据矩形 TSDR,然后再把 TSDR 映射为时空相点;在构建索引时 PM-tree 还需要对相平面上的时空相点进行全局排序,然后再把排序后的时空相点组织成相点序分支结构 PPOB,最后再利用 PPOB 构建索引 PM-tree。而 R^*-tree 把移动对象运动产生的时态信息简单地等同于其空间信息进行处理,从而节省了 PM-tree 的预处理时间;在构建索引时 R^*-tree 采取了逐点插入的模式,虽然插入点有可能导致结点分裂,但其结点分裂的传递性不强,一般仅需要对其中的某个结点进行分裂即可满足插入需求。由此可见,R^*-tree 较 PM-tree 节省了时空信息预处理时间和相点的全局排序时间,因此取得了较高的构建时间效率。然而,构建 PM-tree 的一定时间开销可换来查询操作的高效率。由于建立索引的主要目的在于提高索引查询效率而非单纯地追求构建索引速度,并且在非频繁更新的情况下索引一旦建立即可保存起来无限重用,因此如果构建索引的时间消耗在一定范围内偏高也是可以接受的。由图

4-23 可看出，虽然 PM-tree 的构建时间较 R * -tree 偏大，但是从数据上看，对于 25 万的移动对象数据，其构建时间控制在 450 s 以内，在不要求快速建索引的情况下，该时间开销是可以被接受的。

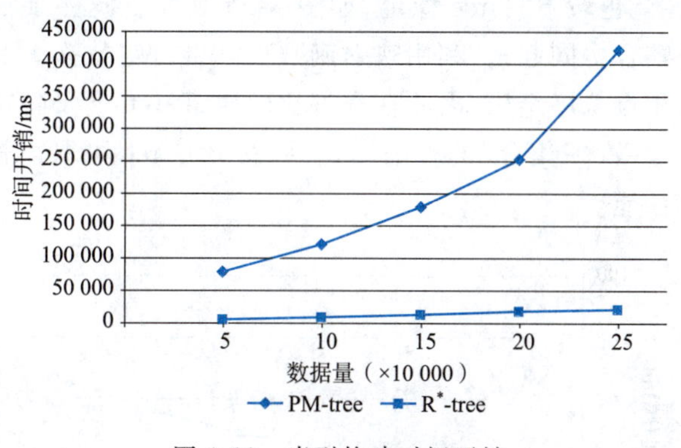

图 4-23　索引构建时间开销

2. 查询仿真评估

路网移动对象查询模式通常分为窗口查询、时间片查询和点查询，因此这里从上述三个方面设计仿真实验对比 PM-tree 与 R * -tree 的查询性能。

(1)窗口查询

窗口查询是指给定一个时间间隔和一个空间矩形区域，查找在该时间间隔中位于给定空间矩形区域上的移动对象。

实验随机生成 1 000 个查询窗口，考察评估这 1 000 个查询窗口分别在 5 万、10 万、15 万、20 万、25 万数据量上的平均查询时间消耗。如图 4-24 所示，随移动对象数据量的增长，PM-tree 的窗口查询时间消耗比 R * -tree 少，同时 PM-tree 窗口查询消耗还呈现线性增长态势。这主要是由于 PM-tree 在实现查询操作时借助了二分查找算法实现的“一次一集合”查询模式，也就是说，在 PM-tree 上一旦用二分查找定位到查询结果的临界点，则可得到整个查询结果集。而 R * -tree 则对于每个查询窗口均需要从上到下对其结点(包括其非有效数据中间结点)进行查找匹配直到找到所有满足查询要求的叶结点。

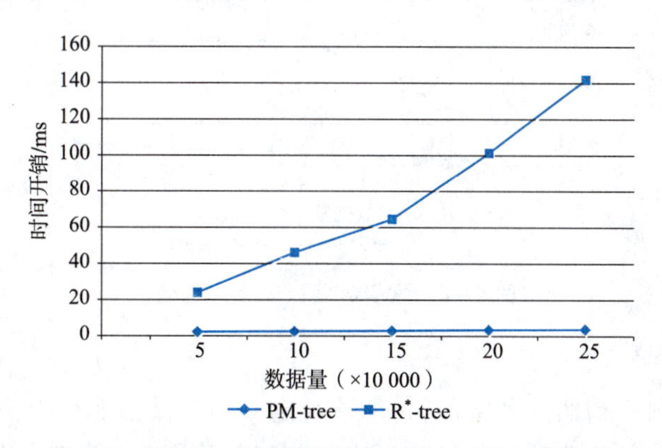

图 4-24　移动对象数据量增加对窗口查询性能影响

衡量索引性能其中一个重要指标是查询窗口参数变化对索引性能影响。因此，实验考察当移动对象数据量设为 10 万时，查询窗口的时间和空间间隔参数都分别设为其最大查询跨度 T 的 1%、5%、10%、20%、35%、50% 时。

随着查询窗口的时间区间和空间区域跨度的增加，PM-tree 的查询时间明显小于 R*-tree 的查询时间，且其查询性能也较 R*-tree 稳定，如图 4-25 所示。这主要由于 PM-tree 在构建索引时把时态和空间信息整合协同起来，利用映射函数把二维时空数据矩形投影成带参数的一维时空相点并建立相应的相点拟序结构，因此在查询比较时，PM-tree 仅需要对一维区间进行操作且利用拟序结构所实现"一次一集合"的查询模式，从而 PM-tree 可取得较 R*-tree 更高的过滤效果以及更稳定的查询性能。

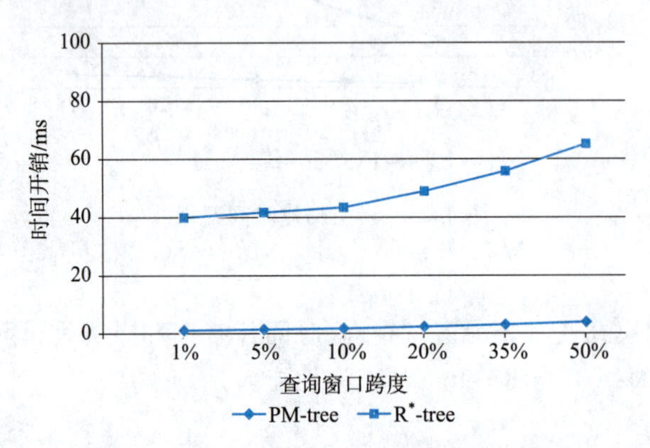

图 4-25　查询窗口变化对窗口查询性能影响

PM-tree 作为一种时空数据索引，它能同时支持时间区间查询和空间区域查询。当查询窗口的空间区域取最大查询跨度 T 时，窗口查询会蜕化成纯时间区间查询；当查询窗口的时间区间取最大查询跨度 T 时，窗口查询会蜕化成纯空间区域查询。如图 4-26 和图 4-27 所示，无论纯时间区间查询还是纯空间区域查询，随着数据量的增长，PM-tree 的查询效率均高于 R*-tree。

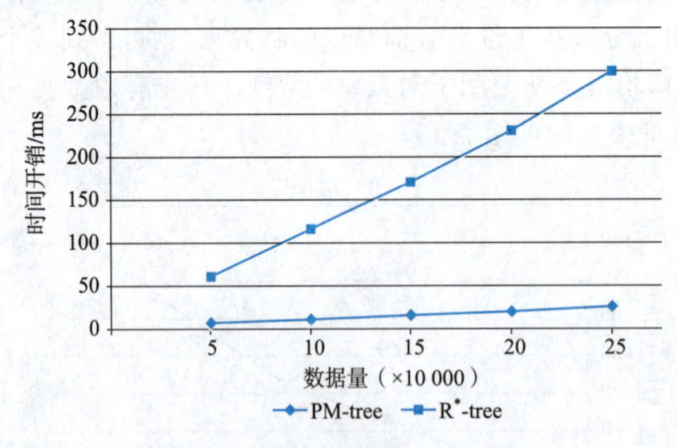

图 4-26　索引时间区间查询性能

(2)时间片查询

时间片查询是窗口查询的一种特例，它是指给定一个时间点和一个空间矩形区域，查找在该时刻落在空间矩形区域的移动对象。时间片查询在索引的查询类型中占据重要的地位，因此有必要考察索引的时间片查询性能。实验随机生成 1 000 个时间片查询要求，考察 PM-tree 和 R*-tree 平均处理一条查询要求的时间消耗。随移动对象数据量的增长，虽然二者的查询时间消耗均呈现线性增长态势，但 PM-tree 的查询时间消耗明显小于 R^*-tree，如图 4-28 所示。

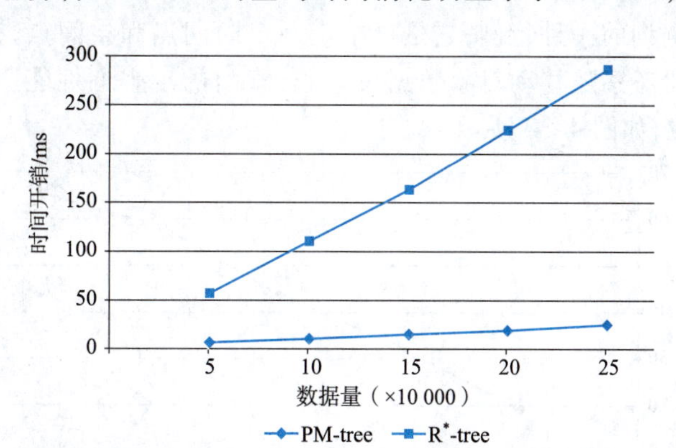

图 4-27 索引空间区域查询性能

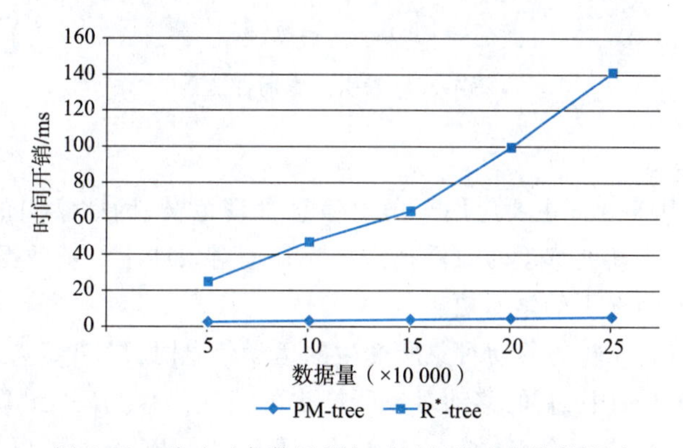

图 4-28 移动对象数量增加对时间片查询性能影响

由于查询要求的空间区域大小有可能会影响索引的时间片查询性能，因此仿真设计在移动对象数据量一定的情况下，考察不同查询空间区域大小对索引性能的影响。仿真设移动对象数据量为 10 万，查询空间区域参数分别设为其最大查询跨度 T 的 1%、5%、10%、20%、35%、50%。如图 4-29 所示，随着查询空间区域的增大，PM-tree 和 R^*-tree 的查询性能都相对稳定，且 PM-tree 在上述空间区域的查询消耗均比 R^*-tree 少。

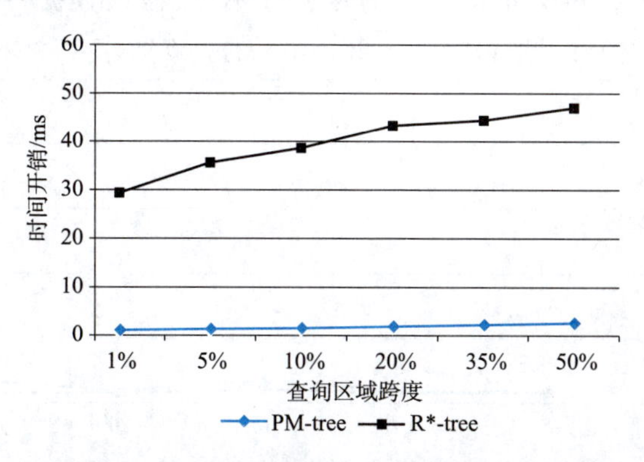

图 4-29 查询区域变化对时间片查询性能影响

(3)点查询

点查询也是窗口查询的一种特例,它是指给定一个时间点和空间点,查找在该时刻位于该位置的移动对象。实验考察随移动对象数据量增长,索引的点查询性能。PM-tree 的点查询性能明显比 R*-tree 优越,如图 4-30 所示。

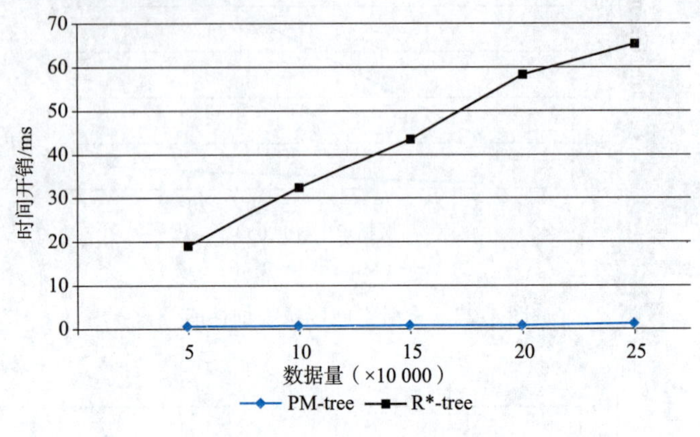

图 4-30　索引点查询性能

3. 更新仿真评估

由于 PM-tree 和 MON-tree 主要应用于历史信息管理范畴,因此索引的更新只考虑插入更新。插入更新包含了插入新的移动对象和插入已有移动对象产生的新数据两种不同的情形,因此实验分别考察在不同情况下的索引更新效率。

如图 4-31 所示,当插入新的移动对象所产生的运动信息时,PM-tree 与 R*-tree 均可取得高效的更新效率。在 PM-tree 中,新的移动对象所产生的信息是作为一个“TSDR 点”(TSDR 在 X 轴和 Y 轴上的长度均蜕化成一个点,如($d,t;d,t$))插入的。PM-tree 可以快速定位“TSDR 点”的插入位置并实现简单插入,因此可以取得与 R*-tree 同样的插入效率。

如图 4-32 所示,当插入已有的移动对象所产生的信息时,PM-tree 的更新效率略逊于 R*-tree。这是由于在 PM-tree 中,已有的移动对象所产生的新数据需要与其运动轨迹最后一点的数据组成一个新 TSDR 再插入到索引中。再由于新 TSDR 的数据特性,通常会造成 PM-tree 中的 PPOP 需要重构,而 PPOP 重构需要截断并移动其 PPOB 上一定数量的结点从而会带来一定时间开销。然而幸运的是,PPOP 重构操作的传递性不强,插入数据一般只会引起 1～3 条的 PPOB 重构,因此 PM-tree 仍可以取得接近于 R*-tree 的更新效率。

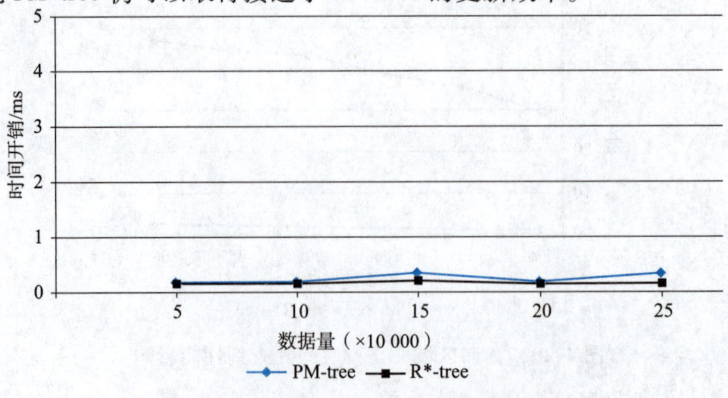

图 4-31　插入新对象数据的索引更新性能

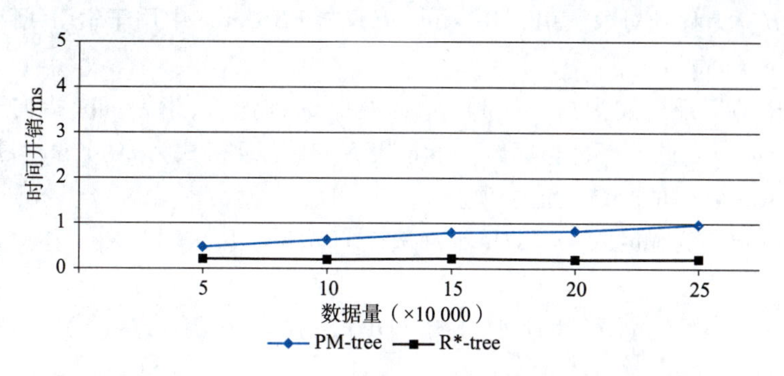

图 4-32　插入已有对象数据的索引更新性能

如图 4-33 所示，当插入信息既包含已有移动对象所产生的信息又包含新的移动对象所产生的信息时，PM-tree 能取得近似 R*-tree 更新效率。在 5 万 ~25 万数据量中，PM-tree 插入一条新移动对象数据所耗费时间均控制在 1 ms 内，且其更新时间并不会随着数据量的增长而明显增加。

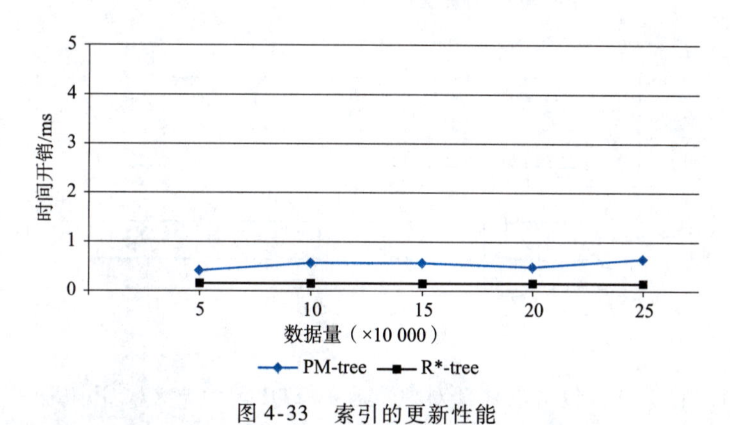

图 4-33　索引的更新性能

4.5　基于 TDindex 的路网移动对象数据索引 LM-tree

基于 TDindex 的路网移动对象数据索引 LM-tree 建立在路网移动对象数据基础上，通过对时空数据分别构建 TDindex，将数据筛选建立在“先空间，后时间”的思想上，从而实现对时空数据的整合处理。

4.5.1　LM-tree 索引结构

给定线路 R，将 R 上的 STR 序列记为 $\{(s_i \times t_i) - \{[d_{1i}, d_{2i}] \times [t_{1i}, t_{2i}]\}\}$，其中 S_i 由 $[x_{1i}, y_{1i}, x_{2i}, y_{2i}]$ 通过预处理转换在空间上进行投影求得，t_i 即 STR 在时间上的投影。给定线路 R，相当于给定 STR 序列 $\{s_i \times t_j\}$，同时等价于分别给定时空投影序列 $S = \{s_j\}$ 和 $T = \{t_i\}$。

LM-tree 将给定的线路 R 的时空投影序列分别记为 S_0 和 T_0。基于路网的移动对象数据索引 LM-tree 可记为四元组（R*-tree，H_R；Mo-tree，H_m），顶层为一棵 2DR*-tree，底层为 Mo-tree 集合，两层通过顶层的叶结点连接，其数据结构如图 4-34 所示。其中，（R*-tree，H_R）为路网线路

索引,(Mo-tree,H_m)为移动对象索引,(R*-tree,H_R)与 FNR-tree 中用于索引线路的顶层 2DR*-tree 相同,Mo-tree = {Mo-tree}。

哈希表 H_R 中的记录格式为(p_1,mpt),p_1 为线路的标识符,指针 mpt 指向 Mo-tree 的 Mo-tree,通过 H_R 对 Mo-tree 进行查找与更新。哈希表 H_m 中记录格式为{Oid,ptr},指针 ptr 指向移动对象所在 Mo-tree 索引的叶结点记录项。

可将 Mo-tree 定义为 Mo-tree = ⟨TDindex(S_0),TDindex(T_0),Obj($S_0 \times T_0$)⟩,其数据结构如图 4-35 所示。

①TDindex(S_0):对 S_0 进行线序划分得 LOP(S_0) = {$L_s(1)$,$L_s(2)$,…,$L_s(m)$},构建 TDindex(S_0),其叶结点由 $L_s(i)$ 构成。

②TDindex(T_0):对 $L_s(i)$ 包含空间区间所在时空矩形(Spatio-Temporal Rectangle,STR)对应的时间期间进行线序划分得 LOP(T_i) = {$L_{ti}(1)$,$L_{ti}(2)$,…,$L_{ti}(n)$}($1 \leqslant i \leqslant m$),TDindex($T_0$) = {TDindex($T_i$)},TDindex($T_i$)叶结点由 $L_{ti}(j)$ 构成。

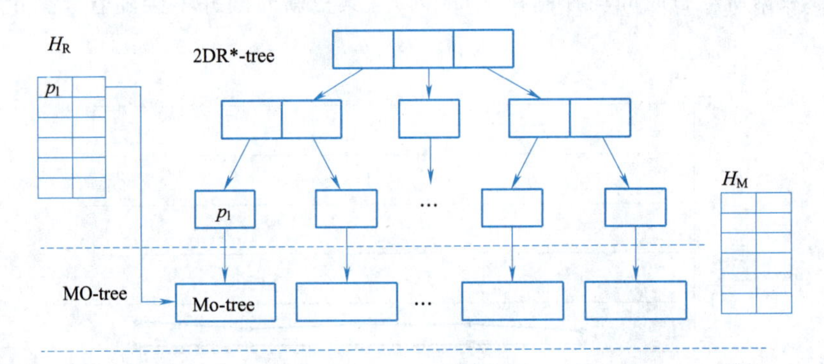

图 4-34　LM-tree

③Obj($S_0 \times T_0$):$L_{ti}(j)$ 所包含的移动对象集合的 STR 记为 $s_i \times t_j$,Obj($S_0 \times T_0$) = {Obj($S_i \times T_j$)},移动对象可用(Oid,plid,ptr_1,ptr_2,t,s)表示,Oid 为移动对象的标识符,plid 是移动对象所在的线路标识符,指针 ptr_1 和 ptr_2 分别指向同一移动对象的前一线段和后一线段,t 和 s 分别为时间期间和空间间隔。

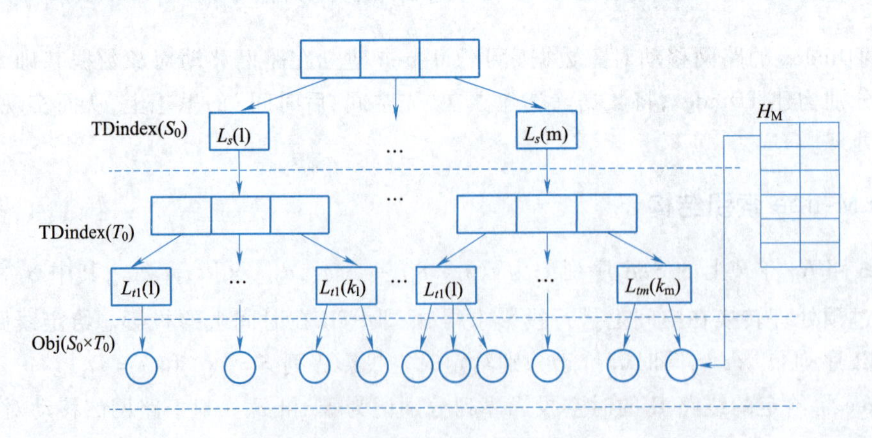

图 4-35　Mo-tree

【例 4-7】　给定线路 r,设在 r 上的移动对象数据见表 4-4。

表 4-4　移动对象数据

移动对象	记录位置	记录时间
o_1	{0,3,8}	{0,1,5}
o_2	{0,3}	{2,4}
o_3	{0,6}	{4,8}
o_4	{3,6}	{4,8}
o_5	{3,8}	{3,7}
o_6	{3,6,8}	{2,5,6}
o_7	{0,6,8}	{1,4,6}
o_8	{6,8}	{0,3}
o_9	{0,3}	{5,8}
o_{10}	{0,3,6}	{1,2,6}
o_{11}	{6,3,0}	{1,3,6}
o_{12}	{0,3}	{1,3}
o_{13}	{3,6}	{5,7}

通过表 4-4 中的数据,可以生成移动对象相应时空区间,见表 4-5。

表 4-5　线路 r 上的时空区间

移动对象	空间区间	时间区间
o_1	(0,3)(3,8)	[0,1)[1,5)
o_2	(0,3)	[2,4)
o_3	(0,6)	[4,8)
o_4	(3,6)	[4,8)
o_5	(3,8)	[3,7)
o_6	(3,6)(6,8)	[2,5)[5,6)
o_7	(0,6)(6,8)	[1,4)[5,6)
o_8	(6,8)	[0,3)
o_9	(0,3)	[5,8)
o_{10}	(0,3)(3,6)	[1,2)[2,6)
o_{11}	(6,3)(3,0)	[1,3)[3,6)
o_{12}	(0,3)	[1,3)
o_{13}	(3,6)	[5,7)

根据时空区间，对线路 r 上的数据构建 TDindex(S_0)、TDindex(T_0) 和 Obj($S_0 \times T_0$)，见表 4-6。

表 4-6 空间和时间序列

TDindex(S_0)	TDindex(T_0)		Obj($S_0 \times T_0$)
<(0,6),(0,3)>	(0,6)	⟨[4,8)⟩ ⟨[1,4)⟩	⟨O_3⟩ ⟨O_7⟩ ⟨O_1⟩ ⟨O_{12}⟩,⟨O_{10}⟩ ⟨O_2⟩ ⟨O_{11}⟩ ⟨O_9⟩
	(0,3)	⟨[0,1)⟩ ⟨[1,3),[1,2)⟩ ⟨[2,4)><[3,6)⟩ ⟨[5,8)⟩	
⟨(3,8),(3,6)⟩	(3,8)	⟨[1,5)⟩ ⟨[3,7)⟩	⟨O_1⟩ ⟨O_5⟩ ⟨O_{11}⟩ ⟨O_{10}⟩,⟨O_6⟩ ⟨O_4, O_{13}⟩
	(3,6)	⟨[1,3)⟩ ⟨[2,6),[2,5)⟩ ⟨[5,7)⟩	
⟨(6,8)⟩	(6,8)	⟨[0,3)⟩ ⟨[4,6),[5,6)⟩	⟨O_8⟩ ⟨O_7⟩,⟨O_6⟩

针对线路 r 构建 Mo-tree(r)，如图 4-36 所示。

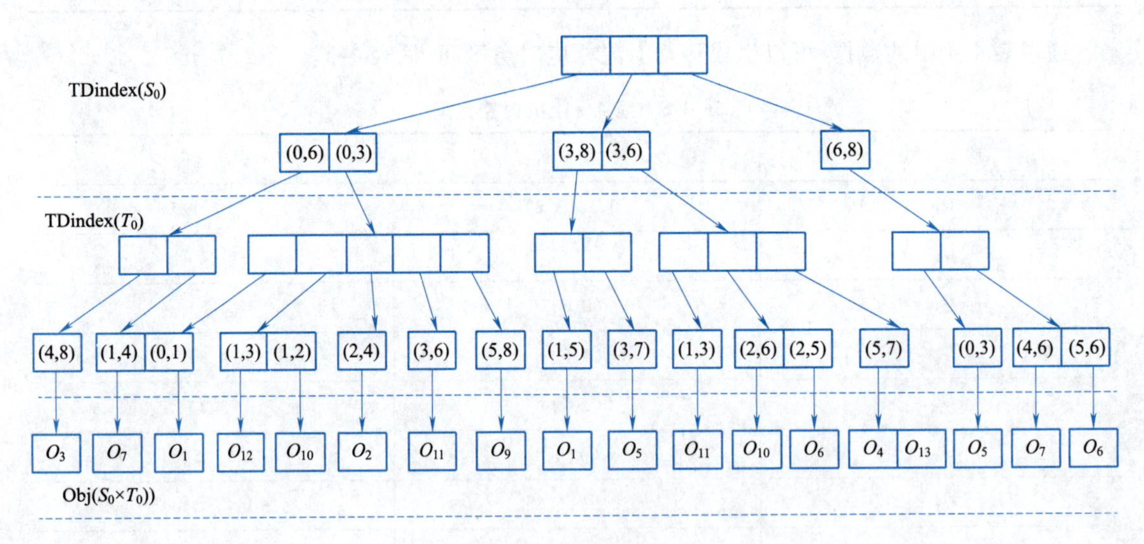

图 4-36 Mo-tree(r)

4.5.2 LM-tree 数据查询

设给定查询 STR 为 $Q=(d_1,d_2;t_1,t_2)$，数据 *STR* 为 $D_i=(d_{i-1},d_j;t_{i-1},t_j)$，当 $Q\cap D\neq\phi$ 时，D 是 Q 的查询结果。因为 $Q\cap D\neq\phi \Leftrightarrow [d_1,d_2]\cap[d_{i-1},d_j]\neq\phi \wedge [t_1,t_2]\cap[t_{i-1},t_j]\neq\phi$，基于 STR 的查询即转化为对空间投影 S 和时间投影 T 的查询。

LM-tree 的查询分为窗口(时空范围)查询和轨迹线查询。

1. 窗口查询

设有查询窗口为 $Q=(d_1,d_2;t_1,t_2)$，则表示要查询的移动对象的时间期间与 $T=(t_1,t_2)$ 相交不为空，且相应空间区间与 $S=(d_l,d_2)$ 相交不为空。当 $t_l=t_2$ 时，则窗口查询相当于时间片查询。

算法 4-6　LM-tree 窗口查询算法

存在查询窗口 $Q=(d_1,d_2;t_1,t_2)$。

Step 1　通过 LM-tree 路网索引模块（R^*-tree，H_R）检索满足条件的线路集合对应的 Mo-tree，对每条线路对应的 Mo-tree，转 Step 2。

Step 2　分别对 Mo-tree 中 TDindex(S_0) 和 TDindex(T_0) 进行空间和时间查询，转 Step 3。

Step 3　对经过 Step 2 筛选得到的 Mo-tree 中 Obj($S_0 \times T_0$) 进行移动对象查询，判断是否与查询窗口相交，若相交则加入结果集。

Step 4　返回查询结果集。

【例 4-8】　查询 $Q=(2,3,3,5;2,4)$，其中查询空间区域 $A=(2,3,3,5)$，时间区间 $T=(2,4)$。

首先，由例 4.7 中的线路 r，通过（R^*-tree，H_R）检索得 $\{(2,3),(4,6)\}$，再经过预处理得到查询窗口 $Q^*=\{(2,3;2,4),(4,6;2,4)\}$，将其添加到 r，再由 Mo-tree 进行时空过滤。再次，对于 $Q_1^*=(2,3;2,4)$，得到移动对象结果集 $\{O_7,O_{12},O_2,O_{11}\}$；对于 $Q_2^*=(4,6;2,4)$，得结果集为 $\{O_7,O_1,O_5,O_{11},O_{10},O_6\}$。

2. 轨迹线查询

针对移动对象的轨迹线查询，可以分为以下两种情况：

轨迹线查询参数 Q 的参数为 (O,t_1,t_2)，则表示需要查询移动对象 O 在时间期间 (t_1,t_2) 内的移动轨迹。

首先，通过 H_m 检索移动对象 O，并通过 H_m 记录项中的指针得到对象 O 最新位置对应的 Mo-tree 叶结点记录项 $e=(\text{Oid},\text{plid},\text{ptr}_1,\text{ptr}_2,t,s)$。然后，通过 $e.\text{ptr}_1$ 向前遍历移动对象 O 历史位置信息，对满足 $e.t\cap(t_1,t_2)\neq\phi$ 的位置进行装配，即可得到关于移动对象 O 在相应时间内的移动轨迹。

轨迹线查询参数 Q 的参数为 (O,p,t_1,t_2)，则该查询表示在时间期间 (t_1,t_2) 内，移动对象 O 从位置 P 离开以后的移动轨迹。

首先，在 LM-tree 顶层 R^*-tree 对 p 进行窗口查询，得到 p 所在的线路 r。然后，通过 H_R 检索 r 相应的 Mo-tree，查询与 p 相交的存储移动对象 O 的叶结点条目 e。最后，由指针 $e.\text{ptr}_2$ 向后遍历移动对象 O 历史位置信息，对满足 $e.t\cap(t_1,t_2)\neq\phi$ 位置进行装配，即可得到移动对象 O 在离开位置 p 以后在相应时间内的移动轨迹。

【例 4-9】　对于查询 $Q=(O_6,3,6)$：

①在哈希表 H_M 中查找 O_6 所在条目 e。

②由 $e.\text{ptr}$ 获得 O_6 所在 Mo-tree 叶结点条目 e^*。

③e^* 所在文节点为 (5,6)，与 (3,6) 相交，求出相交区间 (5,6) 以及保存对应的空间区间 (6,8)。

④$e^*.\text{ptr}_1$ 所在文节点为 (2,5)，与 (3,6) 相交，求出相交区间是 (3,5) 以及保存对应的空间区间 (4,6)。

⑤合并以上区间得到对象轨迹为 (4,6,8) - (3,5,6)。

4.5.3 LM-tree 数据更新

LM-tree 的更新包括顶层 2DR*-tree 更新与底层 Mo-tree 更新，2DR*-tree 的更新采用已有的经典 R*-tree 更新算法，而 Mo-tree 更新算法基于 TDindex 更新。

Mo-tree 更新发生在顶层 2DR*-tree 更新之后，且 Mo-tree 更新不会对顶层数据结构产生影响。

关于 LM-tree 的更新有以下两种情形：

①对 LM-tree 中已存储的移动对象 O 进行位置更新，新插入位置为 S。

首先，通过 LM-tree 顶层 R*-tree 对 S 进行查询，得到 S 所在的线路 R，再由 H_R 得到相应 Mo-tree，将移动对象 O 在位置 S 的数据插入到 Mo-tree 相应叶结点记录项 e_s；其次，通过 H_m 检索移动对象 O，得到对应的 Mo-tree 叶结点记录项 e_i；最后，指针 e_s -> ptr_1 指向 e_i，e_s -> ptr_2 置为空，e_i -> ptr_2 指向 e_s。

②插入 LM-tree 未存储的移动对象 O 和相应位置信息集合$\{S_i\}$。

首先，对每条轨迹线段 S_i 进行①中第一步操作；其次，从 S_1 开始，其所在 Mo-tree 叶结点条目 e_{s1}，将 e_{s1} -> ptr_1 设为空指针，e_{s1} -> ptr_2 指向 e_{s2}，依此类推连接移动对象 O 的轨迹；最后，在 H_m 中对移动对象 O 进行注册，记录项的指针指向 O 最新位置所在的 Mo-tree 叶结点条目。

下面仅给出情形①的插入算法，情形②的插入算法与之相似。

算法 4-7　LM-tree 更新算法　设有一棵 LM-tree（记为 T），移动对象 O 以及最新插入线段 S。

Step 1　对 T -> H_m 进行检索，匹配移动对象 O 的记录项并通过记录项中指针获取 Mo-tree 叶结点条目 e_i。

Step 2　通过 T -> 2DR*-tree 对 S 进行检索，获取与之相交的叶结点集合 n。

Step 3　将 S 通过预处理进行投影，转换为(p_1,p_2,t_1,t_2)。

Step 4　通过 n 中记录项指针获得相应 Mo-tree 集，将包含(p_1,p_2)的 Mo-tree 根结点集记为 $E=\{e_j | j\in N^*\}$，对 E 中每个 e_j，转 Step 5。

Step 5　如果 e_j -> childpt. e_{last}不包含(p_1,p_2)，则利用二分查找搜索与(p_1,p_2)相同的区间。如果存在，转 Step 6；否则，向 Mo-tree 插入(p_1,p_2,t_1,t_2)，更新 TDindex(S_0)和 TDindex(T_0)，算法终止。

Step 6　将(p_1,p_2)改为(t_1,t_2)，执行与 Step 4、Step 5 类似操作进行时间期间匹配。

Step 7　如果已存在(t_1,t_2)，则向对应的 Mo-tree 叶结点添加移动对象 O 的记录项；否则，向 Mo-tree 插入(t_1,t_2)，更新 TDindex(T_0)，算法终止。

4.5.4 LM-tree 索引评估

仿真实验的硬件环境为：Intel Core(TM)2,53 GHz CPU，2 GB 内存，300 GB 硬盘；软件环境为：Windows 10，Java 程序开发语言。

使用 MON-tree[36]和 PPFN*-tree[39]作为 LM-tree 实验评估的对比对象。移动对象的数据集通过移动对象产生器获取，以 5 万个数据为单位产生 5 万～25 万个移动对象数据。

1. 索引构建评估

LM-tree、MON-tree 和 PPFN*-tree 的构建空间开销如图 4-37 所示，三者的空间开销均类似于线性增长，LM-tree 的开销较 MON-tree 和 PPFN*-tree 更优。原因是后两个索引使用填充结点来构建索引，导致索引树中结点存在大量空白条目，进而降低索引的查询效率。

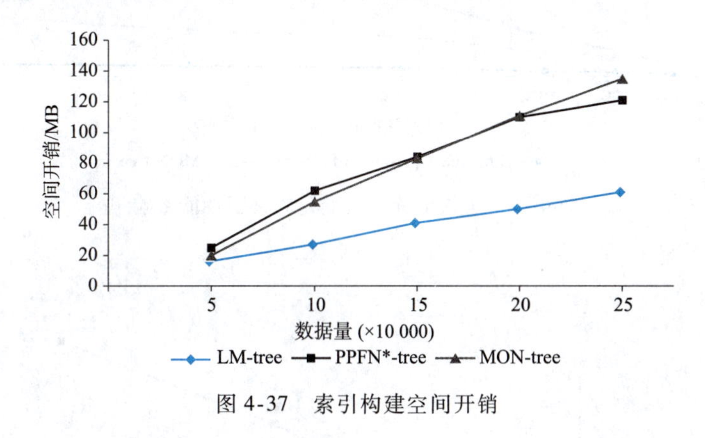

图 4-37　索引构建空间开销

2. 查询仿真评估

LM-tree 的查询分为窗口查询、时间片查询和轨迹查询。

(1) 窗口查询

随机生成 500 个查询窗口，时间开销取 500 个查询窗口的平均值，随着数据集增大，LM-tree 的查询效率较 MON-tree 和 PPFN*-tree 更优，实验数据如图 4-38 所示。

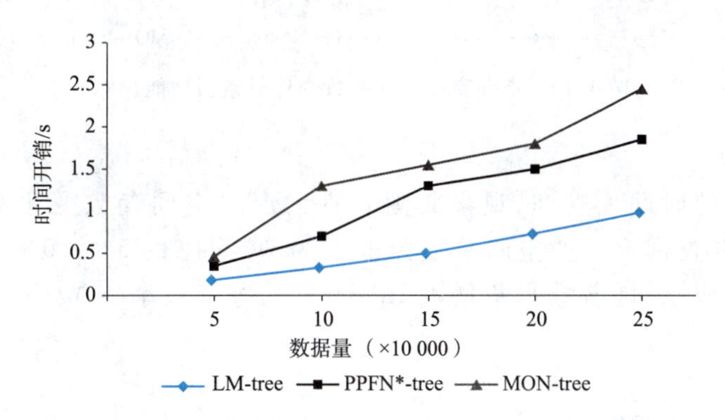

图 4-38　移动对象数量增加时的查询性能比较

将数据集的最大时间期间跨度记为 T，查询窗口 Q 的时间期间参数的时间跨度分别取 T 的 1%、5%、10%、20%、35%、50%。将数据集的 MBR 中最大跨度和跨度设为 X_0 和 Y_0，查询窗口 Q 的空间参数分别取 X_0 和 Y_0 的 1%、5%、10%、20%、35%。实验研究查询窗口的时间参数和空间参数变化对 LM-tree 查询性能的影响。

当对时间参数进行实验时，保持空间参数不变；而对空间参数进行实验时，则保持时间跨度不变。实验数据集为 10 万移动对象，对两个参数的查询性能实验如图 4-39 和图 4-40 所示，由于 TDindex 索引结构能高效筛选一维区间，其处理一维区间的计算量少于筛选二维 MBR 的计算量，所以 LM-tree 较 MON-tree 和 PPFN*-tree 更优。

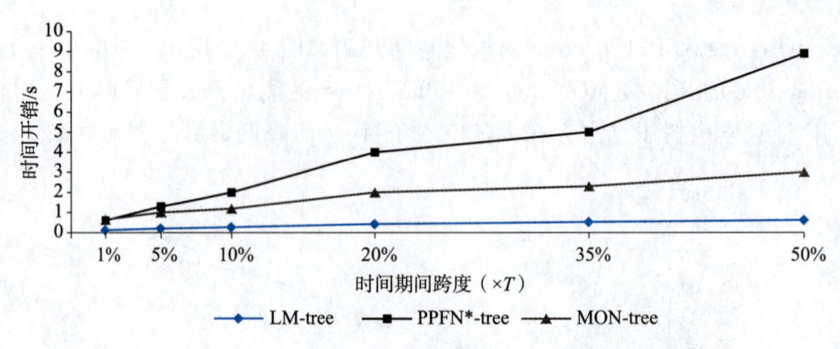

图 4-39　查询时间参数变化对索引性能影响

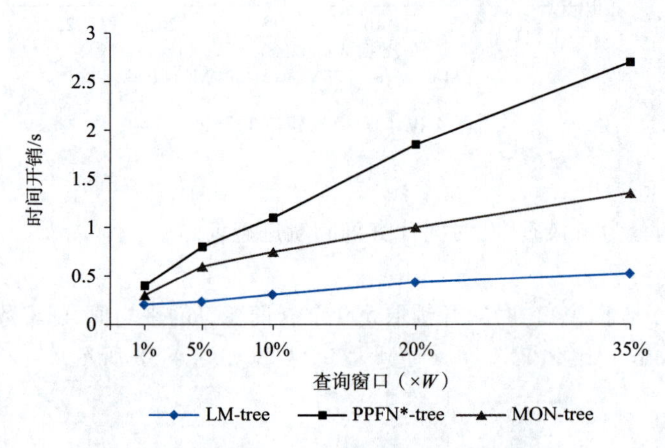

图 4-40　查询窗口空间参数变化对索引性能影响

（2）时间片查询

针对 LM-tree 的时间片查询，观察其随着查询窗口空间参数变化对 LM-tree 查询性能的影响。分别取查询窗口的空间参数为最大 MBR 间隔的 5%、20%、35%，实验结果如图 4-41 ~ 图 4-43 所示。随着数据集增大，LM-tree 的查询效率较 MON-tree 和 PPFN*-tree 更优。

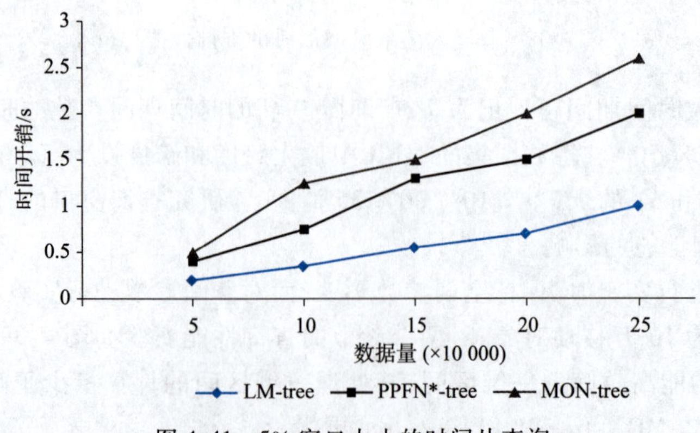

图 4-41　5% 窗口大小的时间片查询

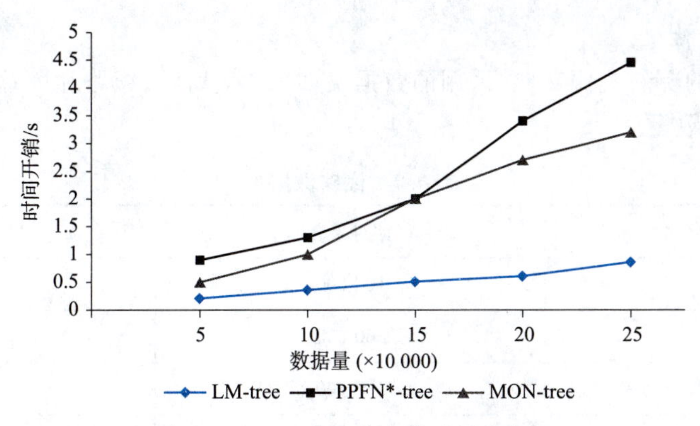

图 4-42　20% 窗口大小的时间片查询

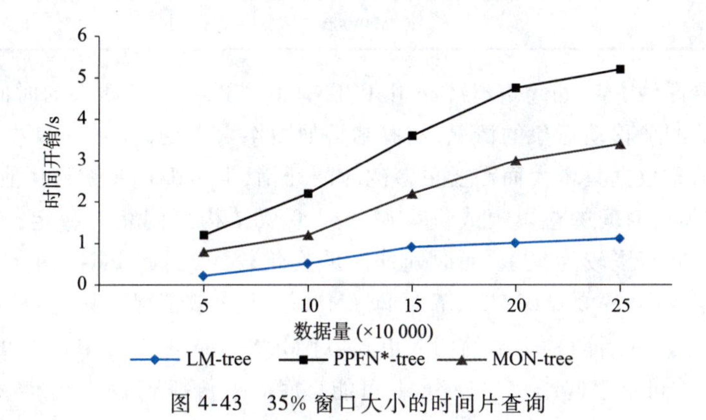

图 4-43　35% 窗口大小的时间片查询

(3)轨迹查询

由于 MON-tree 没有实现轨迹查询,故实验只比较 LM-tree 和 PPFN*-tree。因为 PPFN*-tree 通过 TB*-tree 来索引历史轨迹信息,而 TB*-tree 专门针对轨迹查询,因此高效完成轨迹查询。数据集为 25 万移动对象,实验给定移动对象标识符和时间跨度,查找该对象在给定时间内的移动轨迹。时间跨度分别取数据集的最大时间期间跨度的 1%、5%、10% 和 20%,对每个时间跨度随机生成 500 个查询,求平均时间开销,如图 4-44 所示。随着时间间隔增大,两者的时间开销均类似于线性增长。当时间跨度较小,进行时间更加精细的轨迹查询时,LM-tree 较 PPFN*-tree 更优;而随着时间跨度增大,进行时间范围更加广阔的轨迹查询时,LM-tree 较 PPFN*-tree 渐弱。

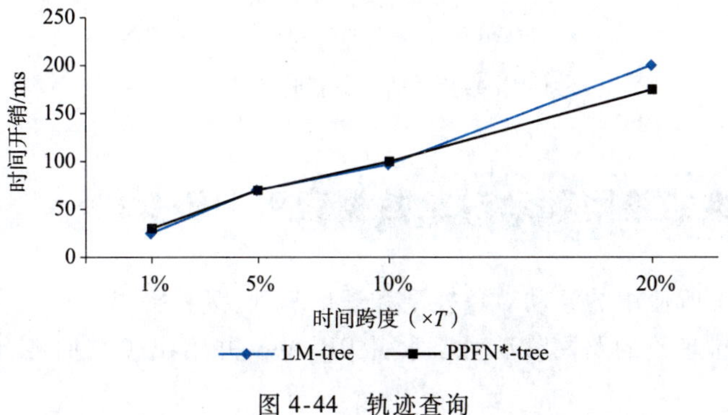

图 4-44　轨迹查询

3. 更新仿真评估

针对 LM-tree 的更新对比实验,采用的数据集如表 4-7 所示,线路片段总数,即构建 LM-tree 后叶结点的记录项数量。

表 4-7 线路数据集

初始移动对象个数	移动对象总数	线路片段总数
50 000	100 000	1 125 463
100 000	200 000	2 452 621
150 000	300 000	3 625 122
200 000	400 000	4 758 456
250 000	500 000	6 012 654

更新实验主要评估 LM-tree、MON-tree 和 PPFN*-tree 进行线段插入的时间开销,其中包括插入索引中未存储的新移动对象的情况,实验结果如图 4-45 所示。

三种索引均随着数据集增大而需要更多的时间开销,但 LM-tree 优于其他两种索引。由于 LM-tree 实验先空间后时间的检索模式,使 LM-tree 两层结构之间相对稳定,而实际上,由于路网中插入的线段空间范围较为集中,而时间期间的变化较大,因此 LM-tree 的更新大多数情况下只需要更新底层 Mo-tree 的 TDindex(T_0),即 LM-tree 大多数情况下只更新插入线段所属的子树,整体更新代价小。而后两种索引的插入更新,对 MON-tree 中 R-tree 和 PPFN*-tree 中 TB*-tree 进行线段插入均可能引起结点的分裂,并可能自底向上传播到根结点,将对 MBR 重新进行计算,整体更新代价更大。

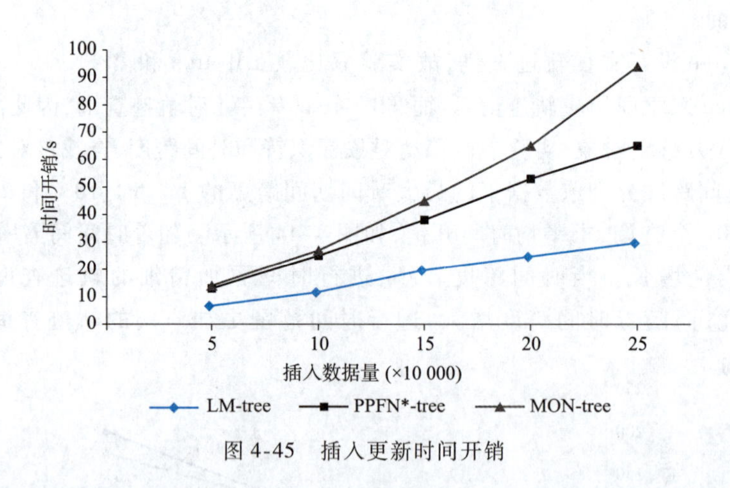

图 4-45 插入更新时间开销

4.6 基于降维的路网移动对象数据索引 DR-tree

本节首先论述了所使用的移动对象模型和理论基础,接着提出了用来索引路网路段信息的 QOP-tree 和基于降维理论的路网移动对象索引 DR-tree,并给出了它们各自的结构和算法以及仿真评估。

4.6.1　降维理论基础

定义 4-10　移动对象运动矢量(moving object motion vector,NOMV)路网中移动对象的运动矢量定义为 momv = (moid,t,v,rnpos),其中,moid 为移动对象标识;t 为采集移动对象运动矢量信息的时刻;v 为移动对象在 t 时刻的速度,其取值为正时表示与道路方向相同,为负时表示与道路方向相反;rnpos 为移动对象在 t 时刻的路网位置。

当移动对象在路网中运动时,需要不断地将当前运动参数(如地理位置、对象速度、方向等)与上一次路网位置信息更新时所提交的运动矢量进行比较,一旦满足某些预先定义的更新条件,就会触发一次更新,将其最新的运动参数发送给服务器。

定义 4-11　移动对象的时空轨迹　移动对象 mo 的时空轨迹是 mo 位置更新所提交的运动矢量的有序序列,定义形式为:$\langle momv_1, momv_2, \cdots, momv_n \rangle$。移动对象两个相邻的运动矢量之间的线段称为轨迹段,轨迹段表示为 ts = ($momv_s$, $momv_e$),其中 $momv_s$ 和 $momv_e$ 分别表示轨迹段的起始和结束运动矢量。图 4-46 所示为路网移动对象轨迹示例。图 4-46(a)表示移动对象随着时间 t 推移其所在路段 id 的变化,图 4-46(b)表示移动对象随着时间 t 推移其在同一路段上的位移。

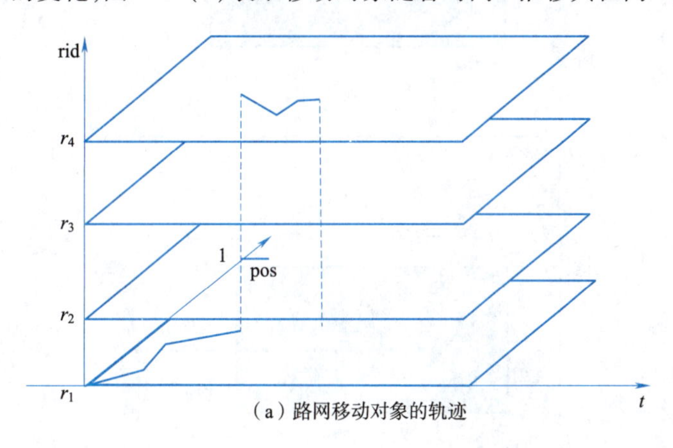

(a)路网移动对象的轨迹

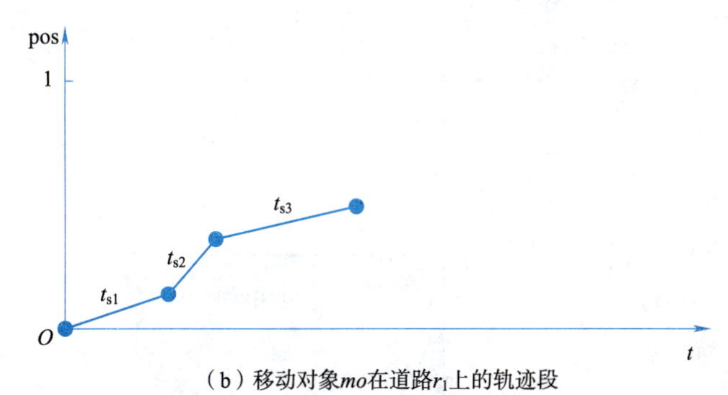

(b)移动对象mo在道路r_1上的轨迹段

图 4-46　路网移动对象的轨迹

定理 4-5　MBR 相交相点参数判定定理

设 $MBR_i = (x_{i1}, y_{i1}; x_{i2}, y_{i2}) \rightarrow P_i = (\langle a_i, b_i \rangle, x_{i1}, x_{i2}, y_{i1}, y_{i2})$,$MBR_j = (x_{j1}, y_{j1}; x_{j2}, y_{j2}) \rightarrow P_j = (\langle a_j, b_j \rangle, x_{j1}, x_{j2}, y_{j1}, y_{j2})$,则 $MBR_i \cap MBR_j \neq \varnothing \Leftrightarrow (x_{j1} \leqslant x_{i2} \wedge y_{j1} \leqslant y_{i2}) \wedge (x_{i1} \leqslant x_{j2} \wedge y_{i1} \leqslant y_{j2})$。

证明:①必要性。MBR_i 和 MBR_j 相交可以归结为如图 4-47 所示的四种情形。由图 3-10 可得 $MBR_i \cap MBR_j \neq \varnothing \Rightarrow (x_{j1} \leqslant x_{i2} \wedge y_{j1} \leqslant y_{i2}) \wedge (x_{i1} \leqslant x_{j2} \wedge y_{i1} \leqslant y_{j2})$。

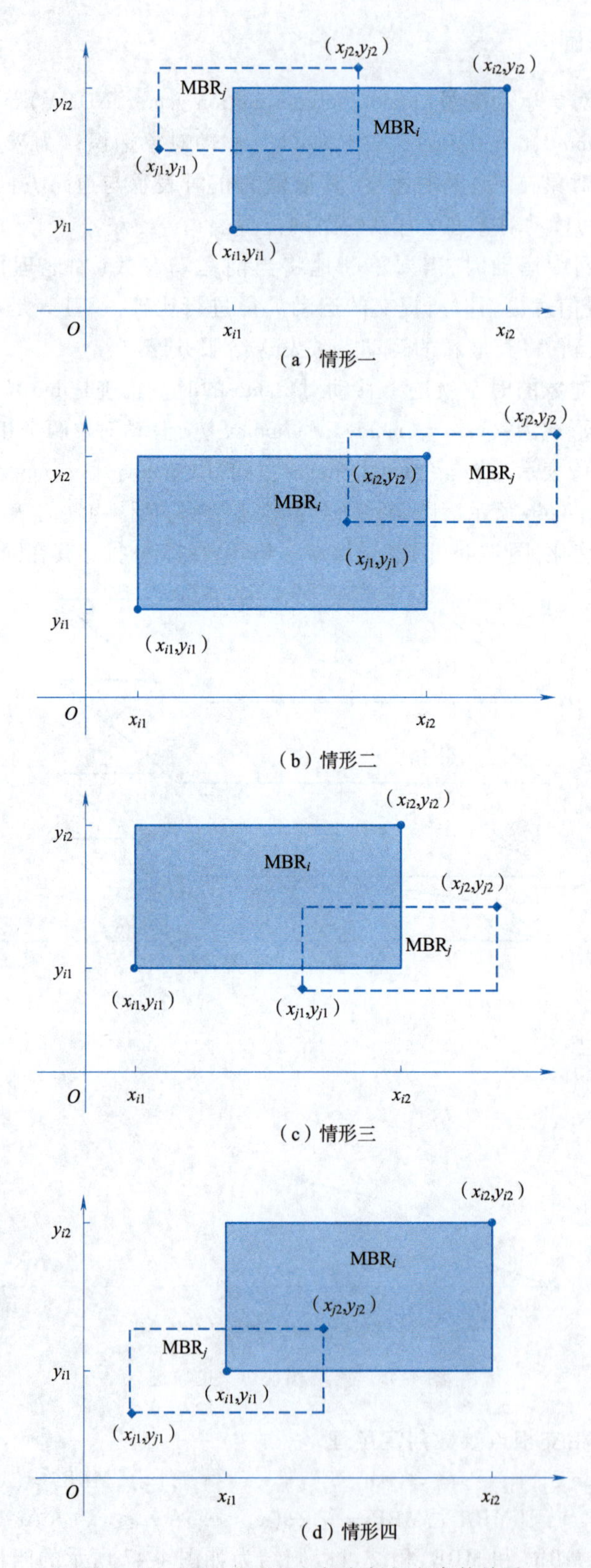

图 4-47 MBR_i 和 MBR_j 相交与相点参数关系

②充分性。由于图 3-10 包括了 MBR_i 与 MBR_j 相交的所有情形，也就是说当 $MBR_i \cap MBR_j = \varnothing$ 时，图 3-10 中任意一种情形都不出现，故此时必有 $(x_{j1} > x_{i2}) \vee (y_{j1} > y_{i2}) \vee (x_{i1} > x_{j2}) \vee (y_{i1} > y_{j2})$，由此可得 $MBR_i \cap MBR_j = \varnothing \Rightarrow (x_{j1} > x_{i2}) \vee (y_{j1} > y_{i2}) \vee (x_{i1} > x_{j2}) \vee (y_{i1} > y_{j2})$，于是可得 $\neg((x_{j1} > x_{i2}) \vee (y_{j1} > y_{i2}) \vee (x_{i1} > x_{j2}) \vee (y_{i1} > y_{j2})) \Rightarrow \neg(MBR_i \cap MBR_j \neq \varnothing)$，即 $(x_{j1} \leqslant x_{i2} \wedge y_{j1} \leqslant y_{i2}) \wedge (x_{i1} \leqslant x_{j2} \wedge y_{i1} \leqslant y_{j2}) \Rightarrow MBR_i \cap MBR_j \neq \varnothing$，原命题得证。

当 $(x_{i1} = x_{j2}) \wedge x_{j1} = x_{i2}) \wedge (y_{j1} = y_{i2}) \wedge (y_{i1} = y_{j2})$ 时，MBR_i 与 MBR_j 只有边相交，不满足窗口查询的定义，所以 *MBR* 窗口查询的相交判断定理可以简化为：

$MBR_i \cap MBR_j \neq \varnothing \Leftrightarrow (x_{j1} < x_{i2} \wedge y_{j1} < y_{i2}) \wedge (x_{i1} < x_{j2} \wedge y_{i1} < y_{j2})$。

4.6.2　DR-tree 索引结构

移动对象索引 DR-tree 是一个混合索引，其结构分为上下两层，上层用于索引路网路段信息；下层用于索引移动对象在道路上运动的轨迹段。上层由一棵 QOP-tree(quasi order partition tree)和哈希结构 H_R 组成；下层由一片 R-tree 森林和辅助的哈希结构 H_B 以及 B^+-tree 森林组成。

QOP-tree 用于索引路网的路段信息；H_R 是一个路网道路标识到 R-tree 映射的哈希结构，项的形式为(rid, ptr)，其中 rid 是道路标识，ptr 是指向下层 R-tree 的指针，将每条道路与一棵 R-tree 联系起来，这棵 R-tree 用来索引移动对象在这条道路上的轨迹段。

DR-tree 的下层结构是一片 R-tree 森林，其中每棵 R-tree 基于 pos × t 平面，与某条道路对应，其中 pos 表示移动对象在对应道路上的相对位置，t 表示移动对象在 pos 位置的时刻，下层 R-tree 用于索引移动对象的轨迹段，叶结点的数据结构为(MBR, mv_s, mv_e, moid)，其中 MBR 表示包含该轨迹段的最小限定矩形，mv_s、mv_e，分别表示移动对象轨迹段的起始和终止运动矢量，moid 表示移动对象的标识。中间结点的数据结构为(MBR, ptr)，其中 MBR 是包含下层结点的最小限定矩形，ptr 是指向下层结点的指针。

DR-tree 索引结构如图 4-48 所示。

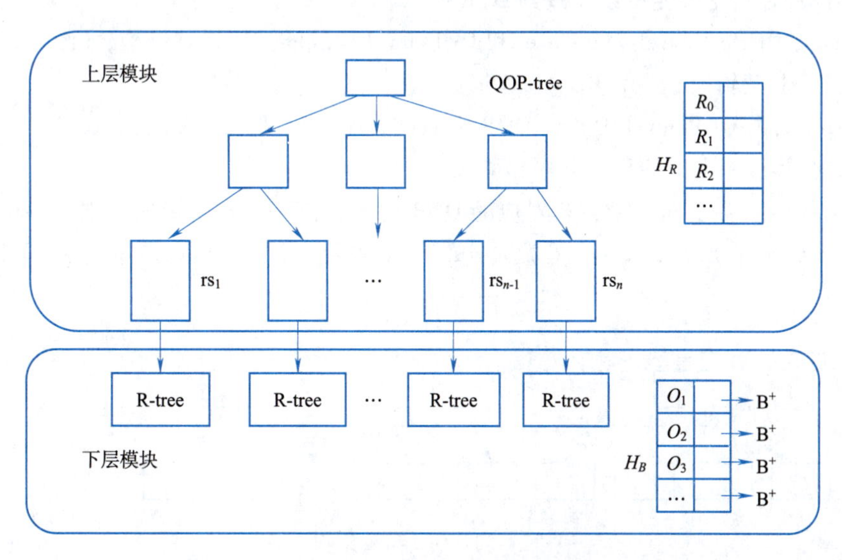

图 4-48　DR-tree 索引结构

下层 R-tree 索引结构如图 4-49 所示。

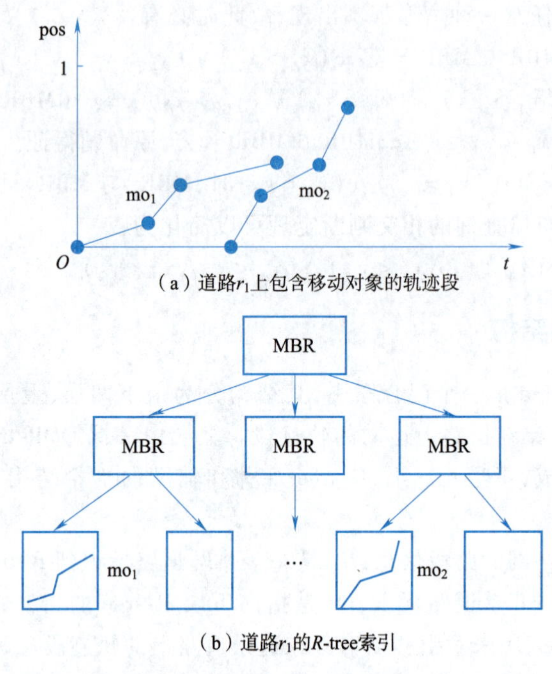

(a) 道路r_1上包含移动对象的轨迹段

(b) 道路r_1的R-tree索引

图 4-49　下层 R-tree 索引结构

H_B 是一个对象标识到 B^+-tree 映射的哈希结构，其项的形式为(oid，ptr)，其中 oid 是移动对象标识，ptr 是指向下层辅助结构 B^+-tree 的指针。B^+-tree 索引是移动对象所有的轨迹段，其关键字是移动对象各个轨迹段起始运动矢量的时刻。与 DISC-tree 相比较，由于 DISC-tree 使用的是双链表，在查找某个移动对象某个时间区间内的轨迹段或者某个时刻的位置时，需要从头开始遍历，时间复杂度是 $O(n)$，其中 n 为此移动对象轨迹包含的轨迹段，而 DR-tree 使用了 B^+-tree 的结构，时间复杂度可以缩减到 $O(\log n)$。

QOP-tree 是由 Root-level、Max-level 和 QOP-level 构成的三层树状结构，如图 4-50 所示。

①Root-level：逻辑层，表示 QOP-tree 的入口。

②Max-level：由 QOP-level 中各个 QOB 中的最大元 $\max(L_m)$ 组成，且 $\max(L_m)$ 在该层的排列顺序与 L_m 在算法 4-1 中的获取顺序相对应。

②QOP-level：由各个 $\max(L_m)$ 相对应的 QOB 构成，每条 QOB 组织成一棵 B^+-tree，其关键字为相点 $u_i=(\langle a_i,b_i\rangle,x_{i1},x_{i2},y_{i1},y_{i2})(u_i\in L_m)$，关键字大小由其相点拟序关系“⊆”确定。

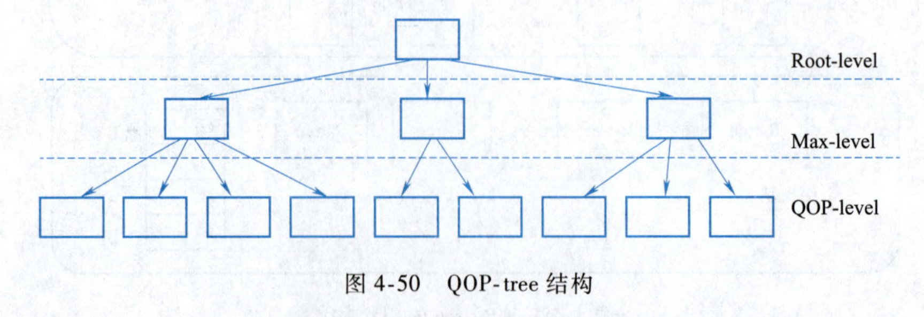

图 4-50　QOP-tree 结构

在构造 QOP-tree 时，首先将路网中路段对应的 MBR 集合通过相点变换转化成相点集，再通过拟序划分构造算法构造相点集上的拟序划分，然后建立 QOP-tree 的逻辑根结点和 Max-level 层结点，最后对拟序划分中的每个拟序分支构造一棵 B^+-tree，由此得到一棵 QOP-tree。

算法 4-8　QOP-tree 构造算法

输入：MBR 集 $=\{mbr_1, mbr_2, \cdots, mbr_n\}$。

输出：QOP-tree。

Step 1　根据相点变换公式，将 MBR 集转换成相点集 $\Sigma=\{u_1, u_2, \cdots, u_n\}$。

Step 2　调用拟序划分构造算法，得到 Σ 上拟序划分 $\langle L_1, L_2, \cdots, L_m\rangle$。

Step 3　新建一个结点作为 QOP-tree 的根结点，此结点含有 M 个指向下层 Max-level 的指针；

Step 4　依次对拟序划分 $\langle L_1, L_2, \cdots, L_m\rangle$ 上的每个 $\max(L_m)(1\leqslant m\leqslant M)$ 构造一个结点，此结点含有 $\max(L_m)$ 元素以及指向下层 QOP-level 的指针，并将根结点中对应 Max-level 的指针指向此结点。

Step 5　依次对拟序划分 $\langle L_1, L_2, \cdots, L_m\rangle$ 的每个拟序分支 $L_m(1\leqslant m\leqslant M)$ 构造一棵 B^+-tree，其 B^+-tree 结点中使用的关键字为 $u_i(u_i\in L_m)$，并定义若 $u_i\subseteq u_j$，则 u_i 的值小于 u_j，然后将 Step 4 构造的对应结点中下层 QOP-level 指针指向 B^+-tree 的根结点。

Step 6　返回 QOP-tree 的根结点。

结合定理 4-5 MBR 相交相点参数判定定理可以得到 QOP-tree 的查询算法。

算法 4-9　QOP-tree 相交查询算法

输入：查询窗口 $MBR_w=\langle x_1, y_1; x_2, y_2\rangle$。

输出：与查询窗口相交的路网路段。

Step 1　把 $w=\langle x_1, y_1; x_2, y_2\rangle$ 变换为相点 $p=(\langle a, b\rangle, x_1, x_2, y_1, y_2)$，并设候选结果集为 C，结果集为 T。

Step 2　进入 QOP-tree 的 max-level 层，处理 max-level 层的结点。首先判断当前 max-level 层是否还有未处理的结点，如果有则转到 Step 3；否则转到 Step 4。

Step 3　设当前未处理的结点指向的 B^+-tree 所代表的拟序分支为 L_m，如果 $p\cap\max(L_m)=\varnothing$，则转到 Step 2；如果 $p\cap\min(L_m)\neq\varnothing$，则把整棵 B^+ 中元素添加到候选集 C；如果 $p\cap\min(L_m)=\varnothing$，则在此 B^+-tree 中找到满足 $p_k\cap p\neq\varnothing$ 的最"小"的那个元素 p_k，把从 p_k 以及之后的所有元素添加到候选集 C。

Step 4　逐一判断 C 中的相点 $p_j=(\langle a, b\rangle, x_{j1}, x_{j2}, y_{j1}, y_{j2})$ 是否与查询窗口 w 相交，即判断 $(x_{j1}<x_2\wedge y_{j1}<y_2)\wedge(x_1<x_{j2}\wedge y_1<y_{j2})$ 是否成立，若相交则把 p_j 所在结点指向的元素，即路网路段放入 Γ。

Step 5　算法返回结果集 Γ。

4.6.3　DR-tree 数据查询

路网移动对象的查询类型通常分为窗口查询和轨迹查询两类。窗口查询是指给定一个时间间隔和一个空间矩形区域，查找在该时间间隔中位于给定空间矩形区域上的移动对象或者轨迹段，时间片查询和点查询均为窗口查询的特殊情况；而轨迹查询主要查找给定移动对象在某个时刻的位置，或者在给定时间间隔内的运动轨迹。

1. 窗口查询

在路网中，设给定查询窗口 $W=\langle x_1, x_2, y_1, y_2; t_1, t_2\rangle$，则基于 W 的查询语义为"查找在时间

期间 $T=\langle t_1,t_2\rangle$ 内,位于空间区间 $S=\langle x_1,x_2,y_1,y_2\rangle$ 内的所有移动对象。”在上述查询中,如果 $t_1=t_2$,窗口查询就称为时间片查询。考虑一般的窗口查询,下面给出窗口查询算法。

算法 4-10　DR-tree 窗口查询算法

输入:查询窗口 $W=\langle x_1,x_2,y_1,y_2;t_1,t_2\rangle$。

输出:满足查询条件的移动对象标识集合。

Step 1　根据 $\langle x_1,x_2,y_1,y_2\rangle$ 查询上层 QOP-tree 求得与查询窗口相交的路网路段以及交点。

Step 2　通过路段以及交点的坐标,求得(rid,pos),其中 rid 为交点所在道路标识,pos 为交点所在道路上的相对位置,得到一组集合 $Q=\langle \text{rid}_i,\text{period}_i\rangle$ $(i=1,2,\cdots,n)$,其中 period_i 为 $\langle \text{pos}_{i1},\text{pos}_{i2}\rangle$。

Step 3　对 Q 中每一偶对,首先通过 rid_i,在 H_R 中查找得到对应的 R-tree,接着将 $\langle \text{period}_i,t_1,t_2\rangle$ 作为查询窗口,在 R-tree 中查询,得到相交的轨迹段,最后将轨迹段所属对象标识并入结果集 Γ。

Step 4　返回结果集 Γ。

2. 轨迹查询

路网移动对象的轨迹查询主要分为下述两种基本情形:一种是类似上节提到的窗口查询,即给定查询窗口 $W=\langle x_1,x_2,y_1,y_2;t_1,t_2\rangle$,要求返回所有在时间期间 $T=\langle t_1,t_2\rangle$ 内,位于空间区间 $S=\langle x_1,x_2,y_1,y_2\rangle$ 内的所有移动对象的轨迹片段;另一种是给定查询条件 $Q=\langle \text{moid},t_1,t_2\rangle$,要求返回指定对象标识为 moid 的移动对象在时间区间 $T=\langle t_1,t_2\rangle$ 内的轨迹片段。

对于第一种情形,其查询算法与算法 4-10(DR-tree 窗口查询算法)类似,唯一不同的是在结果处理时,返回的是移动对象的轨迹片段而不是移动对象标识。

对于第二种情形,给出如下算法。

算法 4-11　DR-tree 对象轨迹查询算法

输入:查询条件 $Q=\langle \text{moid},t_1,t_2\rangle$。

输出:满足查询条件的移动对象轨迹段集。

Step 1　根据对象标识 moid 查找辅助哈希结构 H_B,得到对应的移动对象轨迹索引 B^+-tree。

Step 2　通过给定的 t_1,在 B^+-tree 中找到叶结点其关键字值小于等于 t_1 的第一项,即它本身的关键字小于等于 t_1,而它后面的那一项其关键字值要大于 t_1。

Step 3　从 Step 2 得到的叶结点中的项开始,在 B^+-tree 中按照顺序取得移动对象的轨迹段并入结果集 Γ,直到其轨迹段的运动矢量不满足时间区间 $\langle t_1,t_2\rangle$ 为止。

Step 4　返回结果集 Γ。

4.6.4　DR-tree 数据更新

数据更新通常包括数据插入和数据删除。由于路网移动对象信息的更新主要是移动对象轨迹段的插入,而这些历史轨迹信息往往需要保留而不需要删除操作,因此这里仅考虑数据插入的索引更新算法。

在索引结构中进行数据插入主要考虑以下两种情形:第一种情形,插入已有移动对象 mo 的轨迹信息;第二种情形,插入一个新的移动对象 mo 的轨迹信息。

下面给出 DR-tree 的轨迹插入算法。

算法 4-12　DR-tree 轨迹段插入算法

输入:移动对象运动矢量更新信息〈$momv_1$,$momv_2$〉。

输出:更新后的 DR-tree。

Step 1　根据移动对象运动矢量 $momv_2$ 得到此移动对象轨迹段所在的路段以及道路。

Step 2　由 Step 1 得到的道路标识通过 H_R 哈希结构得到道路对应的 R-tree。

Step 3　将轨迹段信息 < $momv_1$,$momv_2$ > 插入到 Step 2 得到的 R-tree。

Step 4　根据移动对象标识 moid 查找 H_B,得到此移动对象对应轨迹索引 B^+-tree,如果未找到对应 B^+-tree,则新建一棵 B^+-tree,并在 H_B 中建立对应映射关系。

Step 5　将运动矢量 $momv_2$ 以运动矢量中的时间 t 为关键字插入到 Step 4 得到的 B^+-tree 中。

4.6.5　DR-tree 索引评估

实验采用的比较对象为 DISC-tree,两种索引结构及其相关的算法都是用 Java 语言实现。

实验的硬件环境:处理器 Intel ® Core(TM) i5-4 200 MHz CPU@ 2.50 GHz 2.49 GHz,8 GB 内存,240 GB SSD 硬盘。

软件环境:操作系统 Linux Ubuntu 14.04LTS,编程语言 Java,编译和运行的版本是 JDK 1.8,开发环境是 Eclipse 的扩展版本 Spring Tool Suite。

本实验路网数据使用德国 Oldenbourg 城市的部分路网数据,如图 4-51 所示。其中道路 3 212 条、道路路段 11 449 条。

对于上述路网数据,使用移动对象数据生成器,模拟移动对象在路网道路上运动生成的 5 万、10 万、15 万、20 万、25 万、30 万个移动对象的轨迹数据。

1. *索引构建评估*

这里对 DR-tree 索引构建进行评估,在时间开销方面对 DR-tree 和 DISC-tree 进行比较。DR-tree 和 DISC-tree 都是分层混合索引结构,上层索引路网路段信息,下层索引道路上移动对象轨迹段信息。相同的是,DR-tree 与 DISC-tree 下层都是使用 R-tree 森林索引轨迹段,不同的是 DR-tree 上层使用 QOP-tree 来索引路网路段,而 DISC-tree 上层使用 R^*-tree 索引路网路段。因此,在比较索引构建的时间开销时,先将 QOP-tree 和 R^*-tree 进行比较,接着再将 DR-tree 和 DISC-tree 进行比较。

如图 4-52 所示,随着路网路段的增长,QOP-tree 的构建时间开销比 R^*-tree 构建时间开销要大。这主要是由于 QOP-tree 在索引构建前需要把表示路网路段的二维矩形,映射为一维的相点;然后还要对这些相点根据"≤"关系进行排序,接着组织构建成 QOP-tree。而 R^*-tree 无须这些步骤直接进行插入操作构建成整棵树,虽然在构建索引时,R^*-tree 采取逐点插入的模式且插入时有可能导致结点分裂,但其结点分裂的传递性一般不强,仅需要对其中的某个结点进行分裂即可。因此,R^*-tree 构建索引的时间开销小于 QOP-tree。然而,对于路网来说,其道路和路段的信息长时间内基本不会发生变化,故路网路段索引只需要在最开始一次性构建好即可,之后主要是使用此索引的查询功能。相比使用 R^*-tree 来索引路网路段,使用 QOP-tree 对路网路段进行索引其查询性能明显优于 R^*-tree,下一节实验将给出。因此,如果构建索引的时间消耗在一定范围内偏高也是可以接受的。

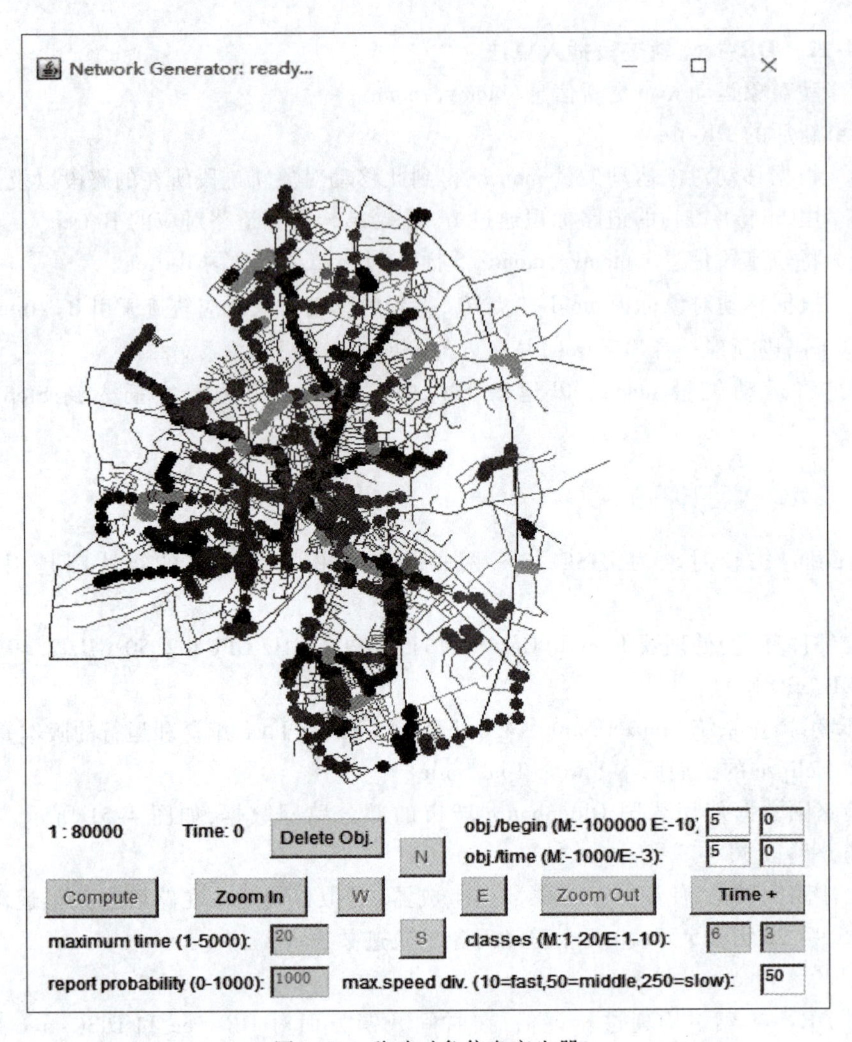

图 4-51 移动对象信息产生器

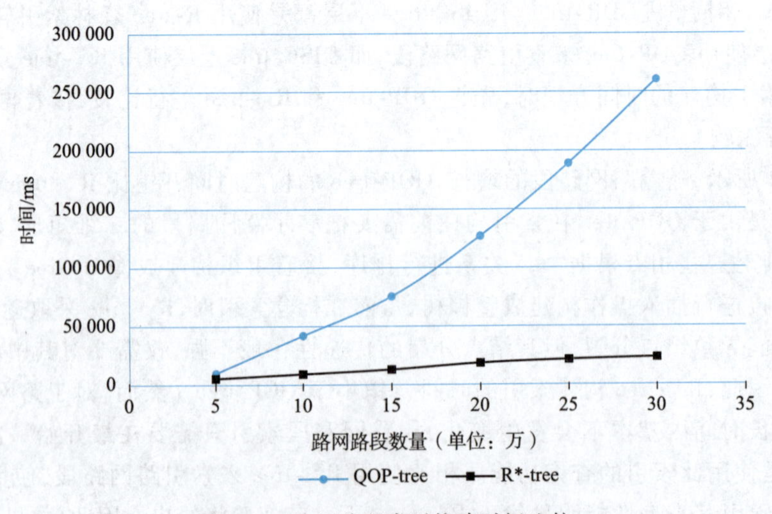

图 4-52 路网路段索引构建时间比较

如图 4-53 所示，给定实验条件下，DR-tree 要比 DISC-tree 的索引构建时间开销大。这是因为虽然 DR-tree 和 DISC-tree 都使用 R-tree 森林索引移动对象的轨迹段，但在路网路段索引构建时 DR-tree 要比 DISC-tree 花费的时间更多，且与 DISC-tree 对每一个移动对象都额外使用一个双链表作为辅助索引来索引此移动对象的轨迹不同，DR-tree 使用一棵 B^+-tree 作为辅助索引来索引此移动对象的轨迹，因此整体上索引构建时的时间开销DR-tree 要比DISC-tree 多。

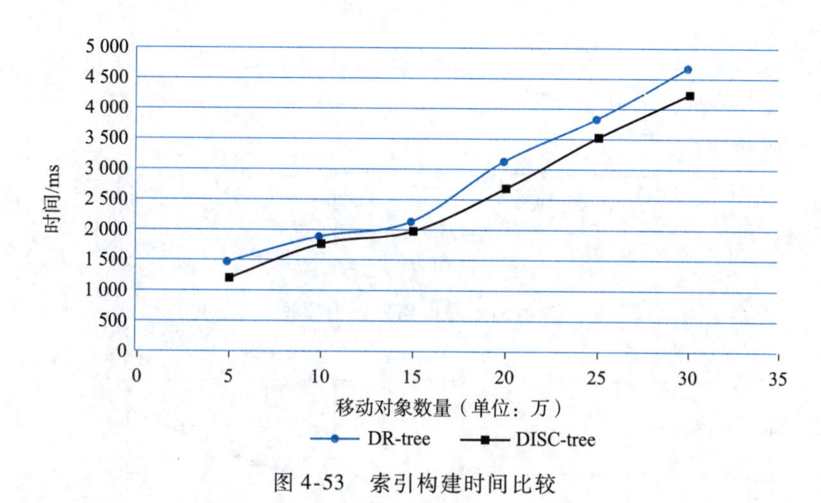

图 4-53　索引构建时间比较

2. 查询仿真评估

路网移动对象查询类型主要分为窗口查询、轨迹查询，因此从这两个方面进行实验来对比 DR-tree 和 DISC-tree 的查询性能。

(1)窗口查询

窗口查询是指给定一个时间区间和一个空间区域，查找在该时间区间内位于给定空间区域上的移动对象。DR-tree 和 DISC-tree 在进行窗口查询时，都先进行路网路段查询，接着根据查询到的路网路段定位到下层的 R-tree，再在下层 R-tree 上进行查询，因此本实验先给出路网路段查询比较，再给出整体的窗口查询比较。

如图 4-54 所示，随着路网路段数量的增长 QOP-tree 的查询时间开销比 R^*-tree 的查询时间开销要小。这主要是由于 QOP-tree 查询时实现的“一次一集合”查询模式。具体地说，就是 QOP-tree 将路网路段集合降维映射为相点，并构造拟序划分，然后对拟序划分内的每个拟序分支都使用一棵 B^+-tree 组织，这样在查询时，一旦在 B^+-tree 内查找定位到查询结果的临界点，则可得到整个查询结果集。而 R^*-tree 在查询时需要从上到下对其结点(包括其非有效数据中间结点)进行查找匹配，且经常由于空间重叠性问题，要查找多条路径，特别是当 R^*-tree 的某棵子树上的所有叶子结点都满足条件时，则会遍历整棵子树，这样时间开销会比较大。

如图 4-55 所示，实验考察评估分别在 5 万、10 万、15 万、20 万、25 万、30 万个移动对象上的平均查询时间花费。随着移动对象数量的增长，DR-tree 的窗口查询时间花费比 DISC-tree 少。这主要是在路网路段查询步骤，DR-tree 花费的时间开销要比 DISC-tree 更少。

(2)时间片查询

时间片查询是窗口查询的一种特例，如图 4-56 所示，DR-tree 查询性能优于 DISC-tree，其原因与窗口查询一样，这里不详细分析。

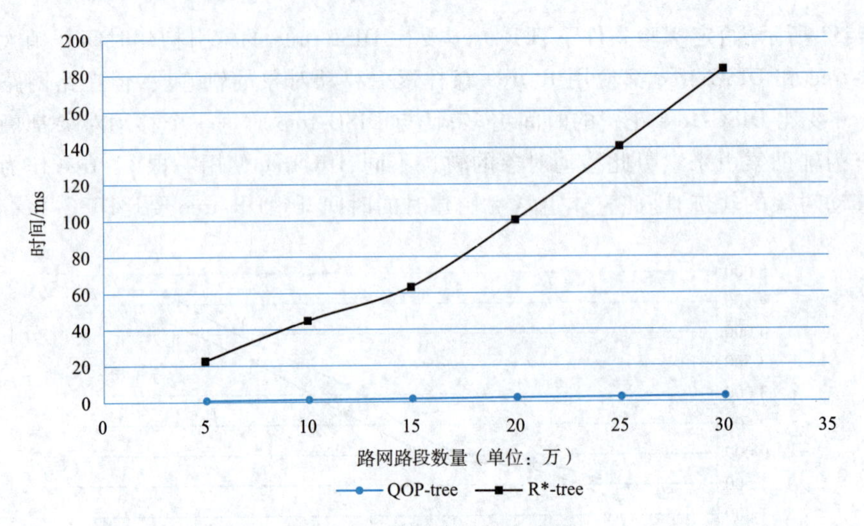

图 4-54　路网路段查询比较

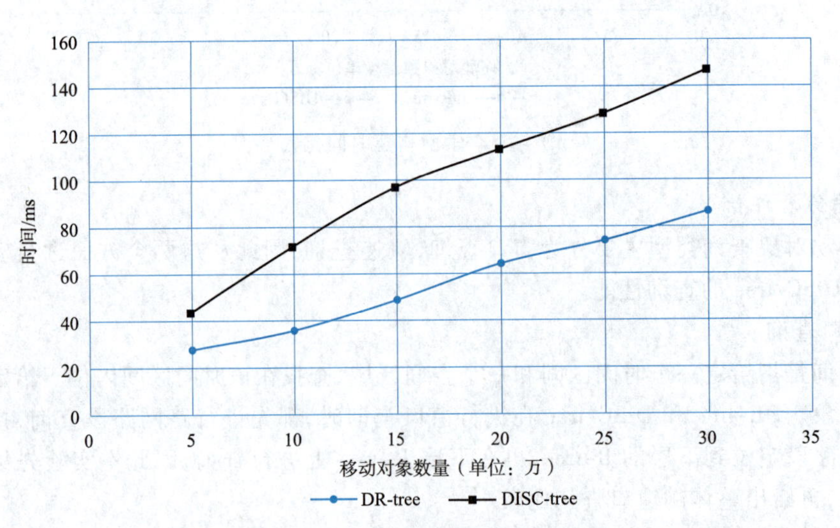

图 4-55　移动对象窗口查询比较

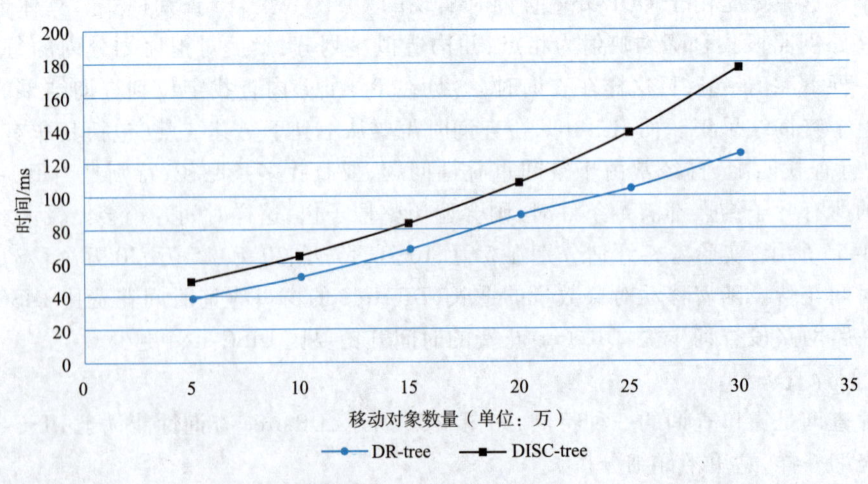

图 4-56　时间片查询比较

(3)轨迹查询

路网移动对象的轨迹查询主要分为两种类型:一种是给定查询窗口 $W = <x_1, x_2, y_1, y_2; t_1, t_2>$,要求返回满足条件的所有移动对象的轨迹段;另一种是给定查询条件 $Q = <\text{moid}, t_1, t_2>$,要求返回指定对象标识为 moid 的移动对象在 t_1 到 t_2 时间区间内的轨迹段。由于第一种类型的查询,查询方式和窗口查询一样,在前文"窗口查询"内容中已经实验比较过;故这里主要比较第二种查询类型,即实验比较某个移动对象随着此移动对象的轨迹段数量增长时,轨迹查询所需要花费的时间开销。

如图 4-57 所示,DR-tree 的轨迹查询性能明显比 DISC-tree 好。从理论上进行分析,假设某移动对象历史轨迹段数目为 n,由于 DISC-tree 在使用轨迹查询时使用的是线性链表辅助结构,故查询花费时间与轨迹段数目呈线性关系,即 $O(n)$;而 DR-tree 使用的是 B^+-tree 辅助结构,故查询花费时间与轨迹段数目呈对数关系,即 $O(\log n)$。这跟实验结果十分吻合。

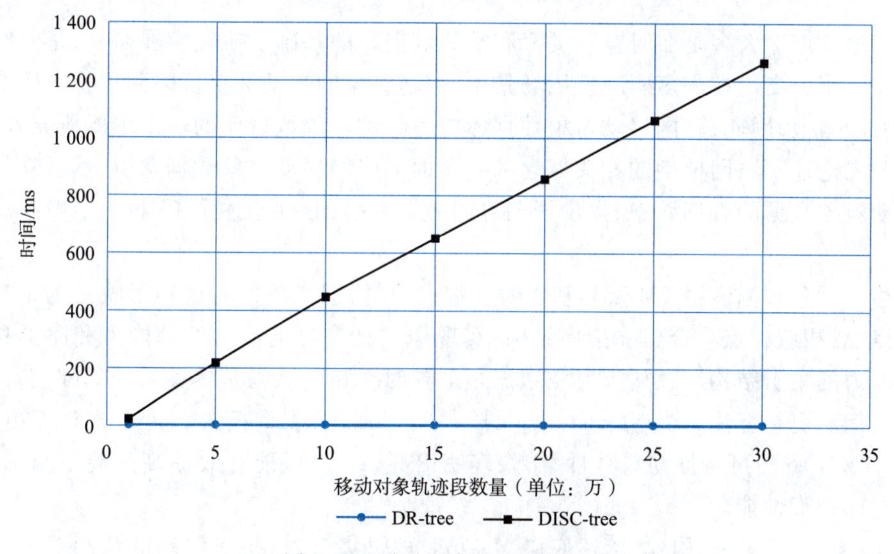

图 4-57　移动对象轨迹查询比较

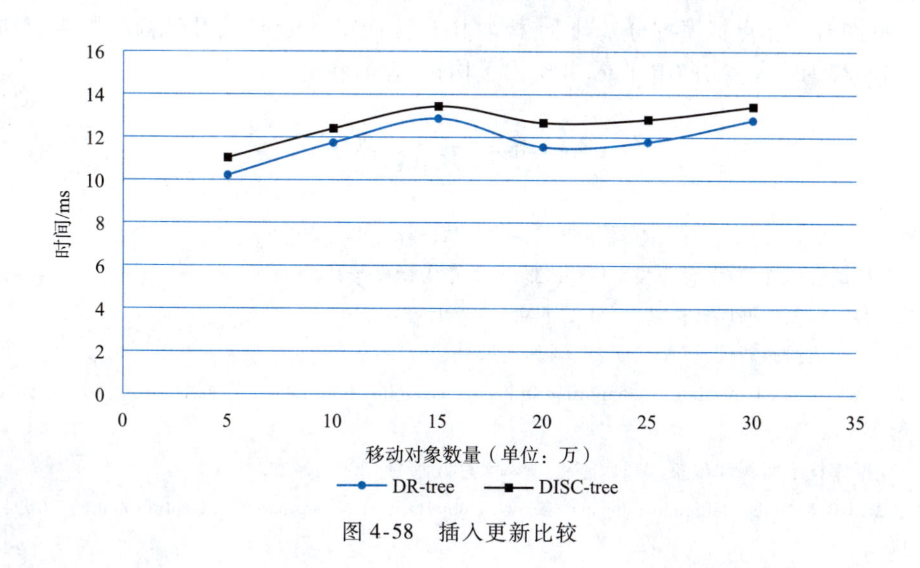

图 4-58　插入更新比较

3. 更新仿真评估

索引更新主要是插入更新。对于插入更新,由于路网道路和路段信息基本不变,因此主要考虑移动对象轨迹段的插入更新。

如图4-59所示,DR-tree的插入更新性能优于DISC-tree,这是由于在插入时,首先要在上层索引结构中查找路网路段信息,而实验已经表明,由于在这一步骤DR-tree使用QOP-tree索引路网路段,因此它的查询效率要高于使用R^*-tree索引路网路段信息的DISC-tree;而在下层进行插入操作时,DR-tree和DISC-tree在对应下层R-tree上进行插入操作花费的时间一样,在辅助的哈希结构和B^+-tree上进行插入操作时,性能也差不多。因此,综合起来,DR-tree的插入更新性能或优于DISC-tree或与DISC-tree差不多。

小　结

移动对象数据库大多是在时空数据库和空间数据库的基础上研究发展而来,是时空数据库的一个重要应用分支。在许多实际应用场景中,移动对象的运动大多被限制在特定的或者具有一定规律的网络上,因此,路网移动对象数据库成为移动对象数据库的一个重要研究方向。

本章首先论述了路网模型的相关概念和经典面向路网移动对象数据索引,然后立足于路网场景下移动对象数据的查询效率,提出了相应的数据索引,分别论述了PM-tree、LM-tree和DR-tree。

路网移动对象数据索引PM-tree基于时空相点映射,把二维的时空矩形映射为带参数的一维时空相点,对相应相点集合建立拟序结构,实现构建具有时空信息处理能力和路网移动对象信息处理能力的索引结构。在研究时空数据矩形与时空相点之间基本关系的基础上,讨论了索引的数据查询和更新算法,实现了PM-tree的“一次一集合”查询模式和增量式动态更新管理。最后,验证PM-tree的可行性与有效性,结果表明PM-tree不但能有效提高存储空间的利用率,还具有优越的查询性能。

LM-tree基于TDindex构建,论述底层Mo-tree索引集合,对每条线路的移动对象数据信息进行索引,研究了LM-tree的窗口查询、轨迹线查询以及增量式更新算法。

DR-tree在时空相点拟序划分基础上,构建其上层QOP-tree,给出其结构和构造、查询算法,最后提出路网移动对象索引DR-tree,并给出了构造、查询和更新算法。

参考文献

[1] 施耐德. 移动对象数据库[M]. 岳丽华,译. 北京:高等教育出版社,2009.

[2] 孟小峰. 移动数据管理:概念与技术[M]. 北京:清华大学出版社,2009.

[3] 郝忠孝. 移动对象数据库理论基础[M]. 北京:科学出版社,2012.

[4] 郝忠孝. 时空数据库新理论[M]. 北京:科学出版社,2011.

[5] DUNHAM MH, HELAL A. Mobile computing and databases: anything new[J]. ACM SIGMOD Record, 1995, 24(04):5-9.

[6] 王珊. 数据库技术回顾和展望[M]. 北京:清华大学出版社,2007:1-22.

[7] CHEN J, MENG X. Update-efficient indexing of moving objects in road networks[J]. GeoInformatica, 2009, 13(04):397-424.

[8] PATROUMPAS K, SELLIS T K. Managing trajectories of moving objects as data streams[C]. STDBM, 2004: 41-48.

[9] GÜTING R H, DE ALMEIDA T, DING Z. Modeling and querying moving objects in networks[J]. The VLDB Journal-The International Journal on Very Large Data Bases, 2006, 15(02): 165-190.

[10] DE ALMEIDA V T, GÜTING R H. Indexing the trajectories of moving objects in networks* [J]. GeoInformatica, 2005, 9(01): 33-60.

[11] BLIUJUTE R, JENSEN C S, SALTENIS S, et al. Light-weight indexing of bitemporal data [C]. In: Proceedings of the 12th International Conference on Scientific and Statistical Database Management, Berlin: IEEE Computer Society, 2000: 125-138.

[12] CHAKKA V P, EVERSPAUGH A, PATEL J M. Indexing large trajectory data sets with SETI[C]. In Proc. of the Conf. on Innovative Data Systems Research, CIDR, Asilomar, CA, 2003.

[13] ABDELGUERFI M, GIVAUDAN J, SHAW K, et al. The 2-3 TR-tree, A trajectory-oriented index structure for fully evolving valid-time spatio-temporal Datasets[J]. In Proc. of the ACM workshop on Adv. in Geoaphic Info. Sys., ACM GIS, 2002(11): 29-34.

[14] LEE M, HSU W, JENSEN C, et al. Supporting frequent updates in r-trees: a bottom-up approach[J]. In Proc. of the Intl. Conf. on Very Large Data Bases, VLDB, 2003, 29(02): 608-619.

[15] STANTIC B, KHANNA S, THORNTON J. An efficient method for indexing now-relative bitelnporal data[C]. In: Proceedings of the fifteenth conference of Australasian database, Dunedin, New Zealand: ACM International Conference Proceeding Series, 2004: 113-122.

[16] MORO M M, TSOTRAS V J. Transaction- time indexing [C]. Encyclopedia of Database Systems, 2009: 3167-3171.

[17] LOMET D, HONG M, NELNNE R, et al. Transaction time indexing with version compression [J]. Proceedings of the VLDB Endowment, 2008(01): 870-881.

[18] SALTENIS S, JENSEN C S. Indexing of moving objects for location-based services [C]. In Proc. of the Intl. Conf. on Data Engineering, ICDE, 2001: 463-472.

[19] SONG Z, ROUSSOPOULOS N. SEB- tree: An approach to index continuously moving objects [C]. The 4th International Conference on Mobile Data Management. Melbourne: Springer, 2003: 340-344.

[20] RIZZOLO F, VAISLNAN A A. Temporal XML: modeling, indexing, and query processing [J]. The VLDB Journal, 2008, 17(05): 1179-1212.

第5章 XML数据索引技术

进入21世纪,由于互联网系统的应用需求,数据管理模式向网络化方向快速发展,XML广泛应用于网络数据的交互整合,在Web 3.0的环境下,带有时态约束的时态XML数据管理正在成为数据库领域热点研究课题之一。

5.1 XML文档与XML数据

随着信息技术的迅猛发展,人们可以通过互联网从世界各地接收和发送信息,而信息交换过程中的一个突出问题就是数据结构的异构性,这将极大地阻碍对信息进行有效的使用。XML的出现正是针对这一问题而提出的解决方案。

5.1.1 XML文档

可扩展标记语言(extensible markup language,XML),是由W3C组织于1998年2月发布的一种标准,作为SGML的一个简化子集,它集成了标准通用标记语言(standard generalized makeup language,SGML)丰富的功能与HTML易用性的特点,以一种开放、自描述的方式定义数据结构。XML可以同时描述数据内容和结构特性,通过这些结构特性,可以了解数据之间的语义关系。HTML文件中的标识符仅用于控制如何显示内容(如字体的大小等),文件内容所表达的意义完全需要人们通过对文字的阅读才能理解。而XML则不同,它所用的标识符本身就蕴含着相应的语义信息,文件内容所表达的具体含义完全可以通过对语义的分析由机器来解释。因此,HTML与XML之间的差别可以通俗地概括为"HTML是写给人看的,而XML则是写给机器看的"。严格地讲,XML仍然是SGML。与HTML不同,XML有文档类型定义(document type definition,DTD),因而可以像SGML那样作为元语言来定义其他文件系统。如果把符号化语言分为元符号化语言和实例符号化语言,则SGML和XML都是元符号化语言。

XML不仅可以在出版界用于设计文档描述语言,也可以用于互联网的数据交换。XML不仅是SGML定义的用于描述内容的文档,而且在电子商务等各个网络应用领域使数据交换成为可能。XML之所以能够应用于各种领域,就是因为XML具有其他方法所不具备的数据描述特性,控制信息不依赖于应用软件,而是采用人和机器都可理解的标记形式来表现。XML使用标记(tag)来描述元素,而XML文件是由一个个称为元素(element)的部件构成。使用标记的描述方法可以保留原数据的意义和关系,进而可以在不同的系统之间进行灵活的数据交换,所以适合于各种平台环境的数据交换。这种优点得益于使用标记对数据进行描述，标记可以指出元素内容的开始和结束位置，在开始和结束元素之间是要表现的元素数据。

XML文档是一种树结构，它由根部开始扩展到叶子。

5.1.2 XML数据

在网络化时代，信息可以划分为三大类。一类信息能够用数据或统一的结构加以表示，称为结构化数据，如学生记录信息、交易明细等。结构化数据通常用来指存储在数据库中的，可以用二维表结构来表达其逻辑关系的数据，通过为这些数据建立相应的元数据可以实现对其进行有效的管理。结构化数据的每个实例都遵循预定义的模式中所指定的结构和约束。另一类信息无法用数字或统一的结构表示，如文本、图像、声音等，称为非结构化数据。非结构化数据也指代那些难以使用数据库二维逻辑表来表达其逻辑关系的数据，这些数据通常来自电子邮件、Word文档、报表、幻灯片文件、声音文件、图像等文件。

还有第三类数据，在指导数据将被如何存储和管理之前，本身就已经以特定的模式汇集。这些数据可能有特定的结构，但不是所有的信息都遵守同样的结构。某些属性可能由多个实体共享，但另一些属性可能仅存在于少量实体中。此外，由于实际需求的变化，一些特定的实体对应的数据随时可能需要引入其他附加属性，而且这些附加属性都不遵守预先定义的模式。这种类型的数据称为半构化数据。例如，所有的电子邮件有邮件标题、收件人等描述数据属性的元数据，同时，并非所有电子邮件都有抄送人的信息。

XML数据与半结构化数据非常类似，通常被看作一种特殊的半结构化数据。图5-1(a)所示为一个XML文档，该文档包含根元素dblp。dblp是所有其他元素的祖先元素。XML文档都由元素构成，而每个元素由起始标记、结束标记和标记之间的信息组成。元素可包含其他元素、文本或者两者的混合物。元素也可以拥有属性。XML文档中的元素形成了一棵文档树，如图5-1(b)所示。这棵树从根部开始，并扩展到树的最底端。父、子以及兄弟等术语用于描述元素之间的关系。在XML中，省略结束标记是非法的，所有元素都必须有结束标记。XML文档必须有一个元素是所有其他元素的父元素，该元素称为根元素，如图5-1(a)示的dblp。

与通常所谈论的半结构化数据相比，XML数据具有以下特点：

1. XML数据可以包含引用信息

XML数据中不同的元素之间可以通过ID来定义元素的唯一标识，同时可以通过IDREF来定义对某些ID元素的引用，这类似于关系数据库中的主外键引用关系。例如，图5-1(a)中的paper元素都有ID属性，而第6行的paperref元素通过cite属性与ID等于“002”的paper元素建立了联系，该关系如图5-1(c)所示。这种方式存在的问题是不同类型元素的ID值不能相同，即ID是全局范围有效的。

2. XML数据元素之间是有序的

通常有效XML文档的模式信息规定了在相应的XML文档中元素出现的顺序。如图5-1(a)所示，title元素必须出现在author元素之前。

3. XML数据中的元素是多元的

XML数据中的元素既可以包含文本，也可以包含子元素，有些元素可以同时包含文本和子元素。如图5-1(a)所示，paper元素含有三个子元素title、author及paperref，而第4行的title元素包含文本XML。另外，当某些元素在某个XML文档中出现时，可以是包含文本的元素，而在其他地方出现时，则可能是其他元素的父元素；同时，在某些特殊情况下，该元素可能既包含子元素，也包含文本值。

```
01  <? xml version ="1.0" encoding =" ISO -8859-1"?>
02  < dblp >
03        < paper ID -"001">
04              < title > XML </ title >
05              < author > Mike </ author >
06              < paperref cite ="002">
07        </ paper >
08        paper ID ="002">
09              < title > DB </ title >
10              < author > John </ author >
11        </ paper >
12  </ dblp >
```

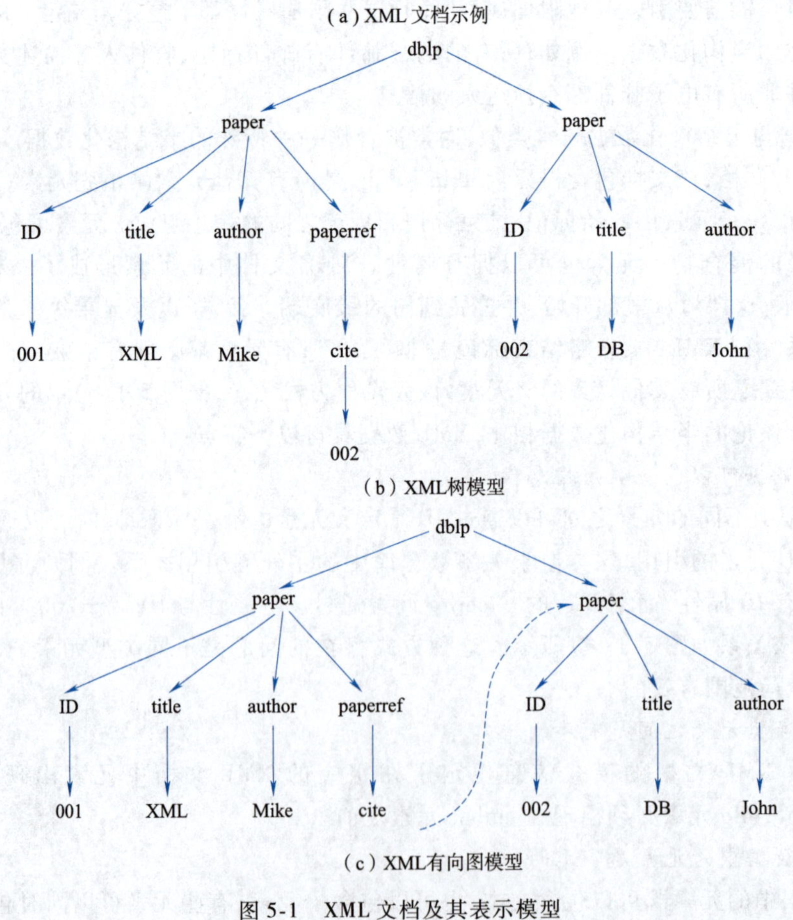

(a) XML 文档示例

(b) XML树模型

(c) XML有向图模型

图 5-1　XML 文档及其表示模型

4. XML数据中可包含多种数据块

XML数据中的有很多特有的数据块，包括处理指令、注释、声明、实体、DTD等。在如图5-1(a)所示的文档中，第1行是XML声明，用于定义XML文档的版本(1.0)和所使用的编码(ISO-8859-1)。XML声明没有结束标记，声明不属于XML本身的组成部分，它不是XML元素，也不需要结束标记。

5. 所有元素都必须彼此正确地嵌套

如〈a〉〈b〉〈/b〉〈/a〉，这是因为〈b〉元素是在〈a〉元素内打开的，那么它必须在〈a〉元素内结束。

XML面向内容，它具有更多的结构和更多的语义、良好的可扩展性、简单而易于掌握以及自描述等特点，适用于Web上的数据交换。

5.2 XML数据库与索引管理器

XML数据是一种带标签的树状结构，这与关系数据模型是不同的，因此，如何以一种自然的方式管理XML数据是一个新的挑战。所谓数据库就是一组相互有关联的数据集合，而XML数据库是一个XML数据的集合，这些数据是持久的并且是可操作的。

典型的XML数据库管理系统体系结构如图5-2所示。用户管理XML数据首先通过执行引擎模块建立一个数据库，这就是数据定义。数据定义确定了数据集内所有文档的模式结构。导入文档时，执行引擎把文档传送到数据管理模块，数据管理模块从逻辑上把XML文档划分成多个记录，然后传输到存储模块，选择适当的文件结构进行存储。

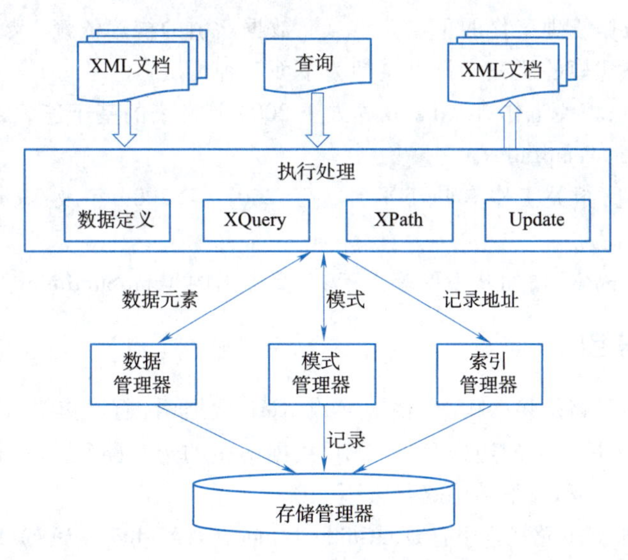

图5-2 XML数据库系统结构图示例

当需要对数据进行查询检索时，一个XML查询以文本的形式传送到查询执行引擎。在查询执行引擎中，XML查询将被解析成一个查询执行计划，此过程中从模式管理模块读取相关信息，判断该查询是否存在语义错误。查询执行引擎还可以对查询计划进行优化，如果存在合适的索引可以优化查询执行效率，查询执行引擎就可以通过索引管理模块直接访问数据库，而不

需要通过数据管理模块导航式地访问数据库。

XML 数据库存储管理技术包括存储、编码、索引等方法，其中通过对 XML 文件构建索引，可以加速查询处理的速度，为查询优化提供更好的支持。

XML 索引方面的工作大致有以下几方面：一方面是对 XML 文档上结点的带路径信息的编码建立索引，然后在查询某条路径上的结点时，首先通过索引将路径上的所有结点取出来，然后用某种结构连接的方法将各个结点连接起来；另一方面的工作是考虑到前面工作中结构连接的代价太高，于是考虑在索引的结构上，先将一条路径整体编码，然后索引这个路径的编码，从而避免连接路径上的结点；还有一些工作将 XML 文档看作线性表，然后将在 XML 上的查询看作在线性表上做检索操作，在这种线性表上建后缀树结构为基础的索引能够有效地满足查询要求。

5.3 XML 数据索引

索引对于加速查询处理有着非常重要的作用，其本质在于对查询进行了某些预计算，将查询时所必需的计算提前，在查询之前就完成，以提高查询时的响应速度。目前，在数据库乃至很多其他领域都有很多针对索引技术的研究及成形的索引技术。但是，对于 XML 数据而言，由于其本身所具有的独特的结构特性，而与以往数据有很大的差别。另一方面，对 XML 数据所要进行的查询也与以往的简单查询不太相同，往往涉及复杂的结构。XML 数据本身及其查询的这些特点注定了其索引必然有着自己新的技术特点和难点。

由于 XML 具半结构化特性及多种查询方式，建立数据索引在数据查询处理中存在重要作用，同时也是 XML 数据管理工作的重点与难点。数据索引的构建依赖于数据模型，通过查阅文献，对 XML 进行时态建模的研究工作可概括为下面三种情况：

①结点路径索引，相关工作有 Alberto 等人于 2004 年发表的基于连续路径索引，以及 Flavio 等人于 2008 年提出的 TempIndex。

②结点编码索引，相关工作有叶小平等人于 2007 年、2009 年及 Mohamed-Amine 等人于 2011 年建立的相关索引。

③整合结构和编码索引，如叶小平等人于 2012 提出的 TempSumIndex。

5.3.1 经典路径索引

路径索引的基本思路是将 XML 文档转换成 XML 数据图，通过扫描 XML 数据图得到路径索引图，其中索引图是用较少的边来存储 XML 数据图中的边。路径索引主要分为经典路径索引、基于模式的路径索引和扁平结构路径索引三类。

目前，主要的经典 XML 路径索引有 DataGuide、1-Index、$A(k)$-Index、$D(k)$-Index、$M(k)$-Index 等。

1. DataGuide

DataGuide 是斯坦福大学提出的 Lore 系统中所用的一种索引结构，它是对半结构化数据的一个简洁而精确的概括。它将 XML 数据图中由根结点开始经过相同标签值的所有路径存储在 DataGuide 中，在 DataGuide 中以一个结点集表示 XML 数据图中的多条边。一个 XML 数据图可能对应多个 DataGuide 索引图，为此，Lore 系统定义了一个 StrongDataGuide 模型。StrongDataGuide 的优点是如果在 XML 数据图中的简单路径到达的结点相同，那么这些简单路径存储在 StrongDataGuide 中相应的结点集中。例如,图 5-3(a)中 XML 数据图所对应的 Strong DataGuide 索引如图 5-3(b)所示。Lore 系统支持文档的动态更新,当文档更新时,Strong DataGuide 也被更新。

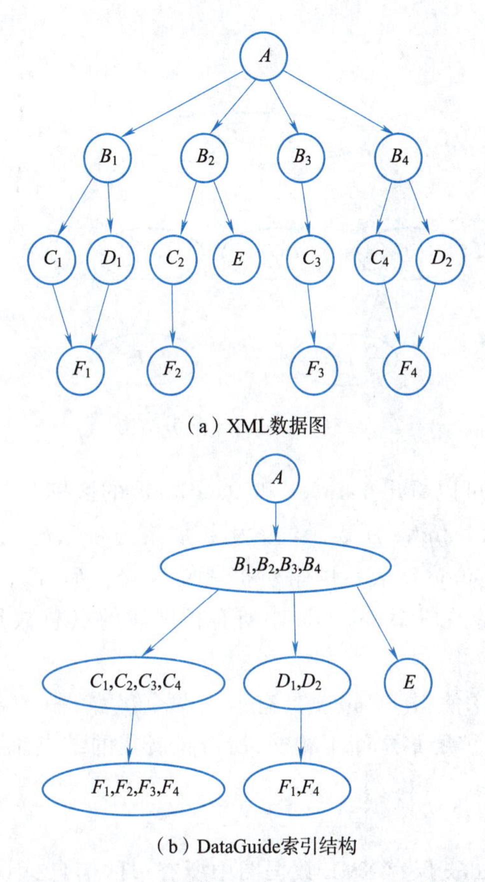

图 5-3　XML 数据图及其 DataGuide 索引结构

2. 1-Index

DataGuide 存在下列不足:DataGuide 是对 XML 数据图精确的概括,若 XML 数据图是图结构,那么建立 DataGuide 的时间和所需的空间可能是 XML 数据图小的指数倍。DataGuide 中各个结点的扩展集可能相交。

定义 5-1　双向相似关系(bi-similarity)　为了解决 DataGuide 的上述两个问题,1-Index 提出两结点"双向相似"关系:

①如果 $V \sim V'$,而且 V 是根结点,那么 V' 也是根结点。

②相反,如果 $V \sim V'$,而且 V' 是根结点,那么 V 也是根结点。

③如果 $V \sim V'$,而且对于任何 $U \rightarrow V$ 边,如果存在另一条边 $U' \rightarrow V'$,则 $U \sim U'$。

④相反,如果 $V \sim V'$,而且对于任何 $U' \rightarrow V'$ 边,如果存在另一条边 $U \rightarrow V$,则 $U \sim U'$。

如果仅仅满足①②条,则将两元关系"~"称为单向相似关系。

1-Index 索引中将"相似"的结点存放在一个扩展集中,设 E 是任意结点,$L(E) = \{1 | 1 = E_0 E_1 \cdots E$,其中 E_0 是根结点$\}$,能够证明:

$$U \sim V \Rightarrow L(U) \sim L(V)$$

根据这样一种相似的规则来对原始文档中的结点进行合并所得到的索引结构(仍然是图结构)其路径覆盖了原始文档中的所有路径,也就是说,这样的索引结构是安全的,不会遗漏返回的结果。图 5-3(a)的 XML 数据图的 1-Index 索引如图 5-4 所示。

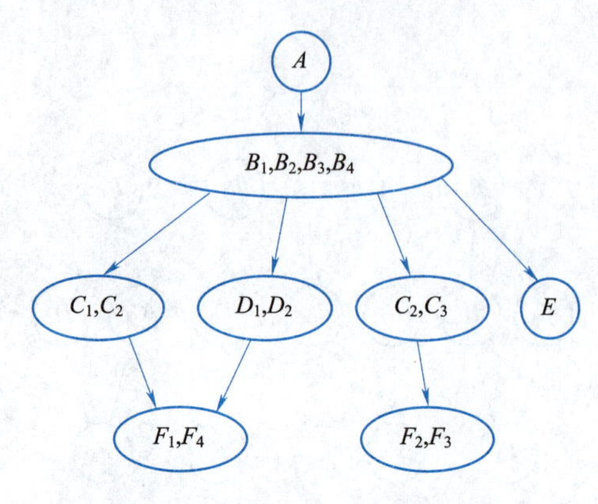

图 5-4　1-Index 索引结构

从图 5-3(b)及图 5-4 可以看出 1-Index 和 DataGuide 的区别和联系。

【例 5-1】　图 5-4 所示 1-Index 所表示的索引扩展集为$\{F_1,F_4\}$,$\{F_2,F_3\}$,各个扩展集之间并未相交。图 5-3(b) DataGuide 所表示的索引扩展集为$\{F_1,F_2,F_3,F_4\}$和$\{F_1,F_4\}$,很明显,扩展集之间是相交的。这可能造成 DataGuide 中所有扩展集的点总数是 XML 数据图中结点总数的指数倍。

利用两结点"相似"概念使得 1-Index 具有如下两个优点:一是索引大小和 XML 数据图大小呈线性关系;二是索引的扩展集之间不相交,所有扩展集的结点总数和 XML 数据图中结点总数相等。

3. $A(k)$-Index

由于 DataGuide 和 1-Index 保存 XML 数据图中所有边的信息,因此,使用这两种索引进行查询,其代价均很高。为解决该问题提出了 $A(k)$-Index。

$A(k)$-Index 提出结点之间具有"k 相似度"的概念,所谓 k 相似度包含如下两个含义:

①结点 u、v 若具有相同的标签,则结点 u、v 具有 0 相似度。

②若结点 u、v 具有 k-1 相似度,结点 u'是 u 的父结点,结点 v'是 v 的父结点,则结点 u'、v'具有 k 相似度。

$A(k)$-Index 的基本思想是,将 XML 数据图中结点的相似度为 k 的结点存储在索引图的同一个结点集中,这就意味着所有路径长度为 k 的路径全部存储在索引图中。

$A(k)$-Index 的查询策略分为以下两种情况:

①当查询语句的路径长度 $<k$ 时,在 $A(k)$-Index 中采用自底向上或自顶向下的查询策略都可以得到精确的查询结果。

②当查询语句的路径长度 $>k$ 时,在 $A(k)$-Index 索引中无论采用自底向上还是自顶向下的查询策略,所得到的查询结果都有可能包含错误的查询结果。

所以在这种情况下,还要将所得到的查询结果在 XML 数据图上进行验证,以确保所得到的查询结果是正确的。

【例 5-2】　如图 5-5 所示为 $A(k)$-Index,从图中可以看出,参数越小,这种相似性越局部化，换句话说，相似结点的数量会越多；当等于 0 时，凡是具有相同元素名称的结点均相似；当增大时，这种相似性就趋向于全局化，当趋于无穷大时，由于不会损失原始文档中的任何结构信息，因此，此时的 $A(k)$-Index 便会与 1-Index 或者 DataGuide 相同。

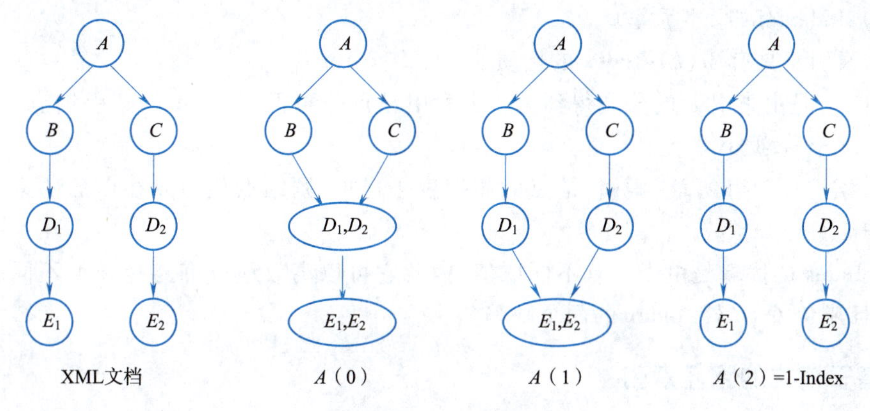

图 5-5　$A(k)$-Index 索引

同时，$A(k)$-Index 能够保证路径长度不超过的返回结果是正确的。采用 $A(k)$-Index 虽然会损失返回结果的精度，但却能较好地控制索引结构的大小。

4. $D(k)$-Index

$A(k)$-Index 中每个索引结点的相似度都为 k，$D(k)$-Index 是对频繁使用的路径进行索引，而频繁使用的路径长度往往是不相同的，因此，$D(k)$-Index 中的每个结点的相似度 k 也不相同。

$D(k)$-Index 有如下两个性质：

①每个索引结点与一个相似度 k 有关。

②给定一个索引结点的相似度 k，其父结点的相似度至少为 k-1。

$D(k)$-Index 主要由两种算法组成。

①索引创建算法：首先根据频繁使用的路决定每一个索引结点所需的最大相似度 k，然后由 $A(0)$-Index 开始迭代，分裂每个索引结点，直到它们的相似度达到最大相似度 k 为止。

②更新算法：对频繁使用的路径进行更新后，现有索引中的结点的最大相似度也要进行相应的更新。

5. $M(k)$-Index

$D(k)$-Index 主要存在以下两个问题：

①在更新算法中，对不相关结点的扩展集也进行分裂操作。分裂后的索引大小比满足查询需要的最小索引的大小要大得多。

②若结点 v 的相似度为 k，v 的父结点的相似度满足大于 k-1，$D(k)$-Index 更新算法对结点 v 的扩展集进行分裂操作，而实际上对于满足这类条件的结点 v，不应再对其结点的扩展集进行再分裂操作。

引起上述两个问题的原因是 $D(k)$索引的 k 值只能取一个值。

$M(k)$-Index 存在以下特点：

①每个索引结点的相似度 k 不相同。

②为了避免对不相关结点集进行分裂，$M(k)$-Index 的更新算法除了使用路径表达式之外，

还使用了频繁使用路径的查询结果。$M^*(k)$-Index 是多个类似 $M(k)$-Index 的集合，表示为 I_0，I_1，…，I_k 分别存储结点相似度从 0 分裂到 k 的索引。$M^*(k)$-Index 中各个索引之间结点分裂前后的结点由指针连接。

$M^*(k)$-Index 有如下性质：

①每个索引工具有 $M(k)$-Index 的性质。

②索引 I_{i+1} 是由索引 I_i 的分裂得到的。由索引结点分裂得到 1 +1 的索引结点，$I+1$ 索引结点的相似度至多增加 1。

③若 I_i 索引分裂得到 I_{i+1} 索引，结点的相似度不增加，则结点相似度在以后的索引分裂中也不会增加。

$M(k)$-Index 的优点是由于 k 有不同取值，因此它可以高效地查询路径长度不同的频繁使用路径，并且避免了 $D(k)$-Index 的两个缺陷。

5.3.2 基于模式的路径索引

XML 文档的文档类型声明（documene type declaration，DTD）规定了该文档什么样的规则是合法的，作用类似于模式，描述了 XML 文档的结构，并且通过给出 XML 元素的子元素和属性来定义元素的结构。路径索引 SUPEX 就是通过对 DTD 进行进一步的简化从而得到 XML 文档更简单易查的路径信息的。

1. 索引结构

SUPEX 包括三部分：结构图、元素映射表和索引记录。结构图是路径索引的主体，描述了符合 DTD 的文档中可能出现的路径；元素映射表是为了便于找到结构图中用同名元素名标记的结点而建立的入口索引；而索引记录是若干个元素记录的集合。

如图 5-6 所示，SUPEX 索引结构有一个标记为 ROOT 的入口结点，图中的每个结点 N 有两个标记，一个是 DTD 中定义的某个元素的名字，表示为 E-Label 另一个对应于一条标记路径，即从根结点 ROOT 到该结点的路径上结点的 E-Label 组成的序列，表示为 PLabel。每个结点，除了指向孩子结点的指针以外，还有两个特别的指针：Records 指向某个索引记录集合；Next-Element 指向结构图中与该结点具有相同 E-Label 的另一个结点。通过 Next-Element 指针，结构图中具有相同 E-Label 的结点形成了链表。Records 指针所指向的索引记录集合中则包含了所有 Context 等于 PLabel 的数据元素。

实际上，结构图是对 DTD 图中顶层元素结构的总结，所有以这些顶层元素为根元素的 XML 文档中可能出现的从根开始的路径都出现在结构图中。

需要特别指出的是，当 DTD 图中没有环时，构造出的结构图是树状结构；当有环存在时，除了环中指向祖先结点的边外，整个结构图仍然呈树状结构。在这种情况下，对结构图中的结点采用（Order：Size，Tag：BeginOrder）的形式进行编码，以辅助路径表达式的计算。其中，Tag 可以有 3 个取值；0 表示该结点不是环中的结点；1 表示该结点处在一个环中；2 表示该结点处在以某个环的入口结点为根的子树中。当 Tag 取值为 0 时，BeginOrder 也为 0；当 Tag 取值不为 0 时，BeginOrder 取值为该结点所在环的入口结点的 Order。图 5-7 所示为一个结构图结点编码的示例。

该编码有这样的性质，当结构图中任意两个结点 $N_1(O_1:S_1, T_1:B_1)$ 和 $N_2(O_2:S_2, T_2:B_2)$ 满足下面条件之一时，则 N_1 和 N_2，可能有祖先-后代关系。

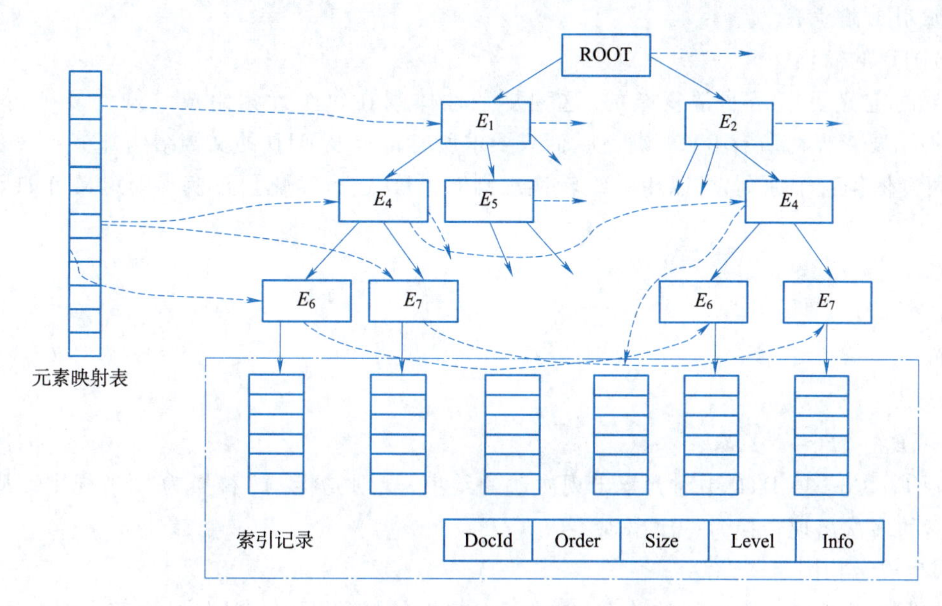

图 5-6　索引结构组织

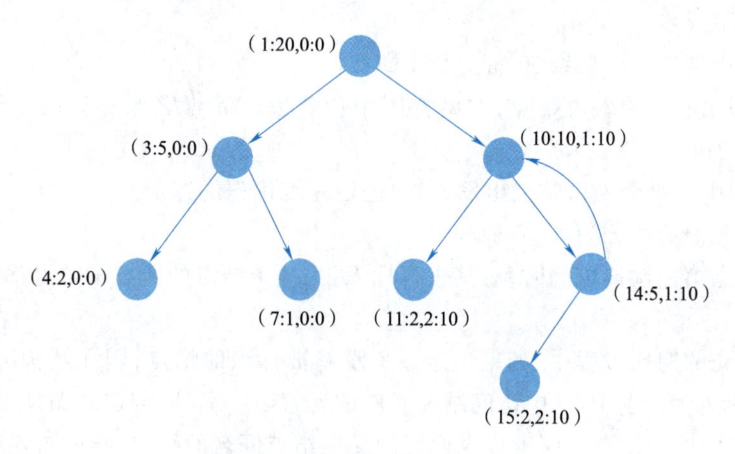

图 5-7　结构图结点的编码示例

①N_1. Order < N_2. Order, N_2. Order < N_1. Order + N_1. Size。

②N_1. Tag = 1, N_2. Tag = 1, N_1. BeginOrder = N_2. BeginOrder。

③N_1. Tag = 1, N_2. Tag = 2, N_1. BeginOrder = N_2. BeginOrder。

结构图中具有相同 E-Label 的结点链表根据结点 Order 从小到大的顺序连接，有利于索引的检索。元素映射表则是为了方便对结构图中具有相同 E-Label 的结点的快速访问而建立的。它采用 B^+ 树的形式，以元素名字符串作为键值。叶子结点中的每个索引项指向结构图中 E-Label等于该元素名的链表的第一个结点。索引记录由若干个元素索引记录集合组成，每个元素索引记录的结构如图 5-6 所示，包括元素结点在文档树中的编码及其他信息。每个集合对应于结构图中的一个结点，由具有相同 Context 的数据元素记录组成，集合中的记录按照 DocId 和 Order 排序。

2. 索引创建步骤

(1)DTD 的简化

DTD 的定义可以是非常复杂的,这种复杂性体现在每个元素组成结构的复杂定义上。SUPEX 并不要求保留所有 DTD 的特性,而只要求所有符合该 DTD 的文档结构都被包含在结构图中即可。依据这个原则,可以用一组转换规则对 DTD 进行简化。转换规则定义有如下五条规则:

①$E_1 * \rightarrow E_1$

②$E_2 ? \rightarrow E_1$

③$E_1 + \rightarrow E_1$

④$E_1 | E_2 \rightarrow E_1, E_2$

⑤$\cdots, E_1 \cdots, E_1 \rightarrow \cdots, E_1, \cdots$

规则①~③去掉 DTD 中对元素出现次数的约束,规则④将“|”替换为“,”,规则⑤则将同名子元素的多次出现转换为一次出现。

(2)生成结构图

结构图关注的是元素之间的关系,省略了对属性的描述,因此在图中,用结点表示 DTD 中的元素,表示元素之间的嵌套关系,每个元素在图中只出现一次。从 DTD 图出发,构建结构图的方法可分为如下三步:

①在结构图中创建一个根结点,标记为 ROOT。

②对 DTD 图中所有的入口结点,在结构图中创建以其元素名为标记的新结点,并添加从 ROOT 指向它们的边。

③从 DTD 图中的每个入口结点出发,对图进行深度优先的遍历。

图的深度优先遍历可分为如下三步:

①当一个结点第一次被访问时,对其进行标识;当一个结点的所有子结点都被访问过时,则取消该标识。

②在深度优先的遍历过程中,如果到达一个没有被标识的结点,则在结构图中创建一个新结点,该结点的标记为当前 DTD 中访问结点对应的元素名。另外,创建一条从结构图中最近创建的与当前 DTD 中访问结点的深度优先遍历的父亲结点同名的结点,指向新建结点的边。

③如果试图访问一个已被标识的结点,则在结构图中添加一条从最近创建的结点指向最近创建的与 DTD 图中当前访问结点同名的结点的边。

结构图对 DTD 图中元素的结构进行了树状的扩展,当 DTD 图中没有环时,所得到的结构图实际上是一棵树,得到结构图后,在结构图中建立相应的链表结构,并构建元素映射表。图 5-8 给出了一个结构图构建的示例,图 5-8(a)所示为一个 DTD 图,图 5-8(b)所示从 DTD 图中得到的结构图。

索引是基于 DTD 创建的,即在数据装入之前就可以建立索引结构。此时索引记录是空的,没有具体的数据元素的索引记录。随着 XML 文档的载入,每个文档经过 XMLparser 分析后,可以将文档中的各个数据元素的索引记录根据其 Context 插入相应的索引记录集合中。

3. 基于 SUPEX 索引的查询处理算法

SUPEX 索引有两个入口:元素映射表和结构图,支持两种基本查询。

①给定一个元素的名字 E,通过元素映射表可以快速找到结构图中 E-Label 为 E 的表的头

指针，从链表的头出发，依次访问链表中的结点，就可以得到所有名字为 E 的元素的索引记录。这是采用连接方法计算元素之间基本结构关系的基本要求。

②从结构图的根结点开始，可以根据某个路径表达式对结构图进行遍历，找到满足路径表达式的结构图结点，从而得到相应的元素索引记录集合。

一个复杂的路径表达式可以分解为一组基本的结点间结构关系，路径表达式的计算也可以转化为先计算这些基本结构关系的匹配，再对其结果进行匹配。结点间的基本结构关系有两种：父子关系和祖先-后代关系，索引提供了对这两种关系的查询支持。

形如 E/E 的路径表达式描述了名为 E 的元素和名为 E 的元素之间的父子关系，得到满足这种表达式的结点对可以有效地支持路径表达式的计算。这里的索引结构支持 Parent-Child（EE）形式的查询，它首先通过元素映射表找到 E-Label 为 E 的链表头结点，然后从头结点开始，对该链表中的每个结点进行如下处理：在结构图中查找该结点是否有 E-Label 为 E 的孩子结点，如果有，则对两个结点所对应的索引记录集合根据父子关系进行排序，合并连接，将结果加入输出列表中。采用这种方法，只有真正相关的元素结点才会进行连接。例如，对符合图 5-8 的数据查找 Parent-Child（Book，author），结构图中的 Book 结点所对应的索引记录只会与 Book 的孩子结点 author 所对应的索引记录进行连接，而不会去对 Article 结点下的 author 结点进行无谓的计算。

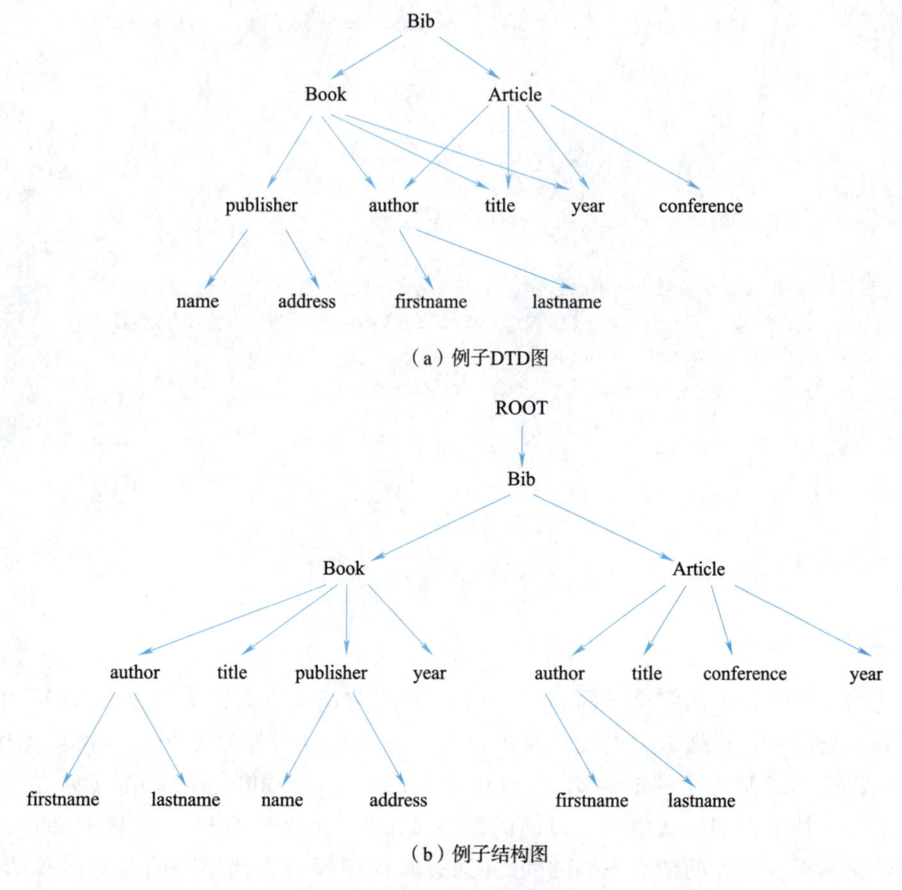

图 5-8　结构图构建示例

另一种基本结构关系——祖先后代关系的表达式形如 E//E,该类表达式的计算采用树遍历的方法代价是很大的。索引结构支持形如 Ancestor Descendant(EE)的查询,可以得到满足 E//E 的结点对,具体的算法如算法 5-1 所示,先通过元素映射表分别得到 E-Label 为 E 和 E 的链表头结点,然后根据这两个链表中的结点在结构图中是否满足祖先后代关系决定是否对它们应索引的记录集合进行排序合并连接。由于结构图中的链表是根据结点的 Order 有序的,所以两个链表结点的匹配过程也是根据祖先后代关系排序合并的过程。需要注意的是,当结构图中有环存在时,图中结点的祖先后代关系判断需要借助于额外的编码(Tag:BeginOrder)。

算法 5-1　祖先后代关系的查询算法 Ancestor Descendant

```
01 Input:E1 祖先结点的名字;E2 后代结点的名字
02 Output:满足 E//E 表达式的结点对集合的列表 Outlist
03 从元素映射表得到 ELabel 为 E 的链表头结点 FirstA
04 从元素映射表得到 E-Label 为 E 的链表头结点 FirstD
05 for(a = FirstA;a! = NULL;a = a- > NextElement)
06  {
07    for (d = FirstD: d I = NULL &&d. order < a. order;d = d-> NextElement
08    {
09      /* 跳过不匹配的后代结点* /
10      if(((d. Tag = 2) &&(a. Tag = 1) &&(a. BeginOrder = d. BeginOrder))
11        ((d. Tag = 1) &&(a. Tag = 1) &&(a. BeginOrder = d. BeginOrder)))
12        break;
13      end if
14    }
15    end for
16    FirstD = d;
17    for(d-FirstD;d! = NULL;d = d-> NextElement)
18  {
19  if(((a. Order < Order < d. Order) &(d. Order(a. Order + a. Size))
    ((a. Tag_1 ) &&(d. Tag = 1) &&(o. BeginOrdermd. BeginOrder)((a. Tag-1) &&(d. Tng = 2) &&
    (a. BeinOrder = d. BeginOrder)))
20      a > Recordsd-Records 进行排序合并结果加入到 Outlist
21     end if
22  }
23  end for
24 }
25 end for
```

5.3.3　基于序列的索引

序列化的结构查询方法完全不同,它的中心思想是将结构查询转化为序列匹配一个更加一般化的问题来处理。这样做最大的优点是可以避免查询中耗时和繁复的结构连接操作。王海勋等人第一次提出了基于序列的 XML 索引技术 ViST(virtual suffix tree),在这种方法中,XML 结点按照它在文档中出现的从根到它自己的路径来编码,在此基础上 XM1 数据和查询的树状结构都被转化为深度优先的结点编码的列,并通过查询序列与文档序列的匹配回答结构查询。PRIX(praveen index)采用了一种更加简单的结点编码,并通过 Prufer 方法将数据和查询转化成序列,Prufer 方法保证了转化的可逆性,它也是通过序列匹配执行查询,并且它还通过一系列的受限规则保序列匹配得到的查询结构与原来树结构上的查询结构的一致性。

1. 索引结构

将XML数据序列化包含两部分内容：一是对XML树中的结点编码；二是采用一种序列化的方法将XML数据表示成结点编码的序列。所谓有效的序列化法，一方面要保证转化后的序列能够与原来的XML数据保持映射的关系；另一方面要求在保证第一个前提的基础上允许序列化的操作具有最大的灵活性。

(1)结点的序列化编码

在序列化过程中，不同的序列化方法如深度优先、广度优先或Prufer等，会产生不同的序列，对于索引和查询的性能也会产生影响。因此，序列化的一个原则是要最大限度地保证序列的灵活性。如果结点编码在序列中出现的位置是灵活的，就意味着序列匹配的操作更加容易，同时可以在不同的序列中选择查询性能最优的。遵循一原则，要求在结点编码中尽可能多地包含结点的信息，即结点在XML树状结构中的位置信息。序列化编码可以使人们从它的编码中得出结点在树中的层次和判断祖先后代关系的辅助信息。例如，对于如图5-9(a)所示的XML文档，它的结点编码集合如下：

a:{P,PR,PD,PRL,PDL,$PRLv_1$,$PDLv_2$}。其中，v_1(boston)、v_2(newyork)代表属性值结点，结点R的编码为从根到其路径PR，易知它处在树的第二层，P的编码为P，是PR的前缀，因此P可能是R的祖先，但是编码为PD的结点D肯定不是R的祖先或者后代，因为两者的编码都不是另一个的前缀。显然，这种结点编码之间的前缀关系是结点在树中祖先后代关系的必要条件。有了路径结点编码的信息，加上序列化方法中的简单限制条件，就可以在查询时方便地判断祖先后代关系。

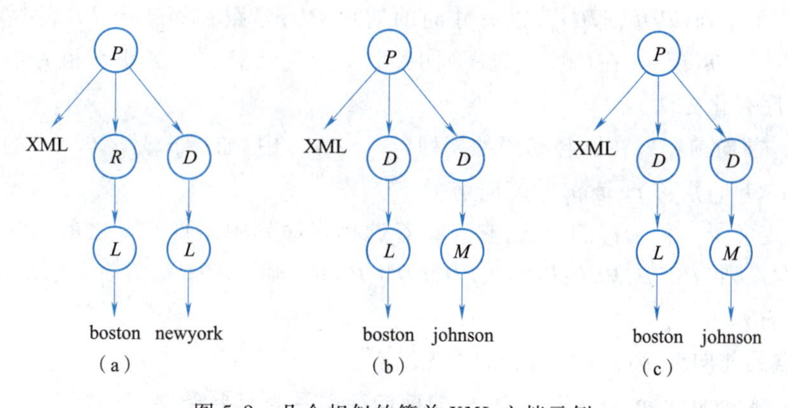

图5-9　几个相似的简单XML文档示例

路径编码的一个缺点是编码很长，序列化的存储代价较高。解决这个问题很简单，最直观的方法是将结点的路径编码哈希映射到一组整数，这样序列化的存储代价将降到最低。同时，建立一个映射表记录路径编码之间的前缀关系，通过它可以查找两个整数之间的前缀关系。这种方法极大地降低了存储的开销，但却不会降低查询的性能。

例如，图5-9(b)和图5-9(c)中的XML文档，它们中的结点编码集合分别如下：

b:{ P,PD,PDL,$PDLv_1$. PD,PDM,$PDMv_3$}

c:{ P,PD,PD,PDL,$PDLv_1$,PDM,$PDMv_3$}

可以发现，两个集合是完全一样的，但是它们对应文档的树状结构显然不一样，这是因为文档包含相同兄弟结点(P 的两个 D 孩子结点)。因此,必须借助一定的序列化的规则保证文档和序列之间的一致性。这里给出两个定义。

定义 5-2 Ancestor 关系 任取序列中的两个结点 p_i 和 p_j,当且仅当它们在原树状结构中满足 p_i 是 p_j 的祖先的关系时,记为 Ancestor(p_i,p_j)关系成立。

定义 5-3 有效序列化方法 如果一种序列化方法生成的序列能够表达出序列中经过路径编码的结点间的 Ancestor 关系,则称其为一种有效序列化方法。

有效序列化方法的判据在于生成序列表结果,所以寻找序列表中 Ancestor 关系的充要条件是关键。下面从一个例子展开分析。表 5-1 中所示为上面 b、c 两个文档的深度优先和广度优先序列。

表 5-1 文档的不同序列表示

序列方法	文档	序列表示
深度优先	b	$\langle P,PD,PDL,PDLv_1,PD,PDM,PDMv_3\rangle$
	c	$\langle P,PD,PD,PDL,PDLv_1,PDM,PDMv_3\rangle$
广度优先	b	$\langle P,PD,PD,PDL,PDM,PDLv_1,PDMv_3\rangle$
	c	$\langle P.PD,PD,PDL,PDM,PDLv_1,PDMv_3\rangle$

从表 5-1 中可以发现,两个不同文档的广度优先序列完全一样,所以广度优先不是一种有效的序列化方法。但是,深度优先序列则可以还原成原来的两个不同文档。在文档 b 的序列中,子序列$\langle PDL,PDLv_1\rangle$都有共同的前缀 PD,紧跟在第一个 PD 后面的是它的后代结点;在文档 c 的序列中,子序列$\langle PDL,PDLv_1\rangle$也有共同的前缀 PD,紧跟在第二个 PD 的后面,是第二个 PD 的后代结点。可以证明,在深度优先序列中,由于后代结点总是紧跟在祖先结点之后,所以它是一种有效序列化方法。

定义 5-4 前向前缀 在路径编码的序列$\langle p_1,\cdots,p_n\rangle$中,如果 p_i 是 $p_j(i<j)$ 的前缀,并且不存在 $p_k=p_i,(i<k<j)$,称 p_i 是 p_j 的前向前缀。

前向前缀定义了一种选择的方法,它意味着选择在序列中出现在 x 之前,并且与其前向的前缀。例如,在序列$\langle P,PD,PDL,PDLv_1,PD,PDM\ PDMv_3\rangle$中,$PDMv_3$ 的前向前缀是第二个 PD,而不是第一个 PD。

显然,结点的前向前缀可能是结点的祖先结点。

定理 5-1 Ancestor(p_i,p_j)与 p_i 是 p_j 的前向前缀互为充要条件

根据定理 5-1 可以得出一条有效序列化的准则,即在序列化过程中,如果有 Ancestor(p_i,p_j)成立,则保证转化后的序列中 p_i 是 p_j 的前向前缀。

定义 5-5 受限序列 通过有效序列化方法生成的序列,称为受限序列。它与一般的序列不同,在序列的路径编码顺序关系中隐藏了 Ancestor 关系的判断规则。

(2)序列化编码后的索引结构

索引结构首先将路径编码映射为整数,然后采用深度优先的序列化方法将文档转化为序列并插入索引树结构中。在索引树中,单个的文档序列是其中的一条从根向下的路径编码的路径,路径的尾部叶结点链向一个标志文档的编号;对于结构相似的许多文档,它们的序列表示前面一部分是相同的,形成了路径的共享。索引树的结构如图 5-10 所示,r 为树结构根结点。

通过图中的水平链(图 5-10 中带箭头实线),索引树中具有相同路径编码的结点被连到一起,形成单个索引,索引的索引项为路径编号结点在索引树中的区域编码(图 5-10 中的整数对)。通过区域编码,可以判断路径编号结点在索引树中的祖先-后代关系。

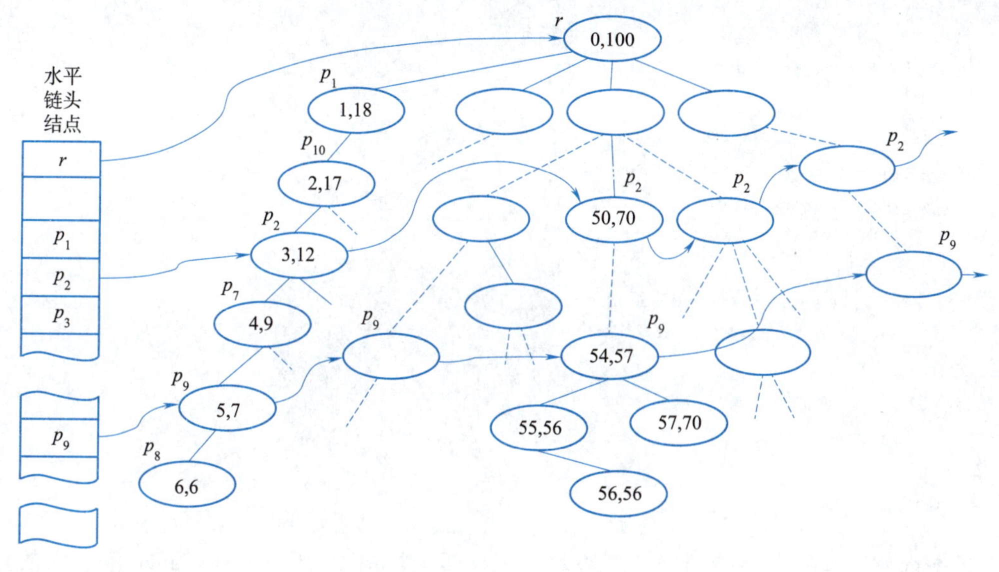

图 5-10　索引树的结构

2. 基于序列化索引的匹配算法

序列匹配的查询算法是基于索引结构的,对于单个文档上的查询,实际上就是索引树中只包含一个文档的情况,已经包含在所有情况之中。基本的受限序列匹配过程可以描述如下:

假设有用 XPath 语句表达的结构查询:XPathQry1:$P,A[C],D$。

这是一个典型的结构查询,具有树状的结构。首先它按照有效序列化的准则被转化为序列 SeqQry1:$<P,PA,PACPAD>$。

接着,查询中访问到的路径编码的索引被查询引擎装载,这些索引称为活跃索引。这时,序列匹配的查询算法被执行,当找到一个完整的匹配时,在文档索引中通过它的区域编码来查找它出现的文档集,作为结果返回。

序列匹配查询算法的基本思路是在数据中逐个寻找查询序列中每个路径编码的匹配项,其中数据就是活跃索引的内容。在读取索引数据时,传统的方法是查询引擎向索引索要数据项,但是算法则采取了另外一种思路——归并的思想。

活跃索引中的每一个索引都被看成是一个归并列,而它们一起组成一棵归并树索引项按区域编码的顺序依次从归并树中输出并被查询引擎所接受,同时,由于知道当前的索引项来自哪一个归并列(索引),因此查询引擎可以进行匹配操作。

序列匹配的查询伪算法描述如下:

算法 5-2　基于序列化索引的序列匹配算法 SeqSearch

```
1 Function SeqSearch(Q)
2 Input:一个受限序列查询 Q
3 Output:数据集 D 中所有包含查询结构 Q 的文档
4 Ler Q = <p1,…,pi,…,pn>;
```

```
5 Let I=Q 中所有路径编码 p_i 的索引组成的归并树
6 Let curItem=first merge item in I
7 Search(0,MaxRange);
8 Procedure Search(i,Range)
9  //i 表示 Q 当前的匹配位置,Range 表示编码范围;
10  cutItem=getNextMergeItem();
11  if(i==n)
12    通过 Range 和文档 ID 号在文档索引中进行查找
13 while(curItem 在 Range 范围内)
14    while(curItem 在 Range 范围内 and cutItem.col>i)
15        curItem=getNextMergeItem();
16    end while
17    if(cutItem 不在 Range 范围内)
18       return;
19    end if
20    if(cutItem.col<=i)
21      Search(curItem.col+1,curItem.Range);
22    end if
23 end while
```

上述查询算法是一种递归调用的算法。在一趟匹配算法中,所有处在 Range 范围内的索引项都将被扫描到(第 13 行的 while 循环)。如果存在当前查询路径编码的匹配(第 20 行,curItem.col==i),则调用查询中下一个位置的匹配过程;如果遇到区域内的某个索引项是查询序列中比当前匹配位置更靠前的路径编码 p(第 20 行,curItem.col<=i),则意味着遇到的是相同的兄弟结点。也就是说,上一个相同兄弟结点的后代结点已经都被扫描过,所以接下去从 p_i 后面的位置在 p_i 的区域内做进一步的匹配。如果整个查询序列均已匹配完成,则输出一组结果。这一程序的逻辑结构非常清晰。

在传统的查询处理中,查询引擎通过主动地访问索引来提取数据,所以不能及时发现匹配过程中可能遇到的相同兄弟结点;但在上面的算法中,归并策略能够有效地避免这一问题。

图 5-11 所示为一个包含相同兄弟结点的索引树的片段。假设有查询序列 $\langle P,PL,PLS,PLB\rangle$,在匹配过程中,当匹配完成 *PLS*(对应索引项 a,b,c),在匹配 *PLB* 时遇到图中的结点路径编码为 *PL* 的 d,*PL* 在查询中比 *PLB* 靠前,表示遇到了 b 的相同兄弟结点,根据前向前缀的有效序列化方法的限制,所有 b 的后代结点必须出现在 d 之前(否则,d 就成了其前向前缀,与定理 5-1 冲突)。所以,遇到 d 表示 b 结点的所有后代结点已被扫描,接下来从查询序列中 *PL* 的位置重新开始匹配 d。

基于序列的索引其最大的优点就是可以避免查询中耗时和繁复的结构连接操作。DataGuide 的获取代价比较大,同时由于 DataGuide 会存在结点的重复,因此总体性能不如 1-Index。$A(k)$-Index 实际上可以看作 1-Index 的扩展,它使得在正确性与索引结构的大小这两者的权衡上更加灵活。SUPEX 索引是充分利用 DTD 信息而建立的索引,它使得任何路径表达式的计算都可以不用访问原始数据而直接在索引记录上进行。

路径索引的 XML 查询方法虽然只能够解决单路径查询,但是其创建却不受 XML 文档结构的约束,XML 文档既可以是树结构,也可以是图结构。而基于序列的索引可以解决仅有分支查询问题,虽然避免了一些繁复的结构连接,但是它只适用于树结构的查询处理。

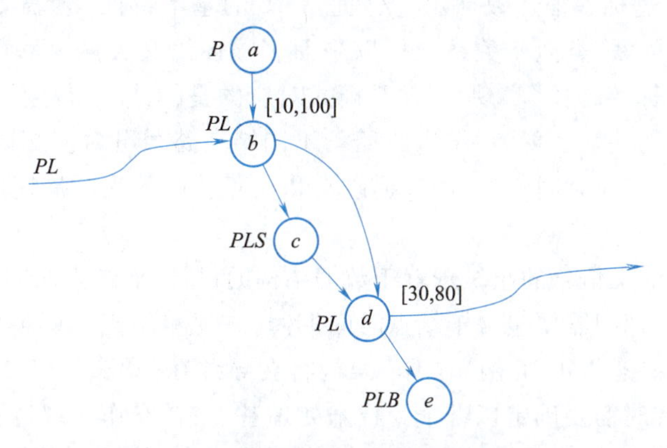

图 5-11　包含相同兄弟结点的索引数片段

5.4　时态 XML 数据索引 TX-tree

时态 XML 数据索引 TX-tree 基于 TDindex,针对时态 XML 进行数据管理。从本体角度出发,时态 XML 数据由“语义”、“时间”和“结构”三部分信息组成,而整合“时态信息”和“数据本体”需要对以上三类信息进行协同处理。TX-tree 在数据处理上类似于关系数据库“先投影,后选择”,在进行数据处理时优先排除大部分不合约束的数据,再对剩下的数据进行下一步操作。与将数据结构信息作为查询入口的常规模式不同,TX-tree 优先进行“语义”过滤,同时将 TDindex 建立于“语义”层面上,通过对结点配置广义深度优先遍历编码以处理结构连接。

在 Web 3.0 推进下的大数据环境中,以时态 XML 为代表的新型时态数据管理已成为时态数据库新的主要研究方向之一。

XML 独特的半结构化性质和复杂多样的查询方式,使得数据索引在查询过程中发挥重要作用,也成为数据的管理重点与难点。

时态 XML 的相应查询是一个对各种因素进行精细分析和整合配置的协同过程。这里需考虑初始模块选择和多模块协同两个因素。XML 结点有效时间是结点语义的生命周期;结构反映了结点间语义关联,是对结点不同语义层次的描述。从本体来看,XML 的本体核心元素是“语义”,技术实现关键是“结构”;从数据查询过程考虑,由“语义”到“时间”再到“结构”,技术处理复杂度顺次递增。与关系数据查询中先进行简洁一元运算(选择和投影)再完成复杂二元运算(连接)类似,对于时态 XML 先做“语义”过滤再进行“时态”和“结构”处理具有技术处理的有效性与合理性,而相应理论分析与试验结果表明会明显提高查询效率。此外,时态 XML 结点“语义”、“时间”和“结构”信息具有内在关联,这些交错复杂的关联使得在确定了“语义”作为初始操作模块后,不能简单地“一个接着一个”进行相应模块操作,而需要进行必要的协同配置,否则查询效果甚至差于遍历。

作为一种数据结构,时态结点信息需要进行三方面界定。

①语义信息:即语义标签,语义标签间关联表现为标签路径。

②结构信息:即结点之间父/子关系以及衍生的祖先/子孙关系,其表现形式是结构路径。

③时间信息:即时间标签,通常为时间期间(Period)。

XML 意义在于通过标签描述数据"语义"是 XML 的基本特征,但语义不是孤立存在的,而是体现在相互间语义关联,类似于关系数据以平面表描述语义关联。XML 以有根分层图刻画语义联系,主要通过"标签路径"实现,与关系模式对应的是模式,它规定了标签路径的构建,并从数据模式角度将语义关联表现为"结点路径",不同结点路径可对应相同标签路径,客观实体发展变化,数据也具有相应时间信息,如数据语义和相互关联的生命周期(有效时间)和更新状态(事务时间)等。

在时态 XML 中,语义信息的组织依赖于数据结构的设计,而结点时间信息又受到其结构制约。例如,父结点时间期间需要包含子结点时间期间,右兄弟结点时间期间始点不能小于左兄弟结点时间始点等。时态 XML 自身"本体"架构将会导致在"语义"、"结构"和"时间"模块的协同考量,在原理设计时需要确定以哪个为技术处理基点;在操作实现过程中是"相继处理"还是"有机融合",如果是前者,如何选定合适次序,如果是后者,怎样实现配置协调。

作为一种复杂数据结构,应用中需要进行结点编码以供"整合"使用。对时态 XML 而言,反映结点关联和时间约束是编码基本考量,如下定义的广义深度优先遍历编码具有更新友好及祖先结点编码小于其子孙结点等特征。

5.4.1 GDFc 编码

将 XML 建模为有根分层图,其根结点为虚结点,代表数据操作入口;除根结点外的非叶结点代表元素或属性;叶结点代表元素或属性值。分层图中的边包括结构边和引用边,结构边表明结点间父/子结构关系,引用边表明结点间值的引用关系,结点时间戳作为相应边标记。

定义 5-6 广义深度优先编码(GDFc) 设时态 XML 有根分层图 T_0,每个结点 n_0 分配一个编码 $\mathrm{GDFC}(n_0)=\langle \mathrm{GDFc}(n_0), \mathrm{gap}(n_0), \mathrm{LevN}_0(n_0)\rangle$,$\mathrm{GDFc}(n_0)$ 为按照广义深度优先遍历顺序获得的不连续严格单调增编码,$\mathrm{gap}(n_0)$ 是与 n_0 更新频率相关的编码间隔,$\mathrm{LevN}_0(n_0)$ 为 n_0 所在层数。$\mathrm{GDFC}(n_0)$ 编码满足下述条件:

①$\mathrm{GDFc}(n_0) < \mathrm{GDFc}(n_1)$ && $\mathrm{LevN}_0(n_0) = \mathrm{LevelN}_0(n_1)+1$,$n_1$ 是 n_0 的子结点。

②$\mathrm{GDFc}(n_0)+\mathrm{gap}(n_0) \geqslant \mathrm{GDFc}(n_1)+\mathrm{gap}(n_1)$ && $\mathrm{LevelN}_0(n_0) = \mathrm{LevelN}_0(n_1)+1$,$n_1$ 是 n_0 的子结点。

③$\mathrm{gap}(n_0) \geqslant \mathrm{gap}(n_1)+\mathrm{gap}(n_2)+\cdots+\mathrm{gap}(n_p)$,$n_0$ 是 $n_1, n_2\cdots, n_p$ 的父结点。

④$\mathrm{GDFc}(n_1)+\mathrm{gap}(n_1) \leqslant \mathrm{GDFc}(n_R)$ && $\mathrm{LevelNo}(n_1) = \mathrm{LevelN}_0(n_R)$,$n_R$ 为 n_1 右兄弟结点。

【例 5-3】 设有一个时态 XML 数据,其结构与相应 GDFc 编码如图 5-12 所示。

5.4.2 时态 XML 索引结构

定义 5-7 时态 XML 索引 TX-tree TX-tree 表示为如下的三元组:

$\mathrm{TX\text{-}tree}(T_0)=\langle \mathrm{SNodes}(T_0), \mathrm{TDindex}(T_0), \mathrm{Lnodes}(T_0)\rangle$

①$\mathrm{SNode}(T_0)=\{\mathrm{SNode}\}$:SNode 为 T_0 中具有相同语义标签的数据结点即语义结点。$\mathrm{SNode}(T_0)$ 中语义结点依深度优先遍历次序有序。

②$\mathrm{TDindex}(T_0)=\{\mathrm{TDindex}(\mathrm{VT}(\mathrm{SNode}))\}$:TDindex(VT(SNode))是对于每个语义结点建立的基于 TDindex 索引树森林,VT(SNode)是 SNode 对应数据的有效时间期间集合。

③$\mathrm{Lnodes}(T_0)$:T_0 中按层划分的所有结点 GDFc 编码,即 GDFC 中的 $\mathrm{LevN}_0(n_0)$。

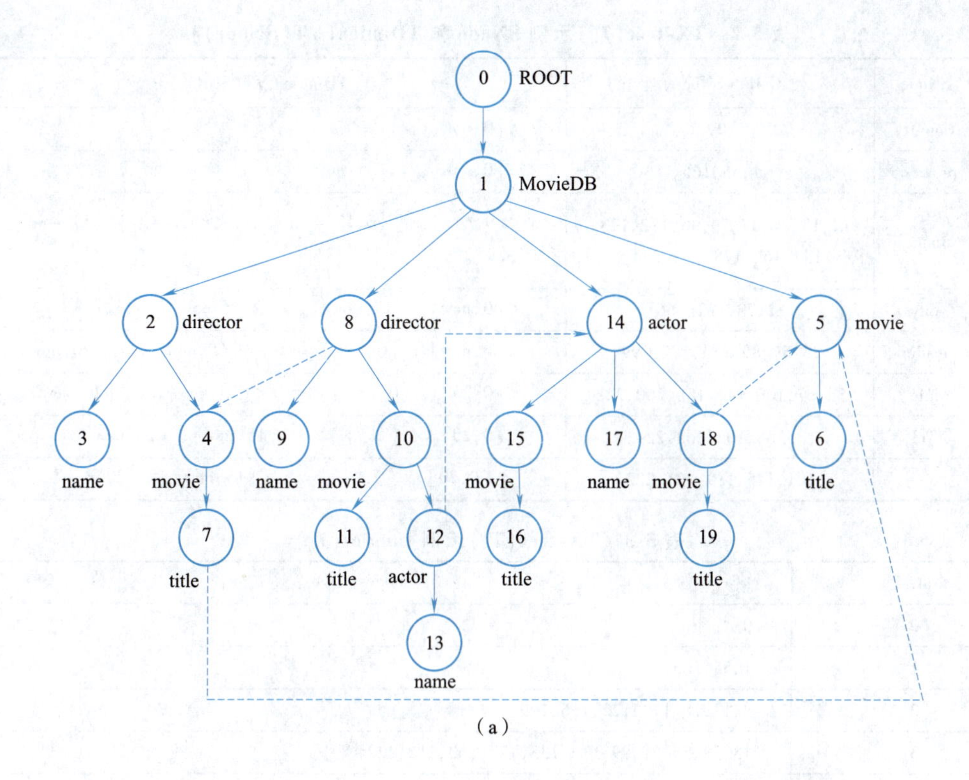

（a）

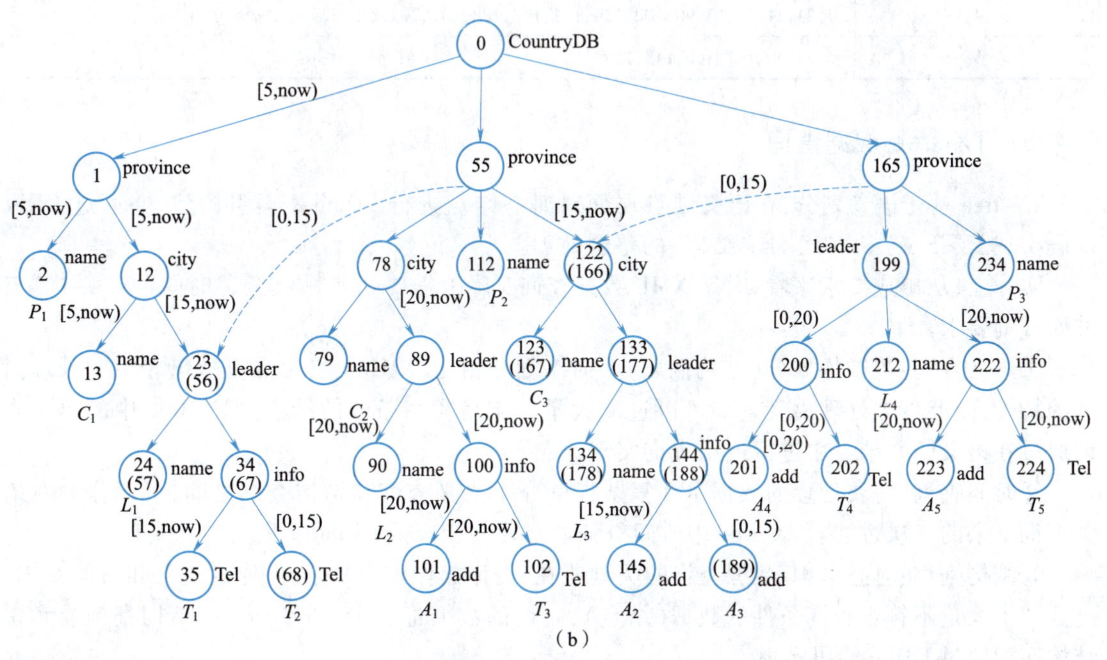

（b）

图 5-12　时态 XML 有根分层图和结点 GDFc 编码示例

【例 5-4】　对例 5-3 中的数据构建 TX-tree(T_0)，相应 SNode、GDFc(SNode)和 TDindex(VT(SNode))如表 5-2 所示，图 5-12 中时间期间的下标代表处于该时间期间的结点 GDFc，分层 GDFc 编码列表 Lnodes(T_0)如表 5-3 所示。

表 5-2　TX-tree(T_0)示例 SNode 和 TDindex(VT(SNode))

Sid	SNode	GDFc(SNode)	TDindex(VT(SNode))
S_0	Country	{0}	{<$[0,now]_0$>}
S_1	province	{1,55,165}	{<$[0,now]_{55,165}$,$[5,now]_1$>}
S_2	name	{2,13,24,57,79,90,112,123,134,167,178,212,234}	{<$[0,now]_{79,112}$,$[0,15]_{57,167,178}$>,<$[5,now]_{2,13}$,$[15,now]_{24,123,134}$,$[20,now]_{90,212,234}$>}
S_3	city	{12,78,122,166}	{<$[0,now]_{78}$,$[15,now]_{166}$>,<$[5,now]_{12}$,$[15,now]_{122}$>}
S_4	leader	{23,56,89,133,177,199}	{<$[0,now]_{199}$,$[0,15]_{56,177}$>,<$[15,now]_{23,133}$,$[20,now]_{89}$>}
S_5	info	{34,67,100,144,188,200,222}	{<$[0,20]_{200}$,$[0,15]_{67,188}$>,<$[15,now]_{34,144}$,$[20,now]_{100,222}$>}
S_6	Tel	{35,68,102,202,224}	{<$[0,20]_{202}$,$[0,15]_{68}$>,<$[15,now]_{35}$,$[20,now]_{102,224}$>}
S_7	add	{101,145,189,201,223}	{<$[0,20]_{201}$,$[0,15]_{189}$>,<$[15,now]_{145}$,$[20,now]_{101,223}$>}

表 5-3　TX-tree(T_0)示例 Lnodes(T_0)

level	Lnodes(T_0)
0	{0}
1	{1,55,165}
2	{2,12,78,112,122,166,199,234}
3	{13,23,56,79,89,123,133,177,200,212,222}
4	{24,34,57,67,90,100,134,144,178,188,201,202,223,224}
5	{35,68,101,102,145,189}

5.4.3　TX-tree 数据查询

TX-tree 基于语义划分,在语义结点层面对时态结点进行 TDindex 索引构建,并通过 GDFc 编码实现了“语义”、“时间”与“结构”的整合处理。

实际上,从组成要素来看,时态 XML 数据查询实际上需要处理“语义”、“时间”与“结构”三方面查询要求。

①语义查询:与结构划分(结构摘要)和时态划分相比,XML 语义结点有数量较少和处理简洁的特性,因此首先处理语义查询可以过滤大量不满足查询条件的结点。TX-tree 中的语义查询通过在语义归并结点中进行遍历查询实现。

②时间查询:需要处理的数据量和复杂程度介于语义查询和结构查询之间,可以作为对语义查询结果的二次过滤。TX-tree 中时间查询通过建立相应的 TDindex 索引结构实现。

③结构查询:时态 XML 数据查询的关键所在,查询操作较为复杂,但通过语义和时间查询,过滤掉了大量不符合查询条件的数据(结点),查询的数据量较少。TX-tree 中结构查询或者说结构匹配通过 GDFc 编码实现。

由此可知,TX-tree 在技术层面需要着重处理其中的时间查询部件和结构匹配部件。在时间查询处理方面采用 TDindex 索引框架后,主要课题就是采用 GDFc 编码完成最终的结构查询。因此,需要进一步讨论 GDFc 的相关性质。

1. 结点编码定理

假设 $A_{0i} \in \langle \text{TDindex}[\text{VT}(A_0)] \rangle$ 并且满足如下条件:

$A_{0i}=\max\{A \mid GDFc(A)\leqslant GDFc(B_{0k}), \forall B_{0k}\in B[TDindex(B_0)], LevNo(A_{0i})\leqslant LevNo(B_{0k})\}$，并设 $C_0=\min\{c \mid GDFc(A_{0i})\leqslant GDFc(C_0), LevNo(C_0)=LevNo(A_{i0})\}$ 即 A_{0i} 为编码比 B_{0k} 小的最大编码结点，C_0 为 A_{0i} 同层右兄弟结点。此时，可以得到下述定理。

定理 5-2　结点编码定理　若 A_{0i} 不存在同层右兄弟，则 C_0 为无穷大且下述结论成立：

①若 $GDFc(A_{0i})<GDFc(B_{0k})<GDFc(C_0)$，则 B_{0k} 为 A_{0i} 子孙结点。

②若 $GDFc(A_{0i})<GDFc(C_0)<GDFc(B_{0k})$，则 B_{0k} 非 A_{0i} 子孙结点。

证明：　①使用 $path(B_{0k})$ 表示路径 $//B_{0k}$，设 B_{0k} 不是 A_0 子孙结点，即 $A_{0i}\notin path(B_{0k})$。

因为 $GDFc(A_{0i})<GDFc(B_{0k})<GDFc(C_0)$，$path(B_{0k})$ 位于 A_{0i} 右侧及 C_0 左侧，与 C_0 定义矛盾。

所以①成立。

②设 B_{0k} 是 A_{0i} 子孙结点，由深度优先遍历可知，C_0 不会位于 A_{0i} 和 B_{0k} 之间，与题设矛盾。

所以②成立。

2. 结构匹配算法

算法 5-3　结构匹配算法　设有集合 $\langle A[VT(A_0)]\rangle=\langle TDindex[VT(A_0)]\rangle$ 和 $\langle B[VT(B_0)]\rangle=\langle TDindex[VT(B_0)]\rangle$，逐一取 $B_{0k}\in\langle B[VT(B_0)]\rangle$，在 $\langle A[VT(A_0)]\rangle$ 匹配 B_{0k} 的祖先结点，设结果集为 $\langle A_{0i}//B_{0j}\rangle$。结构匹配算法执行步骤如下：

Step 1　取 $B_{0k}\in\langle B[VT(B_0)]\rangle$，因为 $\langle A[VT(A_0)]\rangle$ 单调递增，在 $\langle A[VT(A_0)]\rangle$ 中二分查找定理 5-2 中的 A_{0i}；如果不存在这样的 A_{0i}，执行 Step 4。

Step 2　A_{0i} 同层结点集 $Lnodes(A_{0i})$ 单调增加，在 $Lnodes(A_{0i})$ 上二分查找定理 5-2 中的 C_0；如果这样的点不存在，执行 Step 4。

Step 3　由定理 5-2，A_{0i} 与 B_{0k} 存在祖孙结构关系，$\langle A_{0i}//B_{0j}\rangle=\langle A_{0i}/B_{0j}\rangle\cap\{A_{0i}//B_{0k}\}$。

Step 4　$\langle B[VT(B_0)]\rangle=\langle B[VT(B_0)]\rangle\setminus\{B_{0k}\}$，若 $\langle B[VT(B_0)]\rangle\neq\varnothing$，返回 Step 1，否则，执行 Step 5。

Step 5　返回 $\langle A_{0i}//B_{0j}\rangle$。

3. TX-tree 查询算法

算法 5-4　查询算法　假设时态 XML 查询：$Q=A[VT(A)]//B[VT(B)]$。

Step 1　对 TX-tree 中的 SNode 进行语义查询，得到结点列表 $\langle A_0\rangle$ 和 $\langle B_0\rangle$，其中 $A=A_0$，$B=B_0$。

Step 2　通过 TDindex 查询算法分别对 $\langle A_0\rangle$、$\langle B_0\rangle$ 进行时态查询，查询结果为 $\langle A_0'\rangle$ 和 $\langle B_0'\rangle$，满足 $VT(A_0')\subseteq VT(A)\wedge VT(B_0')\subseteq VT(B)$，且 $\langle A_0'\rangle$ 和 $\langle B_0'\rangle$ 按 GDFc 编码排序。

Step 3　通过结构匹配算法对上述语义和时态查询结构进行结构匹配，以 $\langle B_0'\rangle$ 为参照，依次将 $\langle B_0'\rangle$ 中的 B_0 与 $\langle A_0'\rangle$ 中的每个 A_0 进行结构匹配，输出存在 $A_0//B_0$ 结构关系的结果集 $\langle A_0//B_0\rangle$。

【例 5-5】　设有查询语句 Q =//city[0,now]//leader[23,now]//Tel，对例 5-3 中的数据进行查询。

①对“city”进行语义查询，查询结果记为

Label(city) = {(12,city),(78,city),(122,city),(166,city)}

接着，对 Label(city)进行时间查询，结果记为

Lop(city[0,now]) = {(78,city)}

②对“leader”进行先语义后时间的查询,结果分别记为

Label(leader) = {(23,leader),(56,leader),(89,leader),(133,leader),(177,leader),(199,leader)}

Lop(leader[23,now]) = {(23,leader),(56,leader),(89,leader),(133,leader),(177,leader),(199,leader)}。

接着,按照结构匹配算法对 Lop(city[0,now])和 Lop(leader[23,now])进行结构连接,得到(78,city)//(89,leader)。

③对 Tel 进行语义查询,结果记为

Label(Tel) = {(35,Tel),(68,Tel),(102,Tel),(202,Tel),(224,Tel)}

接着,按照结构匹配算法对(78,city)//(89,leader)和 Label(Tel)进行结构连接,得到(78,city)//(89,leader)//(102,Tel)。

然后,通过 GDFc = 102 映射数据结点 ID,得到 ID = 17。

最终查询结果为〈Tel ID = "17",VT = "[20,now]"〉T3〈/Tel〉。

5.4.4 TX-tree 数据更新

TX-tree 的更新包含 LOP 和 GDFc 更新,其中 LOP 更新通过调用 TDindex 更新算法实现,而 GDFc 更新需要对新增结点进行 GDFc 编码的快速配置。设 CList 为 TX-tree 的 GDFc 集合,A_0 为新插入结点,A_0 父结点为 F_0,通过 GDFc(F_0)可求 F_0 同层后继 B_{0k}。此时,需要在 CList 中确定关于 A_0 满足 GDFc(A_k) < GDFc(A_0) < GDFc(A_{k+1})的前驱 A_k 和后继 A_{k+1}。

算法 5-5 GDFc 更新算法 设 seg_0 = (GDFc(F_0),GDFc(B_0)],阈值 $\alpha(n)$,其中 n = |CList|,NStart和 NEnd 为 seg_0 的起始和终止位置。GDFc 更新算法执行步骤如下:

Step 1 Mid = (NStart + NEnd)/2,对 seg_0 执行二分查找直到 $|seg_0| \leqslant \alpha(n)$。

①如果 LevNo(F_0) ≤ LevNo(Mid),即 $A_k + 1 \notin$ (GDFc(NStart),GDFc(Mid)],seg_0 = (GDFc(Mid),GDFc(NEnd)],继续执行 Step 1;否则,转②。

②如果 LevNo(Mid) < LevNo(F_0),即 $A_{k+1} \notin$ (GDFc(Mid),GDFc(NEnd)],seg_0 = (GDFc(NStart),GDFc(Mid)],继续执行 Step 1。

Step 2 遍历查找 seg_0 中首个满足 LevNo(C_0) ≤ LevNo(F_0)的结点 C_0,$A_{k+1} = C_0$。

Step 3 由 CList 得到 A_{k+1} 的直接前驱 A_k,即可得出 GDFc(A_0)。

实验表明,TX-tree 的查询性能优于现有的相关索引技术。

5.4.5 TX-tree 索引评估

TX-tree 以 Temphldex 和 TelnpSumlndex 为仿真实验比较对象,因为 TempSumIndex 较 TempIndex 更为优越,故本文仅选取 TempSumhldex 进行实验对比。

TempSumIndex 结构为一个三元组〈Tsum,LTlop,TDcode〉,三元组中 Tsum(见图 5-13)为 XML 数据通过 1-Index 构造的时态结构摘要树,查询可通过 Tsum 来筛选路径结构以及时态信息。Tsum 由时态摘要结点 S(数据结构见表 5-4)构成,S 为一个五元组〈Sid,TPlen,TPlabel,TDcode,Tlop〉,Sid 为 S 通过扩展先序遍历获得的编码,TPlen 为路径长度,TPlabel 为描述路径的语义标签,TDcode 为所有被结点 S 所包含的数据结点的时态编码集合,且时态编码排列满足单调递增,Tlop 为所有被结点 S 包含的数据结点相应时间区间的线序划分;LTlop 记录 Tsum 的

各层时态摘要结点的数据结点相应时间区间的线序划分集合，可用于处理 XML 数据的时间片查询；TDcode 为一个二元组〈Tcode，ID〉，记录 Tsum 中每个数据结点的时态编码和原始数据编号的映射关系，可用于处理引用结点，其中 Tcode 为时态结构摘要树的时态编码，ID 为原始 XML 文档的数据编号。

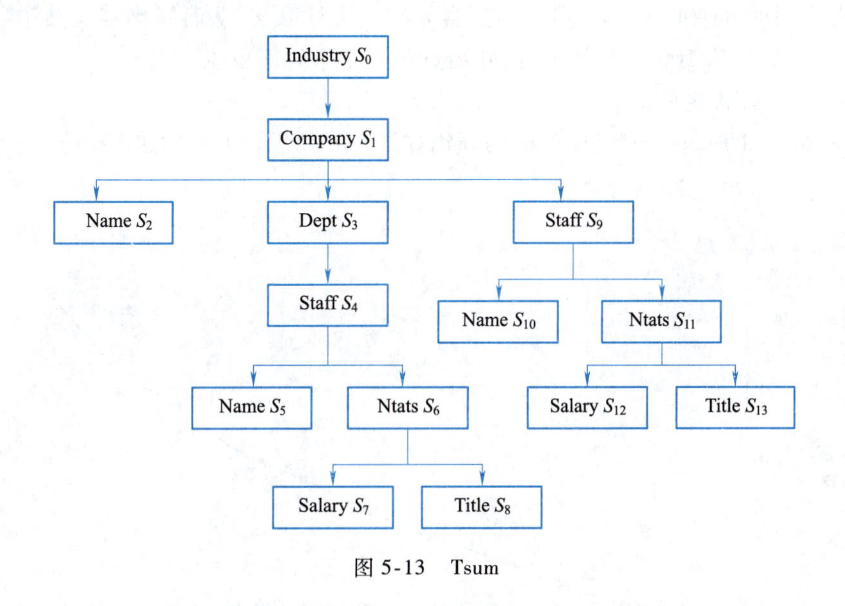

图 5-13 Tsum

表 5-4 Tsum 结点信息表

SID	Tplen	TPlabel
S_0	0	Industry
S_1	1	Industry. Company
S_2	2	Industry. Company. Name
S_3	2	industry. Company. Dept
S_4	3	Industry. Company. Dept. Staff
S_5	4	Industry. Company. Dept. Staff. Name
S_6	4	Industry. Company. Dept. Staff. Stats
S_7	5	Industry. Company. Dept. Staff. Stats. Salary
S_8	5	Industry. Company. Dept. Staff. Stats. Title
S_9	2	Industry. Company. Staff
S_{10}	3	Industry. Company. Staff. Name
S_{11}	3	Industry. Company. Staff. Stats
S_{12}	4	Industry. Company. Staff. Stats. Salary
S_{13}	4	Industry. Company. Staff. Stats. Title

TempSumIndex 的基本思想是对 XML 文档数据建立时态数据结构摘要树 Tsum，并根据路径信息对 Tsum 进行线序划分以进行路径信息过滤和时态过滤。同时，为 Tsum 中时态摘要结点分配先序扩展编码 Sid 以进行机构连接，从而实现时态 XML 的结构与时态信息的整合处理。

TempSumIndex 基于路径进行线序划分，首先进行路径筛选，由于路径信息众多导致路径筛选较为缓慢，而划分粒度较细导致筛选后的数据较少，对少量数据进行线序划分，产生大量长度较短的线序分支，无法发挥线序划分的拟序关系查询优势——筛选数据时可在分支级别上进行排除或选中。

实验使用的数据集为某球队球员资料时态 XML 数据，数据结点数量以 5 万为单位，从 5 万增加到 50 万。对时间期间 $VT =「VT_s, VT_e)$ 自 q 端点进行取整，从而简化实验操作。XML 非叶结点的平均时间跨度为 500 个时间单位，叶结点为 200 个时间单位。

1. TX-tree 索引构建评估

构建 TX-tree 和 TempSumIndex 的时间开销如图 5-14 所示，可见构建 TX-tree 索引时间开销更小。

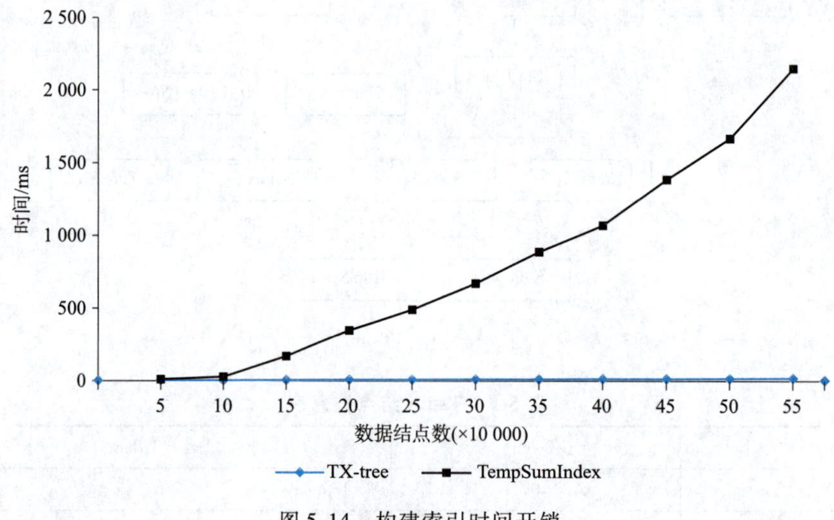

图 5-14　构建索引时间开销

2. TX-tree 数据查询评估

按照是否具有时态约束可分为两类查询：①非时态查询 $Q_{11}(//A)$ 和 $Q_{12}(A//B)$；②时态查询 $Q_{21}(//A[VT])$、$Q_{22}(A//B[VT]$、$Q_{23}(A[VT]//B)$ 和 $Q_{24}(A[VT]//B[VT]$。对于两类查询的六种类型，实验随机生成 100 条查询语句，查询的时间开销为平均时间开销，实验数据如图 5-15 ~ 图 5-20 所示。

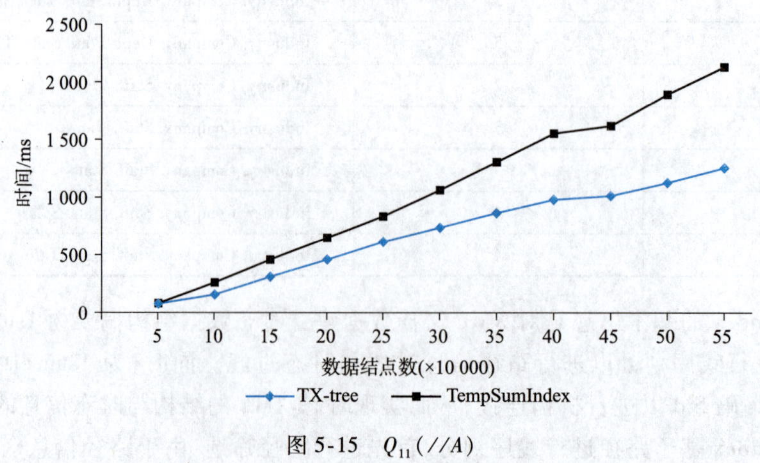

图 5-15　$Q_{11}(//A)$

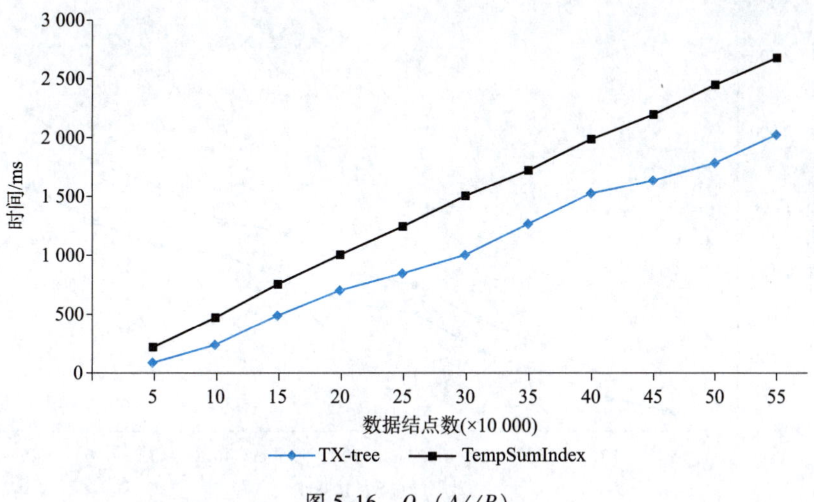

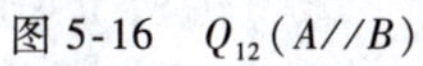
图 5-16　Q_{12}（$A//B$）

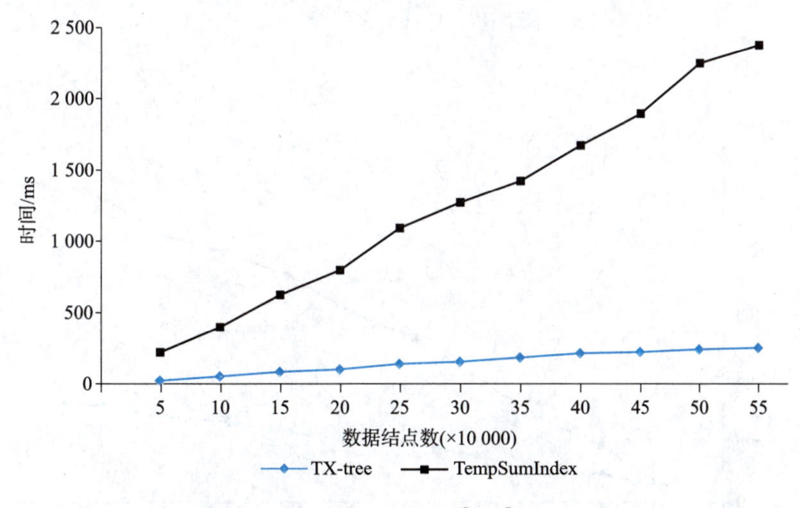

图 5-17　Q_{21}（$//A$[VT]）

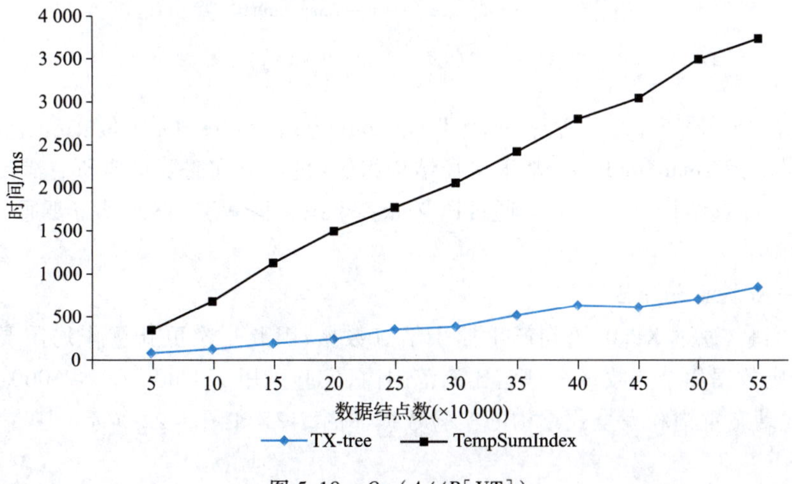

图 5-18　Q_{22}（$A//B$[VT]）

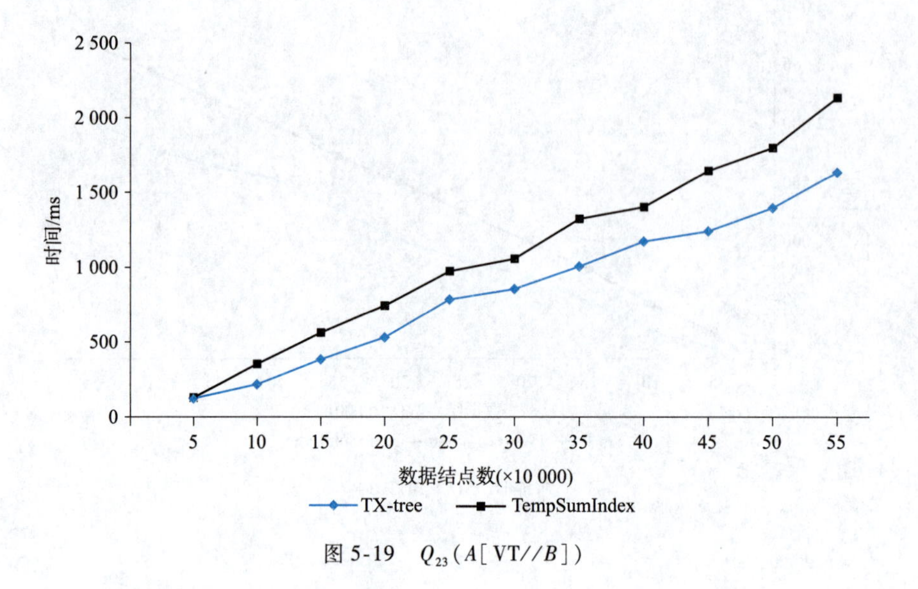

图 5-19　$Q_{23}(A[\mathrm{VT}//B])$

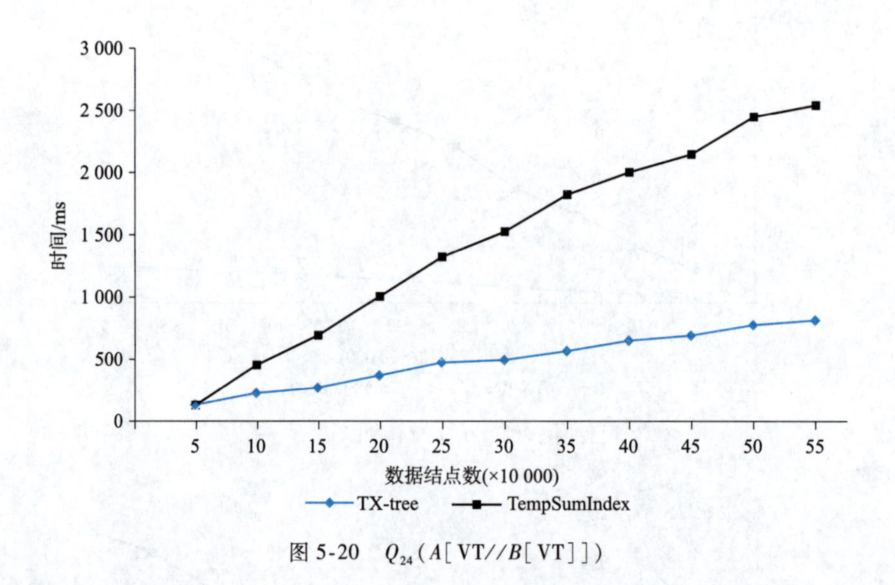

图 5-20　$Q_{24}(A[\mathrm{VT}//B[\mathrm{VT}]])$

由图 5-15 ~ 图 5-20 可见，相对于 TempSumIndex，TX-tree 的查询效率随数据量增大而更加优越，这是因为 TempSumIndex 基于路径结构组织数据，查询需要检索所有满足语义参数约束的路径信息来筛选结果，而 TX-tree 通过语义标签组织数据索引，查询只需要通过语义标签来筛选唯一结果。

3. TX-tree 数据更新评估

更新对比实验，通过 XPath 语句产生插入结点数据，因此每次更新操作均需要将更新结点数目维持在相应数据集结点数量的一定比例范围内，实验采用 1/1 000 和 2/1 000 的比例范围，TX-tree 增量式动态重构和完全式重构的实验数据如图 5-21 和图 5-22 所示。

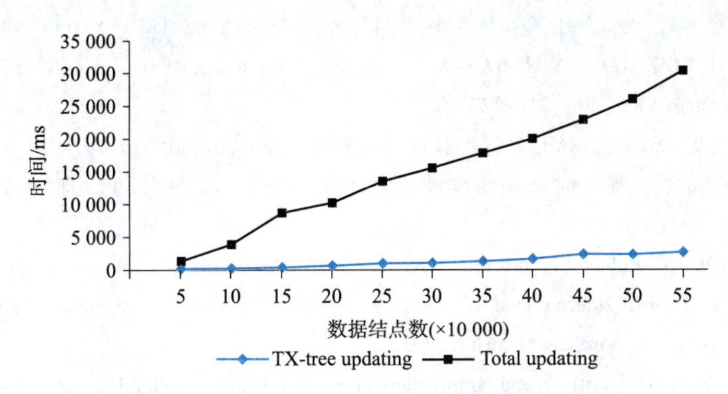

图 5-21 更新结点数占数据集结点数 1/1 000

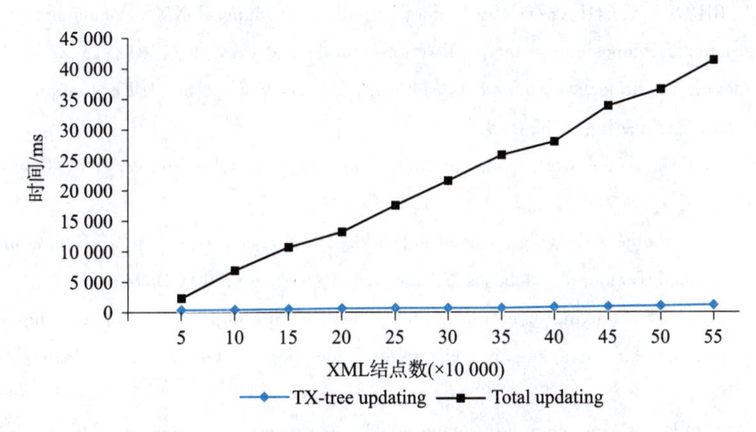

图 5-22 更新结点数占数据集结点数 2/1 000

小 结

在 XML 领域中,统一的数据交换格式和时态信息处理的需求驱动时态 XML 技术发展。

本章论述了 XML 数据和 XML 数据索引,然后将时态索引框架 TDindex 结合 XML 领域的新型数据,构建时态 XML 索引 TX-tree 并应用于相关领域的时态数据管理。深入探讨了“时态信息”与“数据本体”整合协同课题,使用广义深度优先编码,TX-tree 设计的编码方案为结点与其后继结点的时态编码之间预留编码空间,以便更新操作对新插入结点分配编码。构建 TX-tree 查询与更新算法,并通过与现有相关工作的仿真实验评估,验证其有效性,为研究其他类型的时态 XML 数据索引提供了理论借鉴和技术参照。

参考文献

[1] AKMAL B C, AWAIS R, ROBERTO Z. XML 数据管理[M]. 邢春晓,张志强,译. 北京:清华大学出版社,2007.

[2] 孟小峰. XML 数据管理概念与技术[M]. 北京:清华大学出版社,2009.

[3] 万常选,刘喜平,XML 数据库技术[M]. 2 版. 北京:清华大学出版社,2008.

[4] 萨师煊,王珊. 数据库系统概论[M]. 5 版. 北京:高等教育出版社,2016.

[5] 孔令波,唐世渭,杨冬青,等．XML 数据索引技术[J]. 软件学报,2005,12(16):1000-9825.

[6] MENDELZON A O,RIZZOLO F,VAISMAN A A. Indexing Temporal XML Documents [J]. Proceedings of Ⅱ 1e 30th VLDB Conference,2004(30):216-227.

[7] 叶小平,陈铠原,汤庸,等.时态 XML 索引技术[J]. 计算机学报,2007,30(07):1074-1085.

[8] 郭欢,叶小平,汤庸,等．基于时态编码和线序划分的时态 XML 索引[J]. 软件学报,2012,23(08):2042-2057.

[9] WANG F S,ZANIOLO C. Publishing and querying the histories of archived relational databases in XML[C]. In: Proceedings of the Fourth International Conference on Web Information Systems Engineering, California, U. S. A. ACM Workshop on Wireless Security,2003.

[10] YE X P,TANG Y,GUO H. Study and application of temporal index technology[J]. Science in China Press (Science in China Series F:Information Sciences),2009,55(07):899-913.

[11] BAAZIZI M A,BIDOIT N,COLAZZO D. Efficient encoding of temporal XML documents [C]. Proceedings of eighteenth international symposium on temporal representation and reasoning,2011:15-22.

[12] PFOSER D. Indexing the trajectories of moving objects[C]. Bulletin of the IEEE Computer Society Teclmical ConlInittee on Data Engineering,2002:3-9.

[13] BRINKHOFF T,STR O. A framework for generating network-based moving objects [J]. Geoinfommtica,2002,6(02):153-180.

[14] FRENTZOS E. Indexing objects moving on fixed networks[C]. Proceedings of the 8th International Symposium on Advances in Spatial and Temporal Databases. SantoriniIsand:Springer,2003:289-305.

[15] PFOSER D,JENSEN C S. Indexing of network con strained moving objects[C]. Proceedings of the 1 1 th ACM International Symposium on Advances in Geographic Infomation System S. New Orleans: ACM Press, 2003: 25-32.

[16] VICTOR T D A,RALF H G. Indexing the trajectories of moving objects in networks [J]. Geolnfomaatica,2005,9(01):33-60.

[17] YE X P,GUO H,TANG Y. Index of mobile data based on phase points analysis[J]. Chinese Journal of Computer,2011(02):256-274.

[18] SPEICYS L,JENSEN C S,KLIGYS A. Computational data modeling for network constrained moving ONects[C]. Proceedings of the 1 lth ACM international symposium on Advances in geographic information systems, New York,USA,2003:118-125.

[19] FANG Y,CAO J,PENG Y,et al. Efficient indexing of the past,present and future positions of moving objects On road network[C]. Beidaihe,China:Proceedings of the WAIM 2013 International Workshops,2013:223-235.